И·В·普罗斯库烈柯夫
线性代数习题集解答

第二册

戈衍三 编演

北京理工大学出版社
BEIJING INSTITUTE OF TECHNOLOGY PRESS

版权专有　侵权必究

图书在版编目(CIP)数据

И·В·普罗斯库烈柯夫线性代数习题集解答. 第二册 / 戈衍三编演. —北京：北京理工大学出版社，2020.12

ISBN 978-7-5682-8078-5

Ⅰ. ①И…　Ⅱ. ①戈…　Ⅲ. ①线性代数-高等学校-习题集　Ⅳ. ①O151.2-44

中国版本图书馆 CIP 数据核字(2020)第 271760 号

出版发行 / 北京理工大学出版社有限责任公司

社　　址 / 北京市海淀区中关村南大街 5 号

邮　　编 / 100081

电　　话 / (010)68914775(总编室)
　　　　　(010)82562903(教材售后服务热线)
　　　　　(010)68948351(其他图书服务热线)

网　　址 / http://www.bitpress.com.cn

经　　销 / 全国各地新华书店

印　　刷 / 保定市中画美凯印刷有限公司

开　　本 / 787 毫米 × 1092 毫米　1/16

印　　张 / 11.75　　　　　　　　　　　　　责任编辑 / 孟祥雪

字　　数 / 277 千字　　　　　　　　　　　　文案编辑 / 孟祥雪

版　　次 / 2020 年 12 月第 1 版　2020 年 12 月第 1 次印刷　　责任校对 / 周瑞红

定　　价 / 36.00 元　　　　　　　　　　　　责任印制 / 李志强

图书出现印装质量问题，请拨打售后服务热线，本社负责调换

序

　　线性代数是代数学的重要分支之一．线性函数是线性代数的研究对象．历史上线性代数的第一个问题是求解线性方程组．从线性代数的研究对象必然会导致对矩阵的研究．矩阵论是线性代数中重要而且不可缺少的部分，它在提出与解决线性代数的问题中起着工具性的作用．几何学，特别是解析几何学的研究需要发展线性代数．采用向量的概念，将通常的几何空间推广到 n 维向量空间，使解析几何和线性方程组的理论显得特别简单和清楚．为进一步地推广 n 维向量空间而引进一般的线性空间的概念是自然的和有益的．这种广义空间的元素可以是任意的数学对象或物理对象．高等代数中线性代数部分介绍的内容及其进一步的理论，就其应用的重要性和广泛性来说，是第一位的，很难指出在数学、理论力学或理论物理等学科以及科学技术中，有不用到线性代数的结果和方法的．例如，线性代数对于泛函分析的发展就起着决定性的影响．

　　高等代数就其内容来说不同于几何和数学分析．几何和数学分析是在实数范围内讨论问题的，而高等代数基本上是在任意数域上讨论其各种问题的．高等代数不同于几何和数学分析的另一个特点是方法的不同．代数方法，即对不同对象的代数运算及其性质的讨论和研究的方法，是高等代数最重要的主题．例如，多项式、矩阵、线性变换等的加法与乘法及其性质的研究和讨论几乎贯穿高等代数的始末，是高等代数研究的中心问题．高等代数还有一个重要的思想方法，即利用等价分类并从每个等价类中寻求适当的代表元的方法．例如，矩阵的秩、矩阵按相似或合同分类、解线性方程组、求二次型的各种标准形、线性空间的同构以及矩阵和 λ 矩阵在各种不同分类中求标准形的问题等，都属于这种情况．当然，从根本上说，这种思想方法不仅在代数而且在其他的数学学科，甚至在任何科学领域中都要频频涉及，然而在高等代数中，这种思想方法的特点尤为明显和突出，并几乎贯穿于高等代数的所有内容之中．

　　戈衍三老师运用他的数学基础功底，认真作了著名教材［苏］И·В·普罗斯库烈柯夫著《线性代数习题集》的习题，将此习题集题解出版以助大学生学习线性代数是很有意义的事．

　　我因年老多病，此序言请戈先生代笔，内容可能较多是读者已熟悉的，希望大家在看此书的同时，也学习戈先生刻苦钻研的精神！

王世强

2013 年 2 月 2 日于北京师范大学

"序"的补言

　　王世强老先生请戈衍三先生代笔写的序言真实、明瞭、易懂，外加王世强言真意切的重要结尾语构成了一个好序言，但戈先生依自己体会告我言，王老有意在"序"中再深入补言几句为好！体现王老意图很难！因我是一名科技工作者，不懂深入的数学内容和前沿，为了贯彻王老意图，只能勉为其难简单表达如下：

　　1. 数学是研究形和数的科学，虽不属于自然科学领域，但数学的发展永远代表人类概括、抽象严格思维能力和解决复杂问题的进步进化，是人类智慧进步的重要组成，值得重视和珍惜！

　　2. 无论多么抽象、概括，超出现象的数学，在人类的发展进程中总会发挥重要作用的！试粗举三例：

　　（a）四十年前被认为很难实用被称为数学家的橡皮几何的拓扑几何，现在广泛应用，如移动网络的架构就是拓扑结构.

　　（b）量子力学中量子态用"波矢"表达（它是一种特殊的具概率特征的矢量），薛定谔方程是计算量子态波动特性的基本方程，它是线性方程组，可不要轻线性方程组！

　　（c）代数中群结构及李群李代数等在量子力学及量子信息发展中起重要作用，一些新发展的新代数结构起重要作用，如钟万勰院士将"辛"变换及辛代数用于航天及力学中展现重要前景！

　　3. 如"序"中已举出高等代数中划分等价类，从其中寻求代表元的方法具有普遍方法论的意义，用下例佐证：

　　在研究复杂系统时重点是掌握其自组织机能，进一步可集中在表征自组织机能的"序"关系，再进一步浓缩为争取掌握序参数作为代表，就是逐次浓缩寻找重要"代表"的通用方法！

　　4. 希望广大科技工作者、研究生、大学生等重视数学，应用发展数学，共同携手在中华复兴的征程中不断作出新贡献，以此共勉！

王越
北京理工大学
2014. 5

目 录

第二章 线性方程组

§9 按 Cramer 规则求解的方程组 ……………………………………………… 1
§10 矩阵的秩、向量和线性型的线性相关性 …………………………………… 72
§11 线性方程组 …………………………………………………………………… 115

第二章 线性方程组

§9 按 Cramer 规则求解的方程组

按 Cramer 规则解下列方程组：

554. $\begin{cases} 2x_1 + 2x_2 - x_3 + x_4 = 4 \\ 4x_1 + 3x_2 - x_3 + 2x_4 = 6 \\ 8x_1 + 5x_2 - 3x_3 + 4x_4 = 12 \\ 3x_1 + 3x_2 - 2x_3 + 2x_4 = 6 \end{cases}$.

解

$$D = \begin{vmatrix} 2 & 2 & -1 & 1 \\ 4 & 3 & -1 & 2 \\ 8 & 5 & -3 & 4 \\ 3 & 3 & -2 & 2 \end{vmatrix} = \begin{vmatrix} 0 & 2 & -1 & 1 \\ 0 & 3 & -1 & 2 \\ 0 & 5 & -3 & 4 \\ -1 & 3 & -2 & 2 \end{vmatrix} = \begin{vmatrix} 2 & -1 & 1 \\ 3 & -1 & 2 \\ 5 & -3 & 4 \end{vmatrix} = \begin{vmatrix} 0 & -1 & 0 \\ 1 & -1 & 1 \\ -1 & -3 & 1 \end{vmatrix}$$

$$= \begin{vmatrix} 1 & 1 \\ -1 & 1 \end{vmatrix} = 2.$$

$$D_1 = \begin{vmatrix} 4 & 2 & -1 & 1 \\ 6 & 3 & -1 & 2 \\ 12 & 5 & -3 & 4 \\ 6 & 3 & -2 & 2 \end{vmatrix} = \begin{vmatrix} 0 & 2 & -1 & 1 \\ 0 & 3 & -1 & 2 \\ 2 & 5 & -3 & 4 \\ 0 & 3 & -2 & 2 \end{vmatrix} = 2\begin{vmatrix} 2 & -1 & 1 \\ 3 & -1 & 2 \\ 3 & -2 & 2 \end{vmatrix} = 2\begin{vmatrix} 2 & -1 & 0 \\ 3 & -1 & 1 \\ 3 & -2 & 0 \end{vmatrix} = 2.$$

$$D_2 = \begin{vmatrix} 2 & 4 & -1 & 1 \\ 4 & 6 & -1 & 2 \\ 8 & 12 & -3 & 4 \\ 3 & 6 & -2 & 2 \end{vmatrix} = \begin{vmatrix} 0 & 4 & -1 & 1 \\ 0 & 6 & -1 & 2 \\ 0 & 12 & -3 & 4 \\ -1 & 6 & -2 & 2 \end{vmatrix} = \begin{vmatrix} 4 & -1 & 1 \\ 6 & -1 & 2 \\ 12 & -3 & 4 \end{vmatrix} = \begin{vmatrix} 4 & -1 & 1 \\ 6 & -1 & 2 \\ 0 & -1 & 0 \end{vmatrix} = 2.$$

$$D_3 = \begin{vmatrix} 2 & 2 & 4 & 1 \\ 4 & 3 & 6 & 2 \\ 8 & 5 & 12 & 4 \\ 3 & 3 & 6 & 2 \end{vmatrix} = \begin{vmatrix} 0 & 2 & 4 & 1 \\ 0 & 3 & 6 & 2 \\ 0 & 5 & 12 & 4 \\ -1 & 3 & 6 & 2 \end{vmatrix} = \begin{vmatrix} 2 & 4 & 1 \\ 3 & 6 & 2 \\ 5 & 12 & 4 \end{vmatrix} = \begin{vmatrix} 2 & 1 & 1 \\ 3 & 0 & 2 \\ 5 & 0 & 4 \end{vmatrix} = -2.$$

$$D_4 = \begin{vmatrix} 2 & 2 & -1 & 4 \\ 4 & 3 & -1 & 6 \\ 8 & 5 & -3 & 12 \\ 3 & 3 & -2 & 6 \end{vmatrix} = \begin{vmatrix} 2 & 2 & -1 & 4 \\ 2 & 1 & 0 & 2 \\ 2 & -1 & 0 & 0 \\ -1 & -1 & 0 & -2 \end{vmatrix} = -\begin{vmatrix} 2 & 1 & 2 \\ 2 & -1 & 0 \\ -1 & -1 & -2 \end{vmatrix} = -\begin{vmatrix} 2 & 1 & 2 \\ 2 & -1 & 0 \\ 1 & 0 & 0 \end{vmatrix} = -2.$$

$$x_1 = 1, \quad x_2 = 1, \quad x_3 = -1, \quad x_4 = -1$$

检验:把 $\begin{cases} x_1 = 1 \\ x_2 = 1 \\ x_3 = -1 \\ x_4 = -1 \end{cases}$ 代入原方程组 $\begin{cases} 左 = 4 \\ 左 = 6 \\ 左 = 12 \\ 左 = 6 \end{cases}$,故 $\begin{cases} x_1 = x_2 = 1 \\ x_3 = x_4 = -1 \end{cases}$ 是原方程组的解.

555. $\begin{cases} 2x_1 + 3x_2 + 11x_3 + 5x_4 = 2 \\ x_1 + x_2 + 5x_3 + 2x_4 = 1 \\ 2x_1 + x_2 + 3x_3 + 2x_4 = -3 \\ x_1 + x_2 + 3x_3 + 4x_4 = -3 \end{cases}$

解

$$D = \begin{vmatrix} 2 & 3 & 11 & 5 \\ 1 & 1 & 5 & 2 \\ 2 & 1 & 3 & 2 \\ 1 & 1 & 3 & 4 \end{vmatrix} = \begin{vmatrix} -1 & 3 & 2 & -1 \\ 0 & 1 & 2 & 0 \\ 1 & 1 & 0 & 0 \\ 0 & 1 & 0 & 2 \end{vmatrix} = \begin{vmatrix} -1 & 4 & 2 & -1 \\ 0 & 1 & 2 & 0 \\ 1 & 0 & 0 & 0 \\ 0 & 1 & 0 & 2 \end{vmatrix} = \begin{vmatrix} 4 & 2 & -1 \\ 1 & 2 & 0 \\ 1 & 0 & 2 \end{vmatrix}$$

$$= \begin{vmatrix} 3 & 0 & -1 \\ 1 & 2 & 0 \\ 1 & 0 & 2 \end{vmatrix} = 14$$

$$D_1 = \begin{vmatrix} 2 & 3 & 11 & 5 \\ 1 & 1 & 5 & 2 \\ -3 & 1 & 3 & 2 \\ -3 & 1 & 3 & 4 \end{vmatrix} = \begin{vmatrix} 11 & 3 & 13 & -1 \\ 4 & 1 & 6 & 0 \\ 0 & 1 & 0 & 0 \\ 0 & 1 & 0 & 2 \end{vmatrix} = -\begin{vmatrix} 11 & 13 & -1 \\ 4 & 6 & 0 \\ 0 & 0 & 2 \end{vmatrix} = -2 \times (14) = -28.$$

$$D_2 = \begin{vmatrix} 2 & 2 & 11 & 5 \\ 1 & 1 & 5 & 2 \\ 2 & -3 & 3 & 2 \\ 1 & -3 & 3 & 4 \end{vmatrix} = \begin{vmatrix} 0 & 0 & 1 & 1 \\ 1 & 1 & 5 & 2 \\ 1 & 0 & 0 & -2 \\ 1 & -3 & 3 & 4 \end{vmatrix} = \begin{vmatrix} 0 & 0 & 1 & 0 \\ 1 & 1 & 5 & -3 \\ 1 & 0 & 0 & -2 \\ 1 & -3 & 3 & 1 \end{vmatrix} = \begin{vmatrix} 1 & 1 & -3 \\ 1 & 0 & -2 \\ 1 & -3 & 1 \end{vmatrix}$$

$$= \begin{vmatrix} 1 & 1 & -3 \\ 1 & 0 & -2 \\ 4 & 0 & -8 \end{vmatrix} = 0.$$

$$D_3 = \begin{vmatrix} 2 & 3 & 2 & 5 \\ 1 & 1 & 1 & 2 \\ 2 & 1 & -3 & 2 \\ 1 & 1 & -3 & 4 \end{vmatrix} = \begin{vmatrix} 0 & 1 & 0 & 1 \\ 1 & 1 & 1 & 2 \\ 5 & 4 & 0 & 8 \\ 4 & 4 & 0 & 10 \end{vmatrix} = -\begin{vmatrix} 0 & 1 & 1 \\ 5 & 4 & 8 \\ 4 & 4 & 10 \end{vmatrix} = -\begin{vmatrix} 0 & 1 & 1 \\ 5 & 0 & 4 \\ 4 & 0 & 6 \end{vmatrix} = 14.$$

$$D_4 = \begin{vmatrix} 2 & 3 & 11 & 2 \\ 1 & 1 & 5 & 1 \\ 2 & 1 & 3 & -3 \\ 1 & 1 & 3 & -3 \end{vmatrix} = \begin{vmatrix} 0 & 1 & 1 & 0 \\ 1 & 1 & 5 & 1 \\ 0 & -1 & -7 & -5 \\ 0 & 0 & -2 & -4 \end{vmatrix} = -\begin{vmatrix} 1 & 1 & 0 \\ -1 & -7 & -5 \\ 0 & -2 & -4 \end{vmatrix}$$

$$= -\begin{vmatrix} 1 & 1 & 0 \\ 0 & -6 & -5 \\ 0 & -2 & -4 \end{vmatrix} = -14.$$

$$x_1 = \frac{D_1}{D} = -2, \quad x_2 = \frac{D_2}{D} = 0, \quad x_3 = \frac{D_3}{D} = 1, \quad x_4 = \frac{D_4}{D} = -1$$

检验:把所求解代入原方程组得

$$\begin{cases} 左 = 2 \\ 左 = 1 \\ 左 = -3 \\ 左 = -3 \end{cases}$$

所以 $x_1 = -2, x_2 = 0, x_3 = 1, x_4 = -1$ 是原方程组的解.

556. $\begin{cases} 2x_1 + 5x_2 + 4x_3 + x_4 = 20 \\ x_1 + 3x_2 + 2x_3 + x_4 = 11 \\ 2x_1 + 10x_2 + 9x_3 + 7x_4 = 40 \\ 3x_1 + 8x_2 + 9x_3 + 2x_4 = 37 \end{cases}.$

解

$$D = \begin{vmatrix} 2 & 5 & 4 & 1 \\ 1 & 3 & 2 & 1 \\ 2 & 10 & 9 & 7 \\ 3 & 8 & 9 & 2 \end{vmatrix} = \begin{vmatrix} 0 & -1 & 0 & -1 \\ 1 & 3 & 2 & 1 \\ 0 & 4 & 5 & 5 \\ 0 & -1 & 3 & -1 \end{vmatrix} = -\begin{vmatrix} -1 & 0 & -1 \\ 4 & 5 & 5 \\ -1 & 3 & -1 \end{vmatrix} = -\begin{vmatrix} -1 & 0 & -1 \\ 4 & 5 & 5 \\ 0 & 3 & 0 \end{vmatrix} = -3.$$

$$D_1 = \begin{vmatrix} 20 & 5 & 4 & 1 \\ 11 & 3 & 2 & 1 \\ 40 & 10 & 9 & 7 \\ 37 & 8 & 9 & 2 \end{vmatrix} = \begin{vmatrix} 0 & 0 & 0 & 1 \\ -9 & -2 & -2 & 1 \\ -100 & -25 & 19 & 7 \\ -3 & -2 & 1 & 2 \end{vmatrix} = -\begin{vmatrix} 9 & 2 & -2 \\ 100 & 25 & -19 \\ 3 & 2 & 1 \end{vmatrix}$$

$$= \begin{vmatrix} 15 & 6 & 2 \\ 157 & 63 & 19 \\ 0 & 0 & -1 \end{vmatrix} = \begin{vmatrix} 3 & 6 & 2 \\ 31 & 63 & 19 \\ 0 & 0 & -1 \end{vmatrix} = -\begin{vmatrix} 3 & 0 \\ 31 & 1 \end{vmatrix} = -3.$$

$$D_2 = \begin{vmatrix} 2 & 20 & 4 & 1 \\ 1 & 11 & 2 & 1 \\ 2 & 40 & 9 & 7 \\ 3 & 37 & 9 & 2 \end{vmatrix} = \begin{vmatrix} 2 & 0 & 0 & 1 \\ 1 & 1 & 0 & 1 \\ 2 & 20 & 5 & 7 \\ 3 & 7 & 3 & 2 \end{vmatrix} = \begin{vmatrix} 0 & 0 & 0 & 1 \\ -1 & 1 & 0 & 1 \\ -12 & 20 & 5 & 7 \\ -1 & 7 & 3 & 2 \end{vmatrix} = -\begin{vmatrix} -1 & 1 & 0 \\ -12 & 20 & 5 \\ -1 & 7 & 3 \end{vmatrix}$$

$$= \begin{vmatrix} 1 & 1 & 0 \\ 12 & 20 & 5 \\ 1 & 7 & 3 \end{vmatrix} = \begin{vmatrix} 1 & 0 & 0 \\ 12 & 8 & 5 \\ 1 & 6 & 3 \end{vmatrix} = -6.$$

$$D_3 = \begin{vmatrix} 2 & 5 & 20 & 1 \\ 1 & 3 & 11 & 1 \\ 2 & 10 & 40 & 7 \\ 3 & 8 & 37 & 2 \end{vmatrix} = \begin{vmatrix} 2 & 5 & 20 & 1 \\ -1 & -2 & -9 & 0 \\ -12 & -25 & -100 & 0 \\ -1 & -2 & -3 & 0 \end{vmatrix} = \begin{vmatrix} 1 & 2 & 9 \\ 12 & 25 & 100 \\ 1 & 2 & 3 \end{vmatrix} = \begin{vmatrix} 1 & 0 & 9 \\ 12 & 1 & 100 \\ 1 & 0 & 3 \end{vmatrix} = -6.$$

$$D_4 = \begin{vmatrix} 2 & 5 & 4 & 20 \\ 1 & 3 & 2 & 11 \\ 2 & 10 & 9 & 40 \\ 3 & 8 & 9 & 37 \end{vmatrix} = \begin{vmatrix} 0 & -1 & 0 & -2 \\ 1 & 3 & 2 & 11 \\ 0 & 4 & 5 & 18 \\ 0 & -1 & 3 & 4 \end{vmatrix} = -\begin{vmatrix} -1 & 0 & -2 \\ 4 & 5 & 18 \\ -1 & 3 & 4 \end{vmatrix} = \begin{vmatrix} 1 & 0 & -2 \\ -4 & 5 & 18 \\ 1 & 3 & 4 \end{vmatrix}$$

$$= \begin{vmatrix} 1 & 0 & 0 \\ -4 & 5 & 10 \\ 1 & 3 & 6 \end{vmatrix} = 0.$$

$$x_1 = 1, \; x_2 = x_3 = 2, \; x_4 = 0$$

检验:将所求解代入原方程组得

$$\begin{cases} 左 = 20 \\ 左 = 11 \\ 左 = 40 \\ 左 = 37 \end{cases}, \; 所以 \begin{cases} x_1 = 1 \\ x_2 = 2 \\ x_3 = 2 \\ x_4 = 0 \end{cases} 是原方程组的解.$$

557. $\begin{cases} 3x_1 + 4x_2 + x_3 + 2x_4 + 3 = 0 \\ 3x_1 + 5x_2 + 3x_3 + 5x_4 + 6 = 0 \\ 6x_1 + 8x_2 + x_3 + 5x_4 + 8 = 0 \\ 3x_1 + 5x_2 + 3x_3 + 7x_4 + 8 = 0 \end{cases}$

解 原方程组可化为 $\begin{cases} 3x_1 + 4x_2 + x_3 + 2x_4 = -3 \\ 3x_1 + 5x_2 + 3x_3 + 5x_4 = -6 \\ 6x_1 + 8x_2 + x_3 + 5x_4 = -8 \\ 3x_1 + 5x_2 + 3x_3 + 7x_4 = -8 \end{cases}.$

$$D = \begin{vmatrix} 3 & 4 & 1 & 2 \\ 3 & 5 & 3 & 5 \\ 6 & 8 & 1 & 5 \\ 3 & 5 & 3 & 7 \end{vmatrix} = \begin{vmatrix} 2 & 2 & 1 & 2 \\ 0 & 0 & 3 & 5 \\ 5 & 3 & 1 & 5 \\ 0 & -2 & 3 & 7 \end{vmatrix} = \begin{vmatrix} 2 & 2 & 1 & 1 \\ 0 & 0 & 3 & 2 \\ 5 & 3 & 1 & 4 \\ 0 & -2 & 3 & 4 \end{vmatrix} = \begin{vmatrix} 2 & 2 & 0 & 1 \\ 0 & 0 & 1 & 2 \\ 5 & 3 & -3 & 4 \\ 0 & -2 & -1 & 4 \end{vmatrix}$$

$$= \begin{vmatrix} 2 & 2 & 0 & 1 \\ 0 & 0 & 1 & 0 \\ 5 & 3 & -3 & 10 \\ 0 & -2 & -1 & 6 \end{vmatrix} = -\begin{vmatrix} 2 & 2 & 1 \\ 5 & 3 & 10 \\ 0 & -2 & 6 \end{vmatrix} = -\begin{vmatrix} 2 & 2 & 1 \\ 1 & -1 & 8 \\ 0 & -2 & 6 \end{vmatrix} = -\begin{vmatrix} 0 & 4 & -15 \\ 1 & -1 & 8 \\ 0 & -2 & 6 \end{vmatrix}$$

$$= 24 - 30 = -6.$$

$$D_1 = \begin{vmatrix} -3 & 4 & 1 & 2 \\ -6 & 5 & 3 & 5 \\ -8 & 8 & 1 & 5 \\ -8 & 5 & 3 & 7 \end{vmatrix} = \begin{vmatrix} -3 & 4 & 1 & 2 \\ -6 & 5 & 3 & 5 \\ -8 & 8 & 1 & 5 \\ -2 & 0 & 0 & 2 \end{vmatrix} = \begin{vmatrix} -1 & 4 & 1 & 2 \\ -1 & 5 & 3 & 5 \\ -3 & 8 & 1 & 5 \\ 0 & 0 & 0 & 2 \end{vmatrix} = 2 \begin{vmatrix} -1 & 4 & 1 \\ -1 & 5 & 3 \\ -3 & 8 & 1 \end{vmatrix}$$

$$= 2 \begin{vmatrix} -1 & 0 & 0 \\ -1 & 1 & 2 \\ -3 & -4 & -2 \end{vmatrix} = -12.$$

$$D_2 = \begin{vmatrix} 3 & -3 & 1 & 2 \\ 3 & -6 & 3 & 5 \\ 6 & -8 & 1 & 5 \\ 3 & -8 & 3 & 7 \end{vmatrix} = \begin{vmatrix} 3 & -3 & 1 & 2 \\ 3 & -6 & 3 & 5 \\ 6 & -8 & 1 & 5 \\ 0 & -2 & 0 & 2 \end{vmatrix} = \begin{vmatrix} 3 & -1 & 1 & 2 \\ 3 & -1 & 3 & 5 \\ 6 & -3 & 1 & 5 \\ 0 & 0 & 0 & 2 \end{vmatrix} = 2 \begin{vmatrix} 0 & 0 & -2 \\ 3 & -1 & 3 \\ 6 & -3 & 1 \end{vmatrix}$$

$$= -4 \times (-3) = 12.$$

$$D_3 = \begin{vmatrix} 3 & 4 & -3 & 2 \\ 3 & 5 & -6 & 5 \\ 6 & 8 & -8 & 5 \\ 3 & 5 & -8 & 7 \end{vmatrix} = \begin{vmatrix} 3 & 1 & 0 & 2 \\ 3 & 2 & 0 & 5 \\ 6 & 2 & -2 & 5 \\ 3 & 2 & -2 & 7 \end{vmatrix} = -2 \begin{vmatrix} 3 & 1 & 0 & 2 \\ 3 & 2 & 0 & 5 \\ 6 & 2 & 1 & 5 \\ 3 & 2 & 1 & 7 \end{vmatrix} = -2 \begin{vmatrix} 3 & 1 & 0 & 2 \\ 3 & 2 & 0 & 5 \\ 6 & 2 & 1 & 5 \\ -3 & 0 & 0 & 2 \end{vmatrix}$$

$$= -2 \begin{vmatrix} 3 & 1 & 2 \\ 3 & 2 & 5 \\ -3 & 0 & 2 \end{vmatrix} = -2 \begin{vmatrix} 0 & 1 & 4 \\ 0 & 2 & 7 \\ -3 & 0 & 2 \end{vmatrix} = 6 \times (-1) = -6.$$

$$D_4 = \begin{vmatrix} 3 & 4 & 1 & -3 \\ 3 & 5 & 3 & -6 \\ 6 & 8 & 1 & -8 \\ 3 & 5 & 3 & -8 \end{vmatrix} = \begin{vmatrix} 3 & 4 & 1 & -3 \\ 0 & 0 & 0 & 2 \\ 6 & 8 & 1 & -8 \\ 3 & 5 & 3 & -8 \end{vmatrix} = 2 \begin{vmatrix} 3 & 4 & 1 \\ 6 & 8 & 1 \\ 3 & 5 & 3 \end{vmatrix} = 2 \begin{vmatrix} 0 & 0 & 1 \\ 3 & 4 & 0 \\ 0 & 1 & 3 \end{vmatrix} = 6.$$

$$x_1 = 2, \quad x_2 = -2, \quad x_3 = 1, \quad x_4 = -1$$

检验:将所求解代入原方程组得

$$\begin{cases} 左 = 6 - 8 + 1 - 2 + 3 = 0 \\ 左 = 6 - 10 + 3 - 5 + 6 = 0 \\ 左 = 12 - 16 + 1 - 5 + 8 = 0 \\ 左 = 6 - 10 + 3 - 7 + 8 = 0 \end{cases}.$$

所以 $\begin{cases} x_1 = 2 \\ x_2 = -2 \\ x_3 = 1 \\ x_4 = -1 \end{cases}$ 是原方程组的解.

558. $\begin{cases} 7x_1 + 9x_2 + 4x_3 + 2x_4 - 2 = 0 \\ 2x_1 - 2x_2 + x_3 + x_4 - 6 = 0 \\ 5x_1 + 6x_2 + 3x_3 + 2x_4 - 3 = 0 \\ 2x_1 + 3x_2 + x_3 + x_4 = 0 \end{cases}$.

解 原方程组可化为 $\begin{cases} 7x_1 + 9x_2 + 4x_3 + 2x_4 = 2 \\ 2x_1 - 2x_2 + x_3 + x_4 = 6 \\ 5x_1 + 6x_2 + 3x_3 + 2x_4 = 3 \\ 2x_1 + 3x_2 + x_3 + x_4 = 0 \end{cases}$.

$$D = \begin{vmatrix} 7 & 9 & 4 & 2 \\ 2 & -2 & 1 & 1 \\ 5 & 6 & 3 & 2 \\ 2 & 3 & 1 & 1 \end{vmatrix} = \begin{vmatrix} 7 & 2 & 2 & 2 \\ 2 & -4 & 0 & 1 \\ 5 & 1 & 1 & 2 \\ 2 & 1 & 0 & 1 \end{vmatrix} = \begin{vmatrix} -3 & 0 & 0 & -2 \\ 2 & -4 & 0 & 1 \\ 5 & 1 & 1 & 2 \\ 2 & 1 & 0 & 1 \end{vmatrix} = \begin{vmatrix} -3 & 0 & -2 \\ 2 & -4 & 1 \\ 2 & 1 & 1 \end{vmatrix}$$

$$= \begin{vmatrix} -3 & 0 & -2 \\ 2 & -4 & 1 \\ 0 & 5 & 0 \end{vmatrix} = -5.$$

$$D_1 = \begin{vmatrix} 2 & 9 & 4 & 2 \\ 6 & -2 & 1 & 1 \\ 3 & 6 & 3 & 2 \\ 0 & 3 & 1 & 1 \end{vmatrix} = \begin{vmatrix} 2 & 9 & 2 & 2 \\ 6 & -2 & 0 & 1 \\ 3 & 6 & 1 & 2 \\ 0 & 3 & 0 & 1 \end{vmatrix} = \begin{vmatrix} -4 & -3 & 0 & -2 \\ 6 & -2 & 0 & 1 \\ 3 & 6 & 1 & 2 \\ 0 & 3 & 0 & 1 \end{vmatrix} = \begin{vmatrix} -4 & -3 & -2 \\ 6 & -2 & 1 \\ 0 & 3 & 1 \end{vmatrix}$$

$$= \begin{vmatrix} -4 & 0 & -1 \\ 6 & -2 & 1 \\ 0 & 3 & 1 \end{vmatrix} = 8 - 18 + 12 = 2.$$

$$D_2 = \begin{vmatrix} 7 & 2 & 4 & 2 \\ 2 & 6 & 1 & 1 \\ 5 & 3 & 3 & 2 \\ 2 & 0 & 1 & 1 \end{vmatrix} = \begin{vmatrix} 7 & 2 & 4 & 2 \\ 0 & 6 & 0 & 0 \\ 5 & 3 & 3 & 2 \\ 2 & 0 & 1 & 1 \end{vmatrix} = 6\begin{vmatrix} 7 & 4 & 2 \\ 5 & 3 & 2 \\ 2 & 1 & 1 \end{vmatrix} = 6\begin{vmatrix} 3 & 2 & 0 \\ 1 & 1 & 0 \\ 2 & 1 & 1 \end{vmatrix} = 6.$$

$$D_3 = \begin{vmatrix} 7 & 9 & 2 & 2 \\ 2 & -2 & 6 & 1 \\ 5 & 6 & 3 & 2 \\ 2 & 3 & 0 & 1 \end{vmatrix} = \begin{vmatrix} 3 & 3 & 2 & 2 \\ 0 & -5 & 6 & 1 \\ 1 & 0 & 3 & 2 \\ 0 & 0 & 0 & 1 \end{vmatrix} = \begin{vmatrix} 3 & 3 & 2 \\ 0 & -5 & 6 \\ 1 & 0 & 3 \end{vmatrix} = -45 + 18 + 10 = -17.$$

$$D_4 = \begin{vmatrix} 7 & 9 & 4 & 2 \\ 2 & -2 & 1 & 6 \\ 5 & 6 & 3 & 3 \\ 2 & 3 & 1 & 0 \end{vmatrix} = \begin{vmatrix} 3 & 9 & 4 & 2 \\ 1 & -2 & 1 & 6 \\ 2 & 6 & 3 & 3 \\ 1 & 3 & 1 & 0 \end{vmatrix} = \begin{vmatrix} 0 & 0 & 1 & 2 \\ 0 & -5 & 0 & 6 \\ 0 & 0 & 1 & 3 \\ 1 & 3 & 1 & 0 \end{vmatrix} = -5\begin{vmatrix} 1 & 2 \\ 1 & 3 \end{vmatrix} = -5.$$

$x_1 = -0.4$, $x_2 = -1.2$, $x_3 = 3.4$, $x_4 = 1$

检验:将所求的解代入原方程组得

$$\begin{cases} 左 = -2.8 - 10.8 + 13.6 + 2 - 2 = 0 \\ 左 = -0.8 + 2.4 + 3.4 + 1 - 6 = 0 \\ 左 = -2 - 7.2 + 10.2 + 2 - 3 = 0 \\ 左 = -0.8 - 3.6 + 3.4 + 1 = 0 \end{cases}$$

所以 $\begin{cases} x_1 = -0.4 \\ x_2 = -1.2 \\ x_3 = 3.4 \\ x_4 = 1 \end{cases}$ 是原方程组的解.

559. $\begin{cases} 6x + 5y - 2z + 4t + 4 = 0 \\ 9x - y + 4z - t - 13 = 0 \\ 3x + 4y + 2z - 2t - 1 = 0 \\ 3x - 9y + 2t - 11 = 0 \end{cases}$

解 原方程组可化为 $\begin{cases} 6x + 5y - 2z + 4t = -4 \\ 9x - y + 4z - t = 13 \\ 3x + 4y + 2z - 2t = 1 \\ 3x - 9y + 2t = 11 \end{cases}$.

$$D = \begin{vmatrix} 6 & 5 & -2 & 4 \\ 9 & -1 & 4 & -1 \\ 3 & 4 & 2 & -2 \\ 3 & -9 & 0 & 2 \end{vmatrix} = \begin{vmatrix} 6 & 5 & -2 & 4 \\ 21 & 9 & 0 & 7 \\ 9 & 9 & 0 & 2 \\ 3 & -9 & 0 & 2 \end{vmatrix} = -2 \begin{vmatrix} 21 & 9 & 7 \\ 9 & 9 & 2 \\ 3 & -9 & 2 \end{vmatrix} = -2 \begin{vmatrix} 24 & 0 & 9 \\ 12 & 0 & 4 \\ 3 & -9 & 2 \end{vmatrix}$$

$$= -18(96 - 108) = 18 \times 12 = 216.$$

$$D_1 = \begin{vmatrix} -4 & 5 & -2 & 4 \\ 13 & -1 & 4 & -1 \\ 1 & 4 & 2 & -2 \\ 11 & -9 & 0 & 2 \end{vmatrix} = \begin{vmatrix} -3 & 9 & 0 & 2 \\ 11 & -9 & 0 & 3 \\ 1 & 4 & 2 & -2 \\ 11 & -9 & 0 & 2 \end{vmatrix} = 2 \begin{vmatrix} -3 & 9 & 2 \\ 11 & -9 & 3 \\ 11 & -9 & 2 \end{vmatrix}$$

$$= 2 \begin{vmatrix} -3 & 9 & 2 \\ 0 & 0 & 1 \\ 11 & -9 & 2 \end{vmatrix} = -2(27 - 99) = 144.$$

$$D_2 = \begin{vmatrix} 6 & -4 & -2 & 4 \\ 9 & 13 & 4 & -1 \\ 3 & 1 & 2 & -2 \\ 3 & 11 & 0 & 2 \end{vmatrix} = 3 \begin{vmatrix} 2 & -4 & -2 & 4 \\ 3 & 13 & 4 & -1 \\ 1 & 1 & 2 & -2 \\ 1 & 11 & 0 & 2 \end{vmatrix} = 3 \begin{vmatrix} 3 & -3 & 0 & 2 \\ 1 & 11 & 0 & 3 \\ 1 & 1 & 2 & -2 \\ 1 & 11 & 0 & 2 \end{vmatrix}$$

$$= 6 \begin{vmatrix} 3 & -3 & 2 \\ 1 & 11 & 3 \\ 1 & 11 & 2 \end{vmatrix} = 6 \begin{vmatrix} 3 & -3 & 2 \\ 0 & 0 & 1 \\ 1 & 11 & 2 \end{vmatrix} = -6 \times 36 = -216.$$

$$D_3 = \begin{vmatrix} 6 & 5 & -4 & 4 \\ 9 & -1 & 13 & -1 \\ 3 & 4 & 1 & -2 \\ 3 & -9 & 11 & 2 \end{vmatrix} = \begin{vmatrix} 18 & 21 & -4 & -4 \\ -30 & -53 & 13 & 25 \\ 0 & 0 & 1 & 0 \\ -30 & -53 & 11 & 24 \end{vmatrix} = \begin{vmatrix} 18 & 21 & -4 \\ -30 & -53 & 25 \\ -30 & -53 & 24 \end{vmatrix}$$

$$= \begin{vmatrix} 18 & 21 & -4 \\ 0 & 0 & 1 \\ -30 & -53 & 24 \end{vmatrix} = 53 \times 18 - 30 \times 21 = 324.$$

$$D_4 = \begin{vmatrix} 6 & 5 & -2 & -4 \\ 9 & -1 & 4 & 13 \\ 3 & 4 & 2 & 1 \\ 3 & -9 & 0 & 11 \end{vmatrix} = 3\begin{vmatrix} 2 & 1 & -2 & -4 \\ 3 & 12 & 4 & 13 \\ 1 & 5 & 2 & 1 \\ 1 & 2 & 0 & 11 \end{vmatrix} = 6\begin{vmatrix} 2 & 1 & -1 & -4 \\ 3 & 12 & 2 & 13 \\ 1 & 5 & 1 & 1 \\ 1 & 2 & 0 & 11 \end{vmatrix}$$

$$= 6\begin{vmatrix} 2 & 1 & -1 & -4 \\ 2 & 10 & 2 & 2 \\ 1 & 5 & 1 & 1 \\ 1 & 2 & 0 & 11 \end{vmatrix} = 12\begin{vmatrix} 2 & 1 & -1 & -4 \\ 1 & 5 & 1 & 1 \\ 1 & 5 & 1 & 1 \\ 1 & 2 & 0 & 11 \end{vmatrix} = 0.$$

$$x = \frac{144}{216} = \frac{4}{6} = \frac{2}{3}, \quad y = -1, \quad z = \frac{324}{216} = \frac{3}{2}, \quad t = 0$$

检验:将求得的解代入原方程组得

$$\begin{cases} 左 = 4 - 5 - 3 + 4 = 0 \\ 左 = 6 + 1 + 6 - 13 = 0 \\ 左 = 2 - 4 + 3 - 1 = 0 \\ 左 = 2 + 9 - 11 = 0 \end{cases}.$$

所以 $\begin{cases} x = \dfrac{2}{3} \\ y = -1 \\ z = \dfrac{3}{2} \\ t = 0 \end{cases}$ 是原方程组的解.

560. $\begin{cases} 2x - y - 6z + 3t + 1 = 0 \\ 7x - 4y + 2z - 15t + 32 = 0 \\ x - 2y - 4z + 9t - 5 = 0 \\ x - y + 2z - 6t + 8 = 0 \end{cases}.$

解 原方程组可化为 $\begin{cases} 2x - y - 6z + 3t = -1 \\ 7x - 4y + 2z - 15t = -32 \\ x - 2y - 4z + 9t = 5 \\ x - y + 2z - 6t = -8 \end{cases}.$

$$D = \begin{vmatrix} 2 & -1 & -6 & 3 \\ 7 & -4 & 2 & -15 \\ 1 & -2 & -4 & 9 \\ 1 & -1 & 2 & -6 \end{vmatrix} = 6 \begin{vmatrix} 2 & -1 & -3 & 1 \\ 7 & -4 & 1 & -5 \\ 1 & -2 & -2 & 3 \\ 1 & -1 & 1 & -2 \end{vmatrix} = 6 \begin{vmatrix} 1 & -4 & -3 & -5 \\ 3 & -3 & 1 & -3 \\ -1 & -4 & -2 & -1 \\ 0 & 0 & 1 & 0 \end{vmatrix}$$

$$= -6 \begin{vmatrix} 1 & -4 & -5 \\ 3 & -3 & -3 \\ -1 & -4 & -1 \end{vmatrix} = 6 \begin{vmatrix} 1 & -4 & -5 \\ 3 & -3 & -3 \\ 1 & 4 & 1 \end{vmatrix} = 6 \begin{vmatrix} 1 & -3 & -4 \\ 3 & 0 & 0 \\ 1 & 5 & 2 \end{vmatrix} = -18 \times 14 = -252.$$

$$D_1 = \begin{vmatrix} -1 & -1 & -6 & 3 \\ -32 & -4 & 2 & -15 \\ 5 & -2 & -4 & 9 \\ -8 & -1 & 2 & -6 \end{vmatrix} = 6 \begin{vmatrix} -1 & -1 & -3 & 1 \\ -32 & -4 & 1 & -5 \\ 5 & -2 & -2 & 3 \\ -8 & -1 & 1 & -2 \end{vmatrix} = 6 \begin{vmatrix} 0 & 0 & 0 & 1 \\ -37 & -9 & -14 & -5 \\ 8 & 1 & 7 & 3 \\ -10 & -3 & -5 & -2 \end{vmatrix}$$

$$= -6 \begin{vmatrix} -37 & -9 & -14 \\ 8 & 1 & 7 \\ -10 & -3 & -5 \end{vmatrix} = -6 \begin{vmatrix} 35 & 0 & 49 \\ 8 & 1 & 7 \\ 14 & 0 & 16 \end{vmatrix} = -6 \times 7 \begin{vmatrix} 5 & 7 \\ 14 & 16 \end{vmatrix} = -6 \times 7 \times (-18) = 21 \times 6^2.$$

$$D_2 = \begin{vmatrix} 2 & -1 & -6 & 3 \\ 7 & -32 & 2 & -15 \\ 1 & 5 & -4 & 9 \\ 1 & -8 & 2 & -6 \end{vmatrix} = 6 \begin{vmatrix} 2 & -1 & -3 & 1 \\ 7 & -32 & 1 & -5 \\ 1 & 5 & -2 & 3 \\ 1 & -8 & 1 & -2 \end{vmatrix} = 6 \begin{vmatrix} 5 & -25 & 0 & -5 \\ 6 & -24 & 0 & -3 \\ 3 & -11 & 0 & -1 \\ 1 & -8 & 1 & -2 \end{vmatrix}$$

$$= -30 \begin{vmatrix} 1 & -5 & -1 \\ 6 & -24 & -3 \\ 3 & -11 & -1 \end{vmatrix} = 90 \begin{vmatrix} 1 & -5 & 1 \\ 2 & -8 & 1 \\ 3 & -11 & 1 \end{vmatrix} = 90 \begin{vmatrix} 0 & 0 & 1 \\ 1 & -3 & 1 \\ 2 & -6 & 1 \end{vmatrix} = 0.$$

$$D_3 = \begin{vmatrix} 2 & -1 & -1 & 3 \\ 7 & -4 & -32 & -15 \\ 1 & -2 & 5 & 9 \\ 1 & -1 & -8 & -6 \end{vmatrix} = \begin{vmatrix} 0 & 0 & -1 & 0 \\ -1 & 28 & -32 & -111 \\ -3 & -7 & 5 & 24 \\ -1 & 7 & -8 & -30 \end{vmatrix} = - \begin{vmatrix} -1 & 28 & -111 \\ -3 & -7 & 24 \\ -1 & 7 & -30 \end{vmatrix}$$

$$= 3 \begin{vmatrix} 1 & 28 & -37 \\ 3 & -7 & 8 \\ 1 & 7 & -10 \end{vmatrix} = 3 \begin{vmatrix} 1 & 28 & -9 \\ 3 & -7 & 1 \\ 1 & 7 & -3 \end{vmatrix} = 3 \begin{vmatrix} 1 & 28 & -9 \\ 0 & -91 & 28 \\ 0 & -21 & 6 \end{vmatrix} = 21 \begin{vmatrix} -13 & 28 \\ -3 & 6 \end{vmatrix} = 21 \times 6.$$

$$D_4 = \begin{vmatrix} 2 & -1 & -6 & -1 \\ 7 & -4 & 2 & -32 \\ 1 & -2 & -4 & 5 \\ 1 & -1 & 2 & -8 \end{vmatrix} = \begin{vmatrix} 2 & -1 & -6 & -1 \\ -1 & 0 & 26 & -28 \\ -3 & 0 & 8 & 7 \\ -1 & 0 & 8 & -7 \end{vmatrix} = \begin{vmatrix} -1 & 26 & -28 \\ -3 & 8 & 7 \\ -1 & 8 & -7 \end{vmatrix} = \begin{vmatrix} -1 & 26 & -2 \\ -3 & 8 & 15 \\ -1 & 8 & 1 \end{vmatrix}$$

$$= \begin{vmatrix} -3 & 26 & -2 \\ 12 & 8 & 15 \\ 0 & 8 & 1 \end{vmatrix} = \begin{vmatrix} -3 & 26 & -2 \\ 12 & 0 & 14 \\ 0 & 8 & 1 \end{vmatrix} = \begin{vmatrix} -3 & 26 & 1 \\ 12 & 0 & 2 \\ 0 & 8 & 1 \end{vmatrix} = \begin{vmatrix} -3 & 18 & 0 \\ 12 & 0 & 2 \\ 0 & 8 & 1 \end{vmatrix} = -12 \times 18 + 48$$

$$= -12 \times 14.$$

$$x = -3, \quad y = 0, \quad z = -\frac{1}{2}, \quad t = \frac{-12 \times 14}{-18 \times 14} = \frac{2}{3}$$

检验:将求得的解代入原方程组得

$$\begin{cases} 左 = -6 + 3 + 2 + 1 = 0 \\ 左 = -21 - 1 - 10 + 32 = 0 \\ 左 = -3 + 2 + 6 - 5 = 0 \\ 左 = -3 - 1 - 4 + 8 = 0 \end{cases}.$$

所以 $x = -3$, $y = 0$, $z = -\frac{1}{2}$, $t = \frac{2}{3}$ 是原方程组的解.

561. $\begin{cases} 2x + y + 4z + 8t = -1 \\ x + 3y - 6z + 2t = 3 \\ 3x - 2y + 2z - 2t = 8 \\ 2x - y + 2z = 4 \end{cases}$.

解 $D = \begin{vmatrix} 2 & 1 & 4 & 8 \\ 1 & 3 & -6 & 2 \\ 3 & -2 & 2 & -2 \\ 2 & -1 & 2 & 0 \end{vmatrix} = \begin{vmatrix} 14 & -7 & 12 & 0 \\ 4 & 1 & -4 & 0 \\ 3 & -2 & 2 & -2 \\ 2 & -1 & 2 & 0 \end{vmatrix} = 2\begin{vmatrix} 14 & -7 & 12 \\ 4 & 1 & -4 \\ 2 & -1 & 2 \end{vmatrix} = 2\begin{vmatrix} 14 & -7 & 12 \\ 4 & 1 & -4 \\ 6 & 0 & -2 \end{vmatrix}$

$= 2\begin{vmatrix} 50 & -7 & 12 \\ -8 & 1 & -4 \\ 0 & 0 & -2 \end{vmatrix} = (-4) \times (-6) = 24.$

$D_1 = \begin{vmatrix} -1 & 1 & 4 & 8 \\ 3 & 3 & -6 & 2 \\ 8 & -2 & 2 & -2 \\ 4 & -1 & 2 & 0 \end{vmatrix} = \begin{vmatrix} 3 & 1 & 6 & 8 \\ 15 & 3 & 0 & 2 \\ 0 & -2 & -2 & -2 \\ 0 & -1 & 0 & 0 \end{vmatrix} = -\begin{vmatrix} 3 & 6 & 8 \\ 15 & 0 & 2 \\ 0 & -2 & -2 \end{vmatrix}$

$= -3 \times 4 \begin{vmatrix} 1 & 3 & 4 \\ 5 & 0 & 1 \\ 0 & -1 & -1 \end{vmatrix} = -12(-20 + 1 + 15) = 48.$

$D_2 = \begin{vmatrix} 2 & -1 & 4 & 8 \\ 1 & 3 & -6 & 2 \\ 3 & 8 & 2 & -2 \\ 2 & 4 & 2 & 0 \end{vmatrix} = \begin{vmatrix} 14 & 31 & 12 & 0 \\ 4 & 11 & -4 & 0 \\ 3 & 8 & 2 & -2 \\ 2 & 4 & 2 & 0 \end{vmatrix} = 2\begin{vmatrix} 14 & 31 & 12 \\ 4 & 11 & -4 \\ 2 & 4 & 2 \end{vmatrix} = 8\begin{vmatrix} 7 & 31 & 6 \\ 2 & 11 & -2 \\ 1 & 4 & 1 \end{vmatrix}$

$= 8\begin{vmatrix} 1 & -2 & 12 \\ 2 & 11 & -2 \\ 0 & 6 & -11 \end{vmatrix} = 8\begin{vmatrix} 1 & -2 & 13 \\ 2 & 11 & 0 \\ 0 & 6 & -11 \end{vmatrix} = 8(-121 + 12 \times 13 - 44) = -72.$

$$D_3 = \begin{vmatrix} 2 & 1 & -1 & 8 \\ 1 & 3 & 3 & 2 \\ 3 & -2 & 8 & -2 \\ 2 & -1 & 4 & 0 \end{vmatrix} = \begin{vmatrix} 14 & -7 & 31 & 0 \\ 4 & 1 & 11 & 0 \\ 3 & -2 & 8 & -2 \\ 2 & -1 & 4 & 0 \end{vmatrix} = 2\begin{vmatrix} 14 & -7 & 31 \\ 4 & 1 & 11 \\ 2 & -1 & 4 \end{vmatrix} = 4\begin{vmatrix} 7 & -7 & 31 \\ 2 & 1 & 11 \\ 1 & -1 & 4 \end{vmatrix}$$

$$= 4\begin{vmatrix} 7 & 0 & 31 \\ 2 & 3 & 11 \\ 1 & 0 & 4 \end{vmatrix} = 12(28-31) = -36.$$

$$D_4 = \begin{vmatrix} 2 & 1 & 4 & -1 \\ 1 & 3 & -6 & 3 \\ 3 & -2 & 2 & 8 \\ 2 & -1 & 2 & 4 \end{vmatrix} = 2\begin{vmatrix} 2 & 1 & 2 & -1 \\ 1 & 3 & -3 & 3 \\ 3 & -2 & 1 & 8 \\ 2 & -1 & 1 & 4 \end{vmatrix} = 2\begin{vmatrix} 2 & 1 & 3 & -1 \\ 1 & 3 & 0 & 3 \\ 3 & -2 & -1 & 8 \\ 2 & -1 & 0 & 4 \end{vmatrix}$$

$$= 2\begin{vmatrix} 11 & -5 & 0 & 23 \\ 1 & 3 & 0 & 3 \\ 3 & -2 & -1 & 8 \\ 2 & -1 & 0 & 4 \end{vmatrix} = -2\begin{vmatrix} 11 & -5 & 23 \\ 1 & 3 & 3 \\ 2 & -1 & 4 \end{vmatrix} = -2\begin{vmatrix} 1 & -5 & 3 \\ 7 & 3 & 15 \\ 0 & -1 & 0 \end{vmatrix} = -2\begin{vmatrix} 1 & 3 \\ 7 & 15 \end{vmatrix} = 12.$$

$$x = \frac{D_1}{D} = 2, \quad y = -3, \quad z = -\frac{3}{2}, \quad t = \frac{1}{2}$$

检验:将求得的解代入原方程组得

$$\begin{cases} 左 = 4 - 3 - 6 + 4 = -1 \\ 左 = 2 - 9 + 9 + 1 = 3 \\ 左 = 6 + 6 - 3 - 1 = 8 \\ 左 = 4 + 3 - 3 = 4 \end{cases}.$$

所以 $\begin{cases} x = 2 \\ y = -3 \\ z = -\dfrac{3}{2} \\ t = \dfrac{1}{2} \end{cases}$ 是原方程组的解.

562. $\begin{cases} 2x - y + 3z = 9 & \text{①} \\ 3x - 5y + z = -4 & \text{②} \\ 4x - 7y + z = 5 & \text{③} \end{cases}$

解 $D = \begin{vmatrix} 2 & -1 & 3 \\ 3 & -5 & 1 \\ 4 & -7 & 1 \end{vmatrix} = \begin{vmatrix} -7 & 14 & 0 \\ 3 & -5 & 1 \\ 1 & -2 & 0 \end{vmatrix} = -\begin{vmatrix} -7 & 14 \\ 1 & -2 \end{vmatrix} = 0.$ 故无法应用 Cramer 法则求得.

由题意 ③ - ② = $x - 2y = 9$.

① - 3② = $-7(x - 2y) = 21 \Rightarrow x - 2y = -3$.

上述两式矛盾，因此原方程组无解.

563. $\begin{cases} 2x - 5y + 3z + t = 5 \\ 3x - 7y + 3z - t = -1 \\ 5x - 9y + 6z + 2t = 7 \\ 4x - 6y + 3z + t = 8 \end{cases}$.

解 $D = \begin{vmatrix} 2 & -5 & 3 & 1 \\ 3 & -7 & 3 & -1 \\ 5 & -9 & 6 & 2 \\ 4 & -6 & 3 & 1 \end{vmatrix} = 3\begin{vmatrix} 2 & -5 & 1 & 1 \\ 3 & -7 & 1 & -1 \\ 5 & -9 & 2 & 2 \\ 4 & -6 & 1 & 1 \end{vmatrix} = 3\begin{vmatrix} 2 & -5 & 1 & 0 \\ 3 & -7 & 1 & -2 \\ 5 & -9 & 2 & 0 \\ 4 & -6 & 1 & 0 \end{vmatrix} = -6\begin{vmatrix} 2 & -5 & 1 \\ 5 & -9 & 2 \\ 4 & -6 & 1 \end{vmatrix}$

$= -6\begin{vmatrix} 2 & -5 & 1 \\ 5 & -9 & 2 \\ 2 & -1 & 0 \end{vmatrix} = -6\begin{vmatrix} 0 & -5 & 1 \\ 1 & -9 & 2 \\ 2 & -1 & 0 \end{vmatrix} = -6(-21 + 18) = 18$.

$D_1 = \begin{vmatrix} 5 & -5 & 3 & 1 \\ -1 & -7 & 3 & -1 \\ 7 & -9 & 6 & 2 \\ 8 & -6 & 3 & 1 \end{vmatrix} = \begin{vmatrix} 5 & -5 & 3 & 1 \\ -1 & -7 & 3 & -1 \\ -3 & 1 & 0 & 0 \\ 3 & -1 & 0 & 0 \end{vmatrix} = 0$.

$D_2 = \begin{vmatrix} 2 & 5 & 3 & 1 \\ 3 & -1 & 3 & -1 \\ 5 & 7 & 6 & 2 \\ 4 & 8 & 3 & 1 \end{vmatrix} = \begin{vmatrix} 2 & 5 & 0 & 1 \\ 3 & -1 & 6 & -1 \\ 5 & 7 & 0 & 2 \\ 4 & 8 & 0 & 1 \end{vmatrix} = 6(-1)\begin{vmatrix} 2 & 5 & 1 \\ 5 & 7 & 2 \\ 4 & 8 & 1 \end{vmatrix} = -6\begin{vmatrix} 2 & 5 & 1 \\ 1 & -3 & 0 \\ 2 & 3 & 0 \end{vmatrix} = -54$.

$D_3 = \begin{vmatrix} 2 & -5 & 5 & 1 \\ 3 & -7 & -1 & -1 \\ 5 & -9 & 7 & 2 \\ 4 & -6 & 8 & 1 \end{vmatrix} = \begin{vmatrix} 2 & -5 & 5 & 1 \\ 1 & -2 & -6 & -2 \\ 1 & -3 & -1 & 1 \\ 1 & 1 & 9 & 2 \end{vmatrix} = \begin{vmatrix} 0 & -7 & -13 & -3 \\ 0 & -3 & -15 & -4 \\ 0 & -4 & -10 & -1 \\ 1 & 1 & 9 & 2 \end{vmatrix} = \begin{vmatrix} 7 & 13 & 3 \\ 3 & 15 & 4 \\ 4 & 10 & 1 \end{vmatrix}$

$= \begin{vmatrix} -5 & -17 & 0 \\ -13 & -25 & 0 \\ 4 & 10 & 1 \end{vmatrix} = \begin{vmatrix} 5 & 17 \\ 13 & 25 \end{vmatrix} = 125 - 221 = -96$.

$D_4 = \begin{vmatrix} 2 & -5 & 3 & 5 \\ 3 & -7 & 3 & -1 \\ 5 & -9 & 6 & 7 \\ 4 & -6 & 3 & 8 \end{vmatrix} = 3\begin{vmatrix} 2 & -5 & 1 & 5 \\ 3 & -7 & 1 & -1 \\ 5 & -9 & 2 & 7 \\ 4 & -6 & 1 & 8 \end{vmatrix} = 3\begin{vmatrix} 0 & 0 & 1 & 0 \\ 1 & -2 & 1 & -6 \\ 1 & 1 & 2 & -3 \\ 2 & -1 & 1 & 3 \end{vmatrix} = 3\begin{vmatrix} 1 & -2 & -6 \\ 1 & 1 & -3 \\ 2 & -1 & 3 \end{vmatrix}$

$= 9\begin{vmatrix} 1 & -2 & -2 \\ 1 & 1 & -1 \\ 2 & -1 & 1 \end{vmatrix} = 9\begin{vmatrix} 1 & -2 & -4 \\ 1 & 1 & 0 \\ 2 & -1 & 0 \end{vmatrix} = -36 \times (-3) = 108$.

$$x = \frac{D_1}{D} = 0, \quad y = \frac{D_2}{D} = -3, \quad z = -\frac{16}{3}, \quad t = 6$$

检验:将求得的解代入原方程组得

$$\begin{cases} 左 = 15 - 16 + 6 = 5 \\ 左 = 21 - 16 - 6 = -1 \\ 左 = 27 - 32 + 12 = 7 \\ 左 = 18 - 16 + 6 = 8 \end{cases}.$$

所以 $x = 0, y = -3, z = -\frac{16}{3}, t = 6$ 是原方程组的解.

564. 有同样多个未知量的两个线性方程组(但不一定有同样多个方程),如果第一组的任何解满足第二组,且第二组的任何解满足第一组,则称它们是等价的(有同样多未知量的两个方程组,如果每一个都没有解,也认为是等价的).

证明:线性方程组的下列任一变换,变给定方程组为等价的方程组:

(a)对调两个方程;
(b)用任一不为零的数乘一个方程的两端;
(c)将一个方程乘以任一数后由另一个方程中逐项减去之.

改变未知量的编号是否把给定方程组变为等价的方程组?当解方程组时,是否容许改变未知量的编号?

证 (a)
设

$$\begin{cases} F_1(x_1, \cdots, x_n) = 0 \\ F_2(x_1, \cdots, x_n) = 0 \end{cases} \text{与} \begin{cases} F_2(x_1, \cdots, x_n) = 0 \\ F_1(x_1, \cdots, x_n) = 0 \end{cases}$$

等价. 因为

$$\begin{cases} F_1(x_{10}, \cdots, x_{n0}) = 0 \\ F_2(x_{10}, \cdots, x_{n0}) = 0 \end{cases} \longrightarrow \begin{cases} F_2(x_{10}, \cdots, x_{n0}) = 0 \\ F_1(x_{10}, \cdots, x_{n0}) = 0 \end{cases}$$

$$\begin{cases} F_2(x_{10}, \cdots, x_{n0}) = 0 \\ F_1(x_{10}, \cdots, x_{n0}) = 0 \end{cases} \longrightarrow \begin{cases} F_1(x_{10}, \cdots, x_{n0}) = 0 \\ F_2(x_{10}, \cdots, x_{n0}) = 0 \end{cases}$$

(b)
$$\begin{cases} F_1(x_1, \cdots, x_n) = 0 \\ F_2(x_1, \cdots, x_n) = 0 \end{cases} \longrightarrow \begin{cases} CF_1(x_1, \cdots, x_n) = 0 \\ F_2(x_1, \cdots, x_n) = 0 \end{cases}$$

$$\begin{cases} CF_1(x_1, \cdots, x_n) = 0 \\ F_2(x_1, \cdots, x_n) = 0 \end{cases} \longrightarrow \begin{cases} F_1(x_1, \cdots, x_n) = 0 \\ F_2(x_1, \cdots, x_n) = 0 \end{cases}$$

所以用任一不为零的数乘一个方程的两端,得到的新方程组与原方程组等价.

(c) $\begin{cases} F_1(x_1, x_2, \cdots, x_n) = 0 \\ F_2(x_1, x_2, \cdots, x_n) = 0 \end{cases} \longrightarrow \begin{cases} F_1(x_1, x_2, \cdots, x_n) = 0 \\ F_2(x_1, x_2, \cdots, x_n) - CF_1(x_1, \cdots, x_n) = 0 \end{cases}$

$\begin{cases} F_1(x_1, x_2, \cdots, x_n) = 0 \\ F_2(x_1, x_2, \cdots, x_n) - CF_1(x_1, \cdots, x_n) = 0 \end{cases} \longrightarrow$

$$\begin{cases} F_1(x_1, x_2, \cdots, x_n) = 0 \\ F_2(x_1, x_2, \cdots, x_n) - CF_1(x_1, \cdots, x_n) + CF_1(x_1, \cdots, x_n) = 0 \end{cases}$$

所以新方程组与原方程组等价.

改变未知量的编号一般说来不把方程组变为等价组,但当解方程组时,这种改变在以下条件下是容许的:在解完方程组之后,回复到原来的编号.

565. 证明:任何线性方程组

$$\sum_{j=1}^{n} a_{ij} x_j = b_i, \quad i = 1, 2, \cdots, s \tag{1}$$

利用前题形式为(a)、(b)、(c)的变换和改变未知量的编号,可以把它化到如下形式

$$\sum_{j=1}^{n} c_{ij} y_j = d_i, \quad i = 1, 2, \cdots, s \tag{2}$$

后者满足下列三组条件之一组且仅满足一组:

(a) $c_{ii} \neq 0$, $i = 1, 2, \cdots, n$; $c_{ij} = 0$, 当 $i > j$ 时(特别地,第 n 个以后的所有方程(当 $s > n$ 时)中的未知量的系数都是零); $d_i = 0$, 当 $i = n+1, \cdots, s$ 时(在这种情形,我们说:方程组被化到了三角形形式);

(b) 存在整数 r, $0 \leq r \leq n-1$, 使得 $c_{ii} \neq 0$, $i = 1, 2, \cdots, r$; $c_{ij} = 0$, 当 $i > j$ 时; $c_{ij} = 0$, 对 $i > r$ 和等于 $1, 2, \cdots, n$ 的任何 j; $d_i = 0$, 对 $i = r+1, r+2, \cdots, s$.

(c) 存在整数 r, $0 \leq r \leq n$, 使有:$c_{ii} \neq 0$, 当 $i = 1, 2, \cdots, r$ 时; $c_{ij} = 0$, 当 $i > j$ 时; $c_{ij} = 0$, 对 $i > r$ 和任何 $j = 1, 2, \cdots, n$. 存在整数 k, $r+1 \leq k \leq s$, 使得 $d_k \neq 0$.

证明:如果在方程组(2)中恢复未知量原来的编号,则得到与方程组(1)等价的方程组.

然后证明:在情形(a),方程组(2)有唯一解;在情形(b),方程组(2)有无穷多解,并且对未知量 $y_{r+1}, \cdots, y_n$ 的任何值,存在其余未知量 $y_1, \cdots, y_r$ 的唯一一组值;在情形(c),方程组(2)没有解. 这一定理给出了解线性方程组的消元法的根据.

证 (a)

$$\begin{pmatrix} a_{11} & a_{12} & \cdots & a_{1n} & b_1 \\ a_{21} & a_{22} & \cdots & a_{2n} & b_2 \\ \vdots & \vdots & & \vdots & \vdots \\ a_{s1} & a_{s2} & \cdots & a_{sn} & b_s \end{pmatrix} \xrightarrow[\text{改变未知量编号}]{\text{上题(a)(b)(c) 变换}} \begin{pmatrix} c_{11} & c_{12} & \cdots & c_{1n} & d_1 \\ & c_{22} & \cdots & c_{2n} & d_2 \\ & & \ddots & \vdots & \vdots \\ & & & c_{nn} & d_n \\ & & & & 0 \end{pmatrix}$$

$$y_n = \frac{d_n}{c_{nn}}$$

$$y_{n-1} = \frac{d_{n-1} - c_{n-1,n} \cdot \dfrac{d_n}{c_{nn}}}{c_{n-1,n-1}}$$

$$y_{n-2} = \frac{1}{c_{n-2,n-2}}(d_{n-2} - \cdots)$$

$$\cdots$$

$$y_2 = \frac{1}{c_{22}}(d_2 - \cdots)$$

$$y_1 = \frac{1}{c_{11}}(d_1 - \cdots)$$

把编号 y_i 回到编号 x_i 中去,得到方程组(1)的唯一一组解.

(b)

$$\begin{pmatrix} a_{11} & a_{12} & \cdots & a_{1n} & b_1 \\ a_{21} & a_{22} & \cdots & a_{2n} & b_2 \\ \vdots & \vdots & & \vdots & \vdots \\ a_{s1} & a_{s2} & \cdots & a_{sn} & b_s \end{pmatrix} \longrightarrow \begin{pmatrix} c_{11} & c_{12} & \cdots & c_{1r} & d_1 \\ & c_{22} & \cdots & c_{2r} & d_2 \\ & & \ddots & \vdots & \vdots \\ & & & c_{rr} & d_r \end{pmatrix}$$

$y_{r+1}, \cdots, y_n$ 的任何值,存在其余未知量 $y_1, \cdots, y_r$ 的唯一一组值,所以方程组(2)有无穷多解.

(c)

$$\begin{pmatrix} a_{11} & a_{12} & \cdots & a_{1n} & b_1 \\ a_{21} & a_{22} & \cdots & a_{2n} & b_2 \\ \vdots & \vdots & & \vdots & \vdots \\ a_{s1} & a_{s2} & \cdots & a_{sn} & b_s \end{pmatrix} \longrightarrow \begin{pmatrix} c_{11} & c_{12} & \cdots & c_{1r} & d_1 \\ & c_{22} & \cdots & c_{2r} & d_2 \\ & & \ddots & \vdots & \vdots \\ & & & c_{rr} & d_r \\ & & & & d_{r+1} \\ & & & & d_{r+2} \end{pmatrix}$$

方程组(2)没有解.因为任何一组数,其系数都是 0,永远不可能得到非零值,所以方程组(2)没有解.

566. 试证明:如果前题的线性方程组(1)有整系数,则对于把方程组(1)化为方程组(2)的过程中的所有变换,可以避开分数,所以方程组(2)也将具有整系数.

证 在变换(a)中是对调方程,原方程组是整系数,则新方程组也是整系数.

在变换(b)中,乘方程两端的数如果是有理数,则可以扩大若干倍变为整数,从而避开分数.

在变换(c)中,因为原方程组的系数都是整数,消元过程也是在整系数范围内进行,所以方程组(2)也将具有整系数.

用消元法解下列方程组:

567. $\begin{cases} 3x_1 - 2x_2 - 5x_3 + x_4 = 3 \\ 2x_1 - 3x_2 + x_3 + 5x_4 = -3 \\ x_1 + 2x_2 - 4x_4 = -3 \\ x_1 - x_2 - 4x_3 + 9x_4 = 22 \end{cases}$

解 因为 x_3 的系数中有零元,所以决定首先求出 x_3.

$$\begin{pmatrix} 3 & -2 & -5 & 1 & 3 \\ 2 & -3 & 1 & 5 & -3 \\ 1 & 2 & 0 & -4 & -3 \\ 1 & -1 & -4 & 9 & 22 \end{pmatrix} \longrightarrow \begin{pmatrix} 2 & -3 & 1 & 5 & -3 \\ 1 & 2 & 0 & -4 & -3 \\ 13 & -17 & 0 & 26 & -12 \\ 9 & -13 & 0 & 29 & 10 \end{pmatrix} \xrightarrow{\text{消元} x_1} \begin{pmatrix} 2 & -3 & 1 & 5 & -3 \\ 1 & 2 & 0 & -4 & -3 \\ 0 & -43 & 0 & 78 & 27 \\ 0 & -31 & 0 & 65 & 37 \end{pmatrix} \longrightarrow$$

$$\begin{pmatrix} 2 & -3 & 1 & 5 & -3 \\ 1 & 2 & 0 & -4 & -3 \\ 0 & -12 & 0 & 13 & -10 \\ 0 & 29 & 0 & 0 & 87 \end{pmatrix} \rightarrow \begin{pmatrix} 2 & -3 & 1 & 5 & -3 \\ 1 & 2 & 0 & -4 & -3 \\ 0 & -12 & 0 & 13 & -10 \\ 0 & 1 & 0 & 0 & 3 \end{pmatrix} \rightarrow \begin{pmatrix} 2 & -3 & 1 & 5 & -3 \\ 1 & 2 & 0 & -4 & -3 \\ 0 & 0 & 0 & 1 & 2 \\ 0 & 1 & 0 & 0 & 3 \end{pmatrix} \rightarrow$$

$$\begin{pmatrix} 2 & -3 & 1 & 5 & -3 \\ 1 & 0 & 0 & 0 & -1 \\ 0 & 0 & 0 & 1 & 2 \\ 0 & 1 & 0 & 0 & 3 \end{pmatrix} \rightarrow \begin{pmatrix} 0 & 0 & 1 & 0 & -2 \\ 1 & 0 & 0 & 0 & -1 \\ 0 & 0 & 0 & 1 & 2 \\ 0 & 1 & 0 & 0 & 3 \end{pmatrix}$$

解为

$$\begin{pmatrix} -1 \\ 3 \\ -2 \\ 2 \end{pmatrix}$$

检验：

$$\begin{pmatrix} 3 & -2 & -5 & 1 \\ 2 & -3 & 1 & 5 \\ 1 & 2 & 0 & -4 \\ 1 & -1 & -4 & 9 \end{pmatrix} \begin{pmatrix} -1 \\ 3 \\ -2 \\ 2 \end{pmatrix} = \begin{pmatrix} 3 \\ -3 \\ -3 \\ 22 \end{pmatrix}$$

568. $\begin{cases} 4x_1 - 3x_2 + x_3 + 5x_4 - 7 = 0 \\ x_1 - 2x_2 - 2x_3 - 3x_4 - 3 = 0 \\ 3x_1 - x_2 + 2x_3 + 1 = 0 \\ 2x_1 + 3x_2 + 2x_3 - 8x_4 + 7 = 0 \end{cases}$

解 $\begin{pmatrix} 4 & -3 & 1 & 5 & 7 \\ 1 & -2 & -2 & -3 & 3 \\ 3 & -1 & 2 & 0 & -1 \\ 2 & 3 & 2 & -8 & -7 \end{pmatrix} \xrightarrow{\text{先求 } x_3} \begin{pmatrix} 4 & -3 & 1 & 5 & 7 \\ 9 & -8 & 0 & 7 & 17 \\ 4 & -3 & 0 & -3 & 2 \\ 3 & 1 & 0 & -11 & -4 \end{pmatrix} \xrightarrow{\text{消元 } x_2}$

$\begin{pmatrix} 4 & -3 & 1 & 5 & 7 \\ 33 & 0 & 0 & -81 & -15 \\ 13 & 0 & 0 & -36 & -10 \\ 3 & 1 & 0 & -11 & -4 \end{pmatrix} \rightarrow \begin{pmatrix} 4 & -3 & 1 & 5 & 7 \\ 11 & 0 & 0 & -27 & -5 \\ 2 & 0 & 0 & -9 & -5 \\ 1 & 1 & 0 & -2 & 1 \end{pmatrix} \rightarrow \begin{pmatrix} 4 & -3 & 1 & 5 & 7 \\ 1 & 1 & 0 & -2 & 1 \\ 2 & 0 & 0 & -9 & -5 \\ 1 & 0 & 0 & 18 & 20 \end{pmatrix} \rightarrow$

$\begin{pmatrix} 4 & -3 & 1 & 5 & 7 \\ 1 & 1 & 0 & -2 & 1 \\ 1 & 0 & 0 & 18 & 20 \\ 0 & 0 & 0 & 1 & 1 \end{pmatrix} \rightarrow \begin{pmatrix} 0 & 0 & 1 & 0 & -3 \\ 0 & 1 & 0 & 0 & 1 \\ 1 & 0 & 0 & 0 & 2 \\ 0 & 0 & 0 & 1 & 1 \end{pmatrix}$

解为
$$\begin{pmatrix} 2 \\ 1 \\ -3 \\ 1 \end{pmatrix}$$

检验:
$$\begin{pmatrix} 4 & -3 & 1 & 5 \\ 1 & -2 & -2 & -3 \\ 3 & -1 & 2 & 0 \\ 2 & 3 & 2 & -8 \end{pmatrix} \begin{pmatrix} 2 \\ 1 \\ -3 \\ 1 \end{pmatrix} = \begin{pmatrix} 7 \\ 3 \\ -1 \\ -7 \end{pmatrix}$$

569. $\begin{cases} 2x_1 - 2x_2 + x_4 + 3 = 0 \\ 2x_1 + 3x_2 + x_3 - 3x_4 + 6 = 0 \\ 3x_1 + 4x_2 - x_3 + 2x_4 = 0 \\ x_1 + 3x_2 + x_3 - x_4 - 2 = 0 \end{cases}$

解 调换方程顺序,使 x_1 系数递增

$$\begin{pmatrix} 1 & 3 & 1 & -1 & 2 \\ 2 & -2 & 0 & 1 & -3 \\ 2 & 3 & 1 & -3 & -6 \\ 3 & 4 & -1 & 2 & 0 \end{pmatrix} \xrightarrow{\text{消元 } x_3} \begin{pmatrix} 1 & 3 & 1 & -1 & 2 \\ 2 & -2 & 0 & 1 & -3 \\ 1 & 0 & 0 & -2 & -8 \\ 4 & 7 & 0 & 1 & 2 \end{pmatrix} \xrightarrow{\text{消元 } x_4} \begin{pmatrix} 1 & 3 & 1 & -1 & 2 \\ 2 & -2 & 0 & 1 & -3 \\ 5 & -4 & 0 & 0 & -14 \\ 2 & 9 & 0 & 0 & 5 \end{pmatrix} \rightarrow$$

$$\begin{pmatrix} 1 & 3 & 1 & -1 & 2 \\ 2 & -2 & 0 & 1 & -3 \\ 10 & -8 & 0 & 0 & -28 \\ 10 & 45 & 0 & 0 & 25 \end{pmatrix} \rightarrow \begin{pmatrix} 1 & 3 & 1 & -1 & 2 \\ 2 & -2 & 0 & 1 & -3 \\ 2 & 9 & 0 & 0 & 5 \\ 0 & 53 & 0 & 0 & 53 \end{pmatrix} \rightarrow \begin{pmatrix} 0 & 0 & 1 & 0 & 4 \\ 0 & 0 & 0 & 1 & 3 \\ 1 & 0 & 0 & 0 & -2 \\ 0 & 1 & 0 & 0 & 1 \end{pmatrix}$$

解为
$$\begin{pmatrix} -2 \\ 1 \\ 4 \\ 3 \end{pmatrix}$$

检验:
$$\begin{pmatrix} 1 & 3 & 1 & -1 \\ 2 & -2 & 0 & 1 \\ 2 & 3 & 1 & -3 \\ 3 & 4 & -1 & 2 \end{pmatrix} \begin{pmatrix} -2 \\ 1 \\ 4 \\ 3 \end{pmatrix} = \begin{pmatrix} 2 \\ -3 \\ -6 \\ 0 \end{pmatrix}$$

570. $\begin{cases} x_1 + x_2 - 6x_3 - 4x_4 = 6 \\ 3x_1 - x_2 - 6x_3 - 4x_4 = 2 \\ 2x_1 + 3x_2 + 9x_3 + 2x_4 = 6 \\ 3x_1 + 2x_2 + 3x_3 + 8x_4 = -7 \end{cases}$

解 $\begin{pmatrix} 1 & 1 & -6 & -4 & 6 \\ 2 & 3 & 9 & 2 & 6 \\ 3 & -1 & -6 & -4 & 2 \\ 3 & 2 & 3 & 8 & -7 \end{pmatrix} \rightarrow \begin{pmatrix} 1 & 1 & -6 & -4 & 6 \\ 0 & 1 & 21 & 10 & -6 \\ 0 & -4 & 12 & 8 & -16 \\ 0 & 3 & 9 & 12 & -9 \end{pmatrix} \rightarrow \begin{pmatrix} 1 & 1 & -6 & -4 & 6 \\ 0 & 1 & 21 & 10 & -6 \\ 0 & 0 & 96 & 48 & -40 \\ 0 & 0 & -54 & -18 & 9 \end{pmatrix} \rightarrow$

$\begin{pmatrix} 1 & 1 & -6 & -4 & 6 \\ 0 & 1 & 21 & 10 & -6 \\ 0 & 0 & 12 & 6 & -5 \\ 0 & 0 & -6 & -2 & 1 \end{pmatrix} \rightarrow \begin{pmatrix} 1 & 1 & -6 & -4 & 6 \\ 0 & 1 & 21 & 10 & -6 \\ 0 & 0 & 6 & 2 & -1 \\ 0 & 0 & 0 & 2 & -3 \end{pmatrix} \rightarrow \begin{pmatrix} 1 & 0 & 0 & 0 & 0 \\ 0 & 1 & 0 & 0 & 2 \\ 0 & 0 & 1 & 0 & \frac{1}{3} \\ 0 & 0 & 0 & 1 & -\frac{3}{2} \end{pmatrix}$

解为
$$\begin{pmatrix} 0 \\ 2 \\ \frac{1}{3} \\ -\frac{3}{2} \end{pmatrix}.$$

检验:
$$\begin{pmatrix} 1 & 1 & -6 & -4 \\ 2 & 3 & 9 & 2 \\ 3 & -1 & -6 & -4 \\ 3 & 2 & 3 & 8 \end{pmatrix} \begin{pmatrix} 0 \\ 2 \\ \frac{1}{3} \\ -\frac{3}{2} \end{pmatrix} = \begin{pmatrix} 6 \\ 6 \\ 2 \\ -7 \end{pmatrix}$$

571. $\begin{cases} 2x_1 - 3x_2 + 3x_3 + 2x_4 - 3 = 0 \\ 6x_1 + 9x_2 - 2x_3 - x_4 + 4 = 0 \\ 10x_1 + 3x_2 - 3x_3 - 2x_4 - 3 = 0 \\ 8x_1 + 6x_2 + x_3 + 3x_4 + 7 = 0 \end{cases}.$

解 $\begin{pmatrix} 2 & -3 & 3 & 2 & 3 \\ 6 & 9 & -2 & -1 & -4 \\ 10 & 3 & -3 & -2 & 3 \\ 8 & 6 & 1 & 3 & -7 \end{pmatrix} \rightarrow \begin{pmatrix} 2 & -3 & 3 & 2 & 3 \\ 1 & 0 & 0 & 0 & \frac{1}{2} \\ 0 & 9 & -2 & -1 & -7 \\ 0 & 6 & 1 & 3 & -11 \end{pmatrix} \rightarrow \begin{pmatrix} 0 & -3 & 3 & 2 & 2 \\ 1 & 0 & 0 & 0 & \frac{1}{2} \\ 0 & 0 & 7 & 5 & -1 \\ 0 & 0 & 7 & 7 & -7 \end{pmatrix} \rightarrow$

$\begin{pmatrix} 0 & -3 & 3 & 2 & 2 \\ 1 & 0 & 0 & 0 & \frac{1}{2} \\ 0 & 0 & 7 & 5 & -1 \\ 0 & 0 & 0 & 2 & -6 \end{pmatrix} \rightarrow \begin{pmatrix} 0 & -3 & 0 & 0 & 2 \\ 1 & 0 & 0 & 0 & \frac{1}{2} \\ 0 & 0 & 1 & 0 & 2 \\ 0 & 0 & 0 & 1 & -3 \end{pmatrix} \rightarrow \begin{pmatrix} 1 & 0 & 0 & 0 & \frac{1}{2} \\ 0 & 1 & 0 & 0 & -\frac{2}{3} \\ 0 & 0 & 1 & 0 & 2 \\ 0 & 0 & 0 & 1 & -3 \end{pmatrix}$

解为

$$\begin{pmatrix} \frac{1}{2} \\ -\frac{2}{3} \\ 2 \\ -3 \end{pmatrix}$$

检验：

$$\begin{pmatrix} 2 & -3 & 3 & 2 \\ 6 & 9 & -2 & -1 \\ 10 & 3 & -3 & -2 \\ 8 & 6 & 1 & 3 \end{pmatrix} \begin{pmatrix} \frac{1}{2} \\ -\frac{2}{3} \\ 2 \\ -3 \end{pmatrix} = \begin{pmatrix} 3 \\ -4 \\ 3 \\ -7 \end{pmatrix}$$

572. $\begin{cases} x_1 + 2x_2 + 5x_3 + 9x_4 = 79 \\ 3x_1 + 13x_2 + 18x_3 + 30x_4 = 263 \\ 2x_1 + 4x_2 + 11x_3 + 16x_4 = 146 \\ x_1 + 9x_2 + 9x_3 + 9x_4 = 92 \end{cases}$

解
$$\begin{pmatrix} 1 & 2 & 5 & 9 & 79 \\ 3 & 13 & 18 & 30 & 263 \\ 2 & 4 & 11 & 16 & 146 \\ 1 & 9 & 9 & 9 & 92 \end{pmatrix} \to \begin{pmatrix} 1 & 2 & 5 & 9 & 79 \\ 0 & 7 & 3 & 3 & 26 \\ 0 & 0 & 1 & -2 & -12 \\ 0 & 7 & 4 & 0 & 13 \end{pmatrix} \to \begin{pmatrix} 1 & 2 & 0 & 19 & 139 \\ 0 & 7 & 0 & 9 & 62 \\ 0 & 0 & 1 & -2 & -12 \\ 0 & 0 & -1 & 3 & 13 \end{pmatrix} \to$$

$$\begin{pmatrix} 1 & 0 & 0 & 0 & 104\frac{6}{7} \\ 0 & 1 & 0 & 0 & \frac{53}{7} \\ 0 & 0 & 1 & 0 & -10 \\ 0 & 0 & 0 & 1 & 1 \end{pmatrix}$$

解为

$$\begin{pmatrix} 104\frac{6}{7} \\ 7\frac{4}{7} \\ -10 \\ 1 \end{pmatrix}$$

检验：

$$\begin{pmatrix} 1 & 2 & 5 & 9 \\ 3 & 13 & 18 & 30 \\ 2 & 4 & 11 & 16 \\ 1 & 9 & 9 & 9 \end{pmatrix} \begin{pmatrix} 104\frac{6}{7} \\ 7\frac{4}{7} \\ -10 \\ 1 \end{pmatrix} = \begin{pmatrix} 79 \\ 263 \\ 146 \\ 92 \end{pmatrix}$$

573. $\begin{cases} x_1 + x_2 + x_3 + x_4 + x_5 = 15 \\ x_1 + 2x_2 + 3x_3 + 4x_4 + 5x_5 = 35 \\ x_1 + 3x_2 + 6x_3 + 10x_4 + 15x_5 = 70 \\ x_1 + 4x_2 + 10x_3 + 20x_4 + 35x_5 = 126 \\ x_1 + 5x_2 + 15x_3 + 35x_4 + 70x_5 = 210 \end{cases}$.

解
$$\begin{pmatrix} 1 & 1 & 1 & 1 & 1 & 15 \\ 1 & 2 & 3 & 4 & 5 & 35 \\ 1 & 3 & 6 & 10 & 15 & 70 \\ 1 & 4 & 10 & 20 & 35 & 126 \\ 1 & 5 & 15 & 35 & 70 & 210 \end{pmatrix} \rightarrow \begin{pmatrix} 1 & 1 & 1 & 1 & 1 & 15 \\ 0 & 1 & 2 & 3 & 4 & 20 \\ 0 & 1 & 3 & 6 & 10 & 35 \\ 0 & 1 & 4 & 10 & 20 & 56 \\ 0 & 1 & 5 & 15 & 35 & 84 \end{pmatrix} \rightarrow \begin{pmatrix} 1 & 1 & 1 & 1 & 1 & 15 \\ 0 & 1 & 2 & 3 & 4 & 20 \\ 0 & 0 & 1 & 3 & 6 & 15 \\ 0 & 0 & 1 & 4 & 10 & 21 \\ 0 & 0 & 1 & 5 & 15 & 28 \end{pmatrix} \rightarrow$$

$$\begin{pmatrix} 1 & 1 & 1 & 1 & 1 & 15 \\ 0 & 1 & 2 & 3 & 4 & 20 \\ 0 & 0 & 1 & 3 & 6 & 15 \\ 0 & 0 & 0 & 1 & 4 & 6 \\ 0 & 0 & 0 & 1 & 5 & 7 \end{pmatrix} \rightarrow \begin{pmatrix} 1 & 0 & 0 & 0 & 0 & 5 \\ 0 & 1 & 0 & 0 & 0 & 4 \\ 0 & 0 & 1 & 0 & 0 & 3 \\ 0 & 0 & 0 & 1 & 0 & 2 \\ 0 & 0 & 0 & 0 & 1 & 1 \end{pmatrix}$$

解为
$$\begin{pmatrix} 5 \\ 4 \\ 3 \\ 2 \\ 1 \end{pmatrix}$$

检验：
$$\begin{pmatrix} 1 & 1 & 1 & 1 & 1 \\ 1 & 2 & 3 & 4 & 5 \\ 1 & 3 & 6 & 10 & 15 \\ 1 & 4 & 10 & 20 & 35 \\ 1 & 5 & 15 & 35 & 70 \end{pmatrix} \begin{pmatrix} 5 \\ 4 \\ 3 \\ 2 \\ 1 \end{pmatrix} = \begin{pmatrix} 15 \\ 35 \\ 70 \\ 126 \\ 210 \end{pmatrix}$$

574. $\begin{cases} x_1 + 2x_2 + 3x_3 + 4x_4 + 5x_5 = 2 \\ 2x_1 + 3x_2 + 7x_3 + 10x_4 + 13x_5 = 12 \\ 3x_1 + 5x_2 + 11x_3 + 16x_4 + 21x_5 = 17 \\ 2x_1 - 7x_2 + 7x_3 + 7x_4 + 2x_5 = 57 \\ x_1 + 4x_2 + 5x_3 + 3x_4 + 10x_5 = 7 \end{cases}$.

解 $\begin{pmatrix} 1 & 2 & 3 & 4 & 5 & 2 \\ 2 & 3 & 7 & 10 & 13 & 12 \\ 3 & 5 & 11 & 16 & 21 & 17 \\ 2 & -7 & 7 & 7 & 2 & 57 \\ 1 & 4 & 5 & 3 & 10 & 7 \end{pmatrix} \rightarrow \begin{pmatrix} 1 & 2 & 3 & 4 & 5 & 2 \\ 0 & -1 & 1 & 2 & 3 & 8 \\ 0 & -1 & 2 & 4 & 6 & 11 \\ 0 & -10 & 0 & -3 & -11 & 45 \\ 0 & 2 & 2 & -1 & 5 & 5 \end{pmatrix} \rightarrow$

$\begin{pmatrix} 1 & 2 & 3 & 4 & 5 & 2 \\ 0 & -1 & 1 & 2 & 3 & 8 \\ 0 & 1 & 0 & 0 & 0 & -5 \\ 0 & 0 & 0 & -3 & -11 & -5 \\ 0 & 0 & 2 & -1 & 5 & 15 \end{pmatrix} \rightarrow \begin{pmatrix} 1 & 2 & 3 & 4 & 5 & 2 \\ 0 & 1 & 0 & 0 & 0 & -5 \\ 0 & 0 & 1 & 2 & 3 & 3 \\ 0 & 0 & 2 & -1 & 5 & 15 \\ 0 & 0 & 0 & -3 & -11 & -5 \end{pmatrix} \rightarrow$

$\begin{pmatrix} 1 & 0 & 3 & 4 & 5 & 12 \\ 0 & 1 & 0 & 0 & 0 & -5 \\ 0 & 0 & 1 & 2 & 3 & 3 \\ 0 & 0 & 0 & -5 & -1 & 9 \\ 0 & 0 & 0 & 3 & 11 & 5 \end{pmatrix} \rightarrow \begin{pmatrix} 1 & 0 & 3 & 4 & 5 & 12 \\ 0 & 1 & 0 & 0 & 0 & -5 \\ 0 & 0 & 1 & 2 & 3 & 3 \\ 0 & 0 & 0 & 5 & 1 & -9 \\ 0 & 0 & 0 & 1 & 0 & -2 \end{pmatrix} \rightarrow \begin{pmatrix} 1 & 0 & 0 & 0 & 0 & 3 \\ 0 & 1 & 0 & 0 & 0 & -5 \\ 0 & 0 & 1 & 0 & 0 & 4 \\ 0 & 0 & 0 & 1 & 0 & -2 \\ 0 & 0 & 0 & 0 & 1 & 1 \end{pmatrix}$

解为

$$\begin{pmatrix} 3 \\ -5 \\ 4 \\ -2 \\ 1 \end{pmatrix}$$

检验：

$$\begin{pmatrix} 1 & 2 & 3 & 4 & 5 \\ 2 & 3 & 7 & 10 & 13 \\ 3 & 5 & 11 & 16 & 21 \\ 2 & -7 & 7 & 7 & 2 \\ 1 & 4 & 5 & 3 & 10 \end{pmatrix} \begin{pmatrix} 3 \\ -5 \\ 4 \\ -2 \\ 1 \end{pmatrix} = \begin{pmatrix} 2 \\ 12 \\ 17 \\ 57 \\ 7 \end{pmatrix}$$

575. $\begin{cases} 6x_1 + 6x_2 + 5x_3 + 18x_4 + 20x_5 = 14 \\ 10x_1 + 9x_2 + 7x_3 + 24x_4 + 30x_5 = 18 \\ 12x_1 + 12x_2 + 13x_3 + 27x_4 + 35x_5 = 32 \\ 8x_1 + 6x_2 + 6x_3 + 15x_4 + 20x_5 = 16 \\ 4x_1 + 5x_2 + 4x_3 + 15x_4 + 15x_5 = 11 \end{cases}$

解 $\begin{pmatrix} 6 & 6 & 5 & 18 & 20 & 14 \\ 10 & 9 & 7 & 24 & 30 & 18 \\ 12 & 12 & 13 & 27 & 35 & 32 \\ 8 & 6 & 6 & 15 & 20 & 16 \\ 4 & 5 & 4 & 15 & 15 & 11 \end{pmatrix} \xrightarrow[\text{去最后一行}]{\text{其他各行减}} \begin{pmatrix} 2 & 1 & 1 & 3 & 5 & 3 \\ 6 & 4 & 3 & 9 & 15 & 7 \\ 8 & 7 & 9 & 12 & 20 & 21 \\ 4 & 1 & 2 & 0 & 5 & 5 \\ 4 & 5 & 4 & 15 & 15 & 11 \end{pmatrix} \rightarrow$

$$\begin{pmatrix} 2 & 1 & 1 & 3 & 5 & 3 \\ 0 & 1 & 0 & 0 & 0 & -2 \\ 0 & 3 & 5 & 0 & 0 & 9 \\ 0 & -1 & 0 & -6 & -5 & -1 \\ 0 & 3 & 2 & 9 & 5 & 5 \end{pmatrix} \rightarrow \begin{pmatrix} 2 & 0 & 1 & 3 & 5 & 5 \\ 0 & 1 & 0 & 0 & 0 & -2 \\ 0 & 0 & 1 & 0 & 0 & 3 \\ 0 & 0 & 0 & 6 & 5 & 3 \\ 0 & 0 & 0 & 9 & 5 & 5 \end{pmatrix} \rightarrow \begin{pmatrix} 2 & 0 & 0 & 3 & 5 & 2 \\ 0 & 1 & 0 & 0 & 0 & -2 \\ 0 & 0 & 1 & 0 & 0 & 3 \\ 0 & 0 & 0 & 1 & 0 & \frac{2}{3} \\ 0 & 0 & 0 & 0 & 1 & -\frac{1}{5} \end{pmatrix} \rightarrow$$

$$\begin{pmatrix} 2 & 0 & 0 & 0 & 5 & 0 \\ 0 & 1 & 0 & 0 & 0 & -2 \\ 0 & 0 & 1 & 0 & 0 & 3 \\ 0 & 0 & 0 & 1 & 0 & \frac{2}{3} \\ 0 & 0 & 0 & 0 & 1 & -\frac{1}{5} \end{pmatrix} \rightarrow \begin{pmatrix} 2 & 0 & 0 & 0 & 0 & 1 \\ 0 & 1 & 0 & 0 & 0 & -2 \\ 0 & 0 & 1 & 0 & 0 & 3 \\ 0 & 0 & 0 & 1 & 0 & \frac{2}{3} \\ 0 & 0 & 0 & 0 & 1 & -\frac{1}{5} \end{pmatrix} \rightarrow \begin{pmatrix} 1 & 0 & 0 & 0 & 0 & \frac{1}{2} \\ 0 & 1 & 0 & 0 & 0 & -2 \\ 0 & 0 & 1 & 0 & 0 & 3 \\ 0 & 0 & 0 & 1 & 0 & \frac{2}{3} \\ 0 & 0 & 0 & 0 & 1 & -\frac{1}{5} \end{pmatrix}$$

解为

$$\begin{pmatrix} \frac{1}{2} \\ -2 \\ 3 \\ \frac{2}{3} \\ -\frac{1}{5} \end{pmatrix}$$

检验：

$$\begin{pmatrix} 6 & 6 & 5 & 18 & 20 \\ 10 & 9 & 7 & 24 & 30 \\ 12 & 12 & 13 & 27 & 35 \\ 8 & 6 & 6 & 15 & 20 \\ 4 & 5 & 4 & 15 & 15 \end{pmatrix} \begin{pmatrix} \frac{1}{2} \\ -2 \\ 3 \\ \frac{2}{3} \\ -\frac{1}{5} \end{pmatrix} = \begin{pmatrix} 14 \\ 18 \\ 32 \\ 16 \\ 11 \end{pmatrix}$$

576. $\begin{cases} x_1 + x_2 + 4x_3 + 4x_4 + 9x_5 + 9 = 0 \\ 2x_1 + 2x_2 + 17x_3 + 17x_4 + 82x_5 + 146 = 0 \\ 2x_1 + 3x_3 - x_4 + 4x_5 + 10 = 0 \\ x_2 + 4x_3 + 12x_4 + 27x_5 + 26 = 0 \\ x_1 + 2x_2 + 2x_3 + 10x_4 - 37 = 0 \end{cases}$

解 $\begin{pmatrix} 1 & 1 & 4 & 4 & 9 & -9 \\ 2 & 2 & 17 & 17 & 82 & -146 \\ 2 & 0 & 3 & -1 & 4 & -10 \\ 0 & 1 & 4 & 12 & 27 & -26 \\ 1 & 2 & 2 & 10 & 0 & 37 \end{pmatrix} \rightarrow \begin{pmatrix} 1 & 1 & 4 & 4 & 9 & -9 \\ 0 & 1 & 4 & 12 & 27 & -26 \\ 0 & 1 & -2 & 6 & -9 & 46 \\ 0 & 0 & 9 & 9 & 64 & -128 \\ 0 & -2 & -5 & -9 & -14 & 8 \end{pmatrix} \rightarrow$

$\begin{pmatrix} 1 & 1 & 4 & 4 & 9 & -9 \\ 0 & 1 & 4 & 12 & 27 & -26 \\ 0 & 0 & 9 & 9 & 64 & -128 \\ 0 & 0 & -6 & -6 & -36 & 72 \\ 0 & 0 & -9 & 3 & -32 & 100 \end{pmatrix} \rightarrow \begin{pmatrix} 1 & 1 & 4 & 4 & 9 & -9 \\ 0 & 1 & 4 & 12 & 27 & -26 \\ 0 & 0 & 1 & 1 & 6 & -12 \\ 0 & 0 & 9 & 9 & 64 & -128 \\ 0 & 0 & -9 & 3 & -32 & 100 \end{pmatrix} \rightarrow$

$\begin{pmatrix} 1 & 1 & 4 & 4 & 9 & -9 \\ 0 & 1 & 4 & 12 & 27 & -26 \\ 0 & 0 & 1 & 1 & 6 & -12 \\ 0 & 0 & 0 & 0 & 10 & -20 \\ 0 & 0 & 0 & 12 & 32 & -28 \end{pmatrix} \rightarrow \begin{pmatrix} 1 & 0 & 0 & 0 & 0 & 5 \\ 0 & 1 & 0 & 0 & 0 & 4 \\ 0 & 0 & 1 & 0 & 0 & -3 \\ 0 & 0 & 0 & 1 & 0 & 3 \\ 0 & 0 & 0 & 0 & 1 & -2 \end{pmatrix}$

解为

$$\begin{pmatrix} 5 \\ 4 \\ -3 \\ 3 \\ -2 \end{pmatrix}$$

检验：

$$\begin{pmatrix} 1 & 1 & 4 & 4 & 9 \\ 2 & 2 & 17 & 17 & 82 \\ 2 & 0 & 3 & -1 & 4 \\ 0 & 1 & 4 & 12 & 27 \\ 1 & 2 & 2 & 10 & 0 \end{pmatrix} \begin{pmatrix} 5 \\ 4 \\ -3 \\ 3 \\ -2 \end{pmatrix} = \begin{pmatrix} -9 \\ -146 \\ -10 \\ -26 \\ 37 \end{pmatrix}.$$

577. $\begin{cases} 5x_1 + 2x_2 - 7x_3 + 14x_4 & = 21 \\ 5x_1 - x_2 + 8x_3 - 13x_4 + 3x_5 = 12 \\ 10x_1 + x_2 - 2x_3 + 7x_4 - x_5 = 29 \\ 15x_1 + 3x_2 + 15x_3 + 9x_4 + 7x_5 = 130 \\ 2x_1 - x_2 - 4x_3 + 5x_4 - 7x_5 = -13 \end{cases}$.

解 $\begin{pmatrix} 5 & 2 & -7 & 14 & 0 & 21 \\ 5 & -1 & 8 & -13 & 3 & 12 \\ 10 & 1 & -2 & 7 & -1 & 29 \\ 15 & 3 & 15 & 9 & 7 & 130 \\ 2 & -1 & -4 & 5 & -7 & -13 \end{pmatrix} \rightarrow \begin{pmatrix} 9 & 0 & -15 & 24 & -14 & -5 \\ 15 & 0 & 6 & -6 & 2 & 41 \\ 10 & 1 & -2 & 7 & -1 & 29 \\ 21 & 0 & 3 & 24 & -14 & 91 \\ 12 & 0 & -6 & 12 & -8 & 16 \end{pmatrix} \rightarrow$

$$\begin{pmatrix} 10 & 1 & -2 & 7 & -1 & 29 \\ 21 & 0 & 3 & 24 & -14 & 91 \\ 54 & 0 & 0 & 60 & -36 & 198 \\ 27 & 0 & 0 & 6 & -6 & 57 \\ 114 & 0 & 0 & 144 & -84 & 450 \end{pmatrix} \rightarrow \begin{pmatrix} 10 & 1 & -2 & 7 & -1 & 29 \\ 21 & 0 & 3 & 24 & -14 & 91 \\ 9 & 0 & 0 & 10 & -6 & 33 \\ 9 & 0 & 0 & 2 & -2 & 19 \\ 19 & 0 & 0 & 24 & -14 & 75 \end{pmatrix} \rightarrow$$

$$\begin{pmatrix} 10 & 1 & -2 & 7 & -1 & 29 \\ 21 & 0 & 3 & 24 & -14 & 91 \\ -18 & 0 & 0 & 4 & 0 & -24 \\ 9 & 0 & 0 & 2 & -2 & 19 \\ -44 & 0 & 0 & 10 & 0 & -58 \end{pmatrix} \rightarrow \begin{pmatrix} 10 & 1 & -2 & 7 & -1 & 29 \\ 21 & 0 & 3 & 24 & -14 & 91 \\ 9 & 0 & 0 & 2 & -2 & 19 \\ -9 & 0 & 0 & 2 & 0 & -12 \\ -22 & 0 & 0 & 5 & 0 & -29 \end{pmatrix} \rightarrow$$

$$\begin{pmatrix} 10 & 1 & -2 & 7 & -1 & 29 \\ 21 & 0 & 3 & 24 & -14 & 91 \\ 9 & 0 & 0 & 2 & -2 & 19 \\ -45 & 0 & 0 & 10 & 0 & -60 \\ -44 & 0 & 0 & 10 & 0 & -58 \end{pmatrix} \rightarrow \begin{pmatrix} 10 & 1 & -2 & 7 & -1 & 29 \\ 21 & 0 & 3 & 24 & -14 & 91 \\ 9 & 0 & 0 & 2 & -2 & 19 \\ 9 & 0 & 0 & -2 & 0 & 12 \\ 1 & 0 & 0 & 0 & 0 & 2 \end{pmatrix} \rightarrow$$

$$\begin{pmatrix} 10 & 1 & -2 & 7 & -1 & 29 \\ 21 & 0 & 3 & 24 & -14 & 91 \\ 0 & 0 & 0 & 0 & 1 & \frac{5}{2} \\ 0 & 0 & 0 & 1 & 0 & 3 \\ 1 & 0 & 0 & 0 & 0 & 2 \end{pmatrix} \rightarrow \begin{pmatrix} 0 & 1 & -2 & 7 & -1 & 9 \\ 0 & 0 & 3 & 24 & -14 & 49 \\ 0 & 0 & 0 & 0 & 1 & \frac{5}{2} \\ 0 & 0 & 0 & 1 & 0 & 3 \\ 1 & 0 & 0 & 0 & 0 & 2 \end{pmatrix} \rightarrow \begin{pmatrix} 0 & 1 & 0 & 0 & 0 & -\frac{3}{2} \\ 0 & 0 & 1 & 0 & 0 & 4 \\ 0 & 0 & 0 & 0 & 1 & \frac{5}{2} \\ 0 & 0 & 0 & 1 & 0 & 3 \\ 1 & 0 & 0 & 0 & 0 & 2 \end{pmatrix}$$

解为

$$\begin{pmatrix} 2 \\ -\frac{3}{2} \\ 4 \\ 3 \\ \frac{5}{2} \end{pmatrix}$$

检验：

$$\begin{pmatrix} 5 & 2 & -7 & 14 & 0 \\ 5 & -1 & 8 & -13 & 3 \\ 10 & 1 & -2 & 7 & -1 \\ 15 & 3 & 15 & 9 & 7 \\ 2 & -1 & -4 & 5 & -7 \end{pmatrix} \begin{pmatrix} 2 \\ -\frac{3}{2} \\ 4 \\ 3 \\ \frac{5}{2} \end{pmatrix} = \begin{pmatrix} 21 \\ 12 \\ 29 \\ 130 \\ -13 \end{pmatrix}.$$

578. $\begin{cases} 2x_1 + 7x_2 + 3x_3 + x_4 = 5 \\ x_1 + 3x_2 + 5x_3 - 2x_4 = 3 \\ x_1 + 5x_2 - 9x_3 + 8x_4 = 1 \\ 5x_1 + 18x_2 + 4x_3 + 5x_4 = 12 \end{cases}.$

解
$\begin{pmatrix} 2 & 7 & 3 & 1 & 5 \\ 1 & 3 & 5 & -2 & 3 \\ 1 & 5 & -9 & 8 & 1 \\ 5 & 18 & 4 & 5 & 12 \end{pmatrix} \rightarrow \begin{pmatrix} 1 & 3 & 5 & -2 & 3 \\ 1 & 5 & -9 & 8 & 1 \\ 2 & 7 & 3 & 1 & 5 \\ 5 & 18 & 4 & 5 & 12 \end{pmatrix} \rightarrow \begin{pmatrix} 1 & 3 & 5 & -2 & 3 \\ 1 & 5 & -9 & 8 & 1 \\ 1 & 4 & -2 & 3 & 2 \\ 1 & 4 & -2 & 3 & 2 \end{pmatrix} \rightarrow$

$\begin{pmatrix} 1 & 3 & 5 & -2 & 3 \\ 0 & 2 & -14 & 10 & -2 \\ 0 & 1 & -7 & 5 & -1 \\ 0 & 0 & 0 & 0 & 0 \end{pmatrix} \rightarrow \begin{pmatrix} 1 & 3 & 5 & -2 & 3 \\ 0 & 1 & -7 & 5 & -1 \\ 0 & 0 & 0 & 0 & 0 \\ 0 & 0 & 0 & 0 & 0 \end{pmatrix} \rightarrow \begin{pmatrix} 1 & 0 & 26 & -17 & 6 \\ 0 & 1 & -7 & 5 & -1 \\ 0 & 0 & 0 & 0 & 0 \\ 0 & 0 & 0 & 0 & 0 \end{pmatrix}$

方程组是不定的, 即它有无穷多个解, x_1 和 x_2 可以用 x_3 和 x_4 表达如下：

$$\begin{cases} x_1 = 6 - 26x_3 + 17x_4 \\ x_2 = -1 + 7x_3 - 5x_4 \end{cases}$$

并且 x_3 和 x_4 可以取任何值.

579. $\begin{cases} 2x_1 + 3x_2 - x_3 + x_4 = 1 \\ 8x_1 + 12x_2 - 9x_3 + 8x_4 = 3 \\ 4x_1 + 6x_2 + 3x_3 - 2x_4 = 3 \\ 2x_1 + 3x_2 + 9x_3 - 7x_4 = 3 \end{cases}.$

解 增广矩阵为

$\begin{pmatrix} 2 & 3 & -1 & 1 & 1 \\ 8 & 12 & -9 & 8 & 3 \\ 4 & 6 & 3 & -2 & 3 \\ 2 & 3 & 9 & -7 & 3 \end{pmatrix} \rightarrow \begin{pmatrix} 2 & 3 & -1 & 1 & 1 \\ 0 & 0 & -5 & 4 & -1 \\ 0 & 0 & 5 & -4 & 1 \\ 0 & 0 & 10 & -8 & 2 \end{pmatrix} \rightarrow \begin{pmatrix} 2 & 3 & -1 & 1 & 1 \\ 0 & 0 & 5 & -4 & 1 \\ 0 & 0 & 0 & 0 & 0 \\ 0 & 0 & 0 & 0 & 0 \end{pmatrix}$

方程组是不定的, 即它有无穷多个解, x_3、x_4 可以用 x_1、x_2 表达如下：

$\begin{cases} -5x_3 + 5x_4 = 5 - 10x_1 - 15x_2 \\ 5x_3 - 4x_4 = 1 \end{cases}$ 即 $\begin{cases} -4x_3 + 4x_4 = 4 - 8x_1 - 12x_2 \\ 5x_3 - 4x_4 = 1 \end{cases}.$

得 $\begin{cases} x_4 = 6 - 10x_1 - 15x_2 \\ x_3 = 5 - 8x_1 - 12x_2 \end{cases}$

检验：

代入原方程组得 $\begin{cases} 左 = 2x_1 + 3x_2 - 5 + 8x_1 + 12x_2 + 6 - 10x_1 - 15x_2 = 1 \\ 左 = 8x_1 + 12x_2 - 9(5 - 8x_1 - 12x_2) + 8(6 - 10x_1 - 15x_2) = 3 \\ 左 = 4x_1 + 6x_2 + 3(5 - 8x_1 - 12x_2) - 2(6 - 10x_1 - 15x_2) = 3 \\ 左 = 2x_1 + 3x_2 + 9(5 - 8x_1 - 12x_2) - 7(6 - 10x_1 - 15x_2) = 3 \end{cases}.$

方程组的解是不定的, 有无穷多个解, x_1, x_2 可以取任何值, 当 x_1, x_2 给定后, x_3, x_4 随之也就确定了.

通解是
$$\begin{cases} x_3 = 5 - 8x_1 - 12x_2 \\ x_4 = 6 - 10x_1 - 15x_2 \end{cases}$$

其中, x_1 和 x_2 取任何值.

580. $\begin{cases} 4x_1 - 3x_2 + 2x_3 - x_4 = 8 \\ 3x_1 - 2x_2 + x_3 - 3x_4 = 7 \\ 2x_1 - x_2 - 5x_4 = 6 \\ 5x_1 - 3x_2 + x_3 - 8x_4 = 1 \end{cases}.$

解
$$\begin{pmatrix} 4 & -3 & 2 & -1 & 8 \\ 3 & -2 & 1 & -3 & 7 \\ 2 & -1 & 0 & -5 & 6 \\ 5 & -3 & 1 & -8 & 1 \end{pmatrix} \rightarrow \begin{pmatrix} -2 & 1 & 0 & 5 & -6 \\ 3 & -2 & 1 & -3 & 7 \\ 2 & -1 & 0 & -5 & 6 \\ 2 & -1 & 0 & -5 & -6 \end{pmatrix} \rightarrow \begin{pmatrix} 3 & -2 & 1 & -3 & 7 \\ 2 & -1 & 0 & -5 & 6 \\ 0 & 0 & 0 & 0 & 12 \\ 0 & 0 & 0 & 0 & 0 \end{pmatrix}$$

方程组是矛盾的, 即没有解.

581. $\begin{cases} 2x_1 - x_2 + x_3 - x_4 = 3 \\ 4x_1 - 2x_2 - 2x_3 + 3x_4 = 2 \\ 2x_1 - x_2 + 5x_3 - 6x_4 = 1 \\ 2x_1 - x_2 - 3x_3 + 4x_4 = 5 \end{cases}.$

解
$$\begin{pmatrix} 2 & -1 & 1 & -1 & 3 \\ 4 & -2 & -2 & 3 & 2 \\ 2 & -1 & 5 & -6 & 1 \\ 2 & -1 & -3 & 4 & 5 \end{pmatrix} \rightarrow \begin{pmatrix} 2 & -1 & 1 & -1 & 3 \\ 0 & 0 & -4 & 5 & -4 \\ 0 & 0 & 4 & -5 & -2 \\ 0 & 0 & -4 & 5 & 2 \end{pmatrix} \rightarrow \begin{pmatrix} 2 & -1 & 1 & -1 & 3 \\ 0 & 0 & 4 & -5 & 4 \\ 0 & 0 & 0 & 0 & -6 \\ 0 & 0 & 0 & 0 & 0 \end{pmatrix}$$

方程组是矛盾的, 即没有解.

582. 证明: n 次多项式完全由它的未知量的 $n+1$ 个值所取的值所决定. 精确些说, 就是: 对任何彼此不同的数 $x_0, x_1, x_2, \cdots, x_n$ 和任何数 $y_0, y_1, \cdots, y_n$, 存在且仅存在一个次数 $\leq n$ 的多项式 $f(x)$, 使得

$$f(x_i) = y_i, \quad i = 0, 1, 2, \cdots, n.$$

证 设
$$a_n x^n + a_{n-1} x^{n-1} + \cdots + a_2 x^2 + a_1 x + a_0 = y$$

依题意列方程组
$$\begin{cases} a_n x_0^n + a_{n-1} x_0^{n-1} + \cdots + a_2 x_0^2 + a_1 x_0 + a_0 = y_0 \\ a_n x_1^n + a_{n-1} x_1^{n-1} + \cdots + a_2 x_1^2 + a_1 x_1 + a_0 = y_1 \\ a_n x_2^n + a_{n-1} x_2^{n-1} + \cdots + a_2 x_2^2 + a_1 x_2 + a_0 = y_2 \\ \vdots \\ a_n x_n^n + a_{n-1} x_n^{n-1} + \cdots + a_2 x_n^2 + a_1 x_n + a_0 = y_n \end{cases}$$

其中，$a_0, a_1, a_2, \cdots, a_n$ 是未知量；$x_0, x_1, x_2, \cdots, x_n$ 和 $y_0, y_1, y_2, \cdots, y_n$ 是已知数. 根据 Cramer 法则

$$D = \begin{vmatrix} 1 & x_0 & x_0^2 & \cdots & x_0^n \\ 1 & x_1 & x_1^2 & \cdots & x_1^n \\ 1 & x_2 & x_2^2 & \cdots & x_2^n \\ \vdots & \vdots & \vdots & & \vdots \\ 1 & x_n & x_n^2 & \cdots & x_n^n \end{vmatrix} = \prod_{1 \leq i < j \leq n} (x_j - x_i)$$

$$D_0 = \begin{vmatrix} y_0 & x_0 & x_0^2 & \cdots & x_0^n \\ y_1 & x_1 & x_1^2 & \vdots & x_1^n \\ \vdots & \vdots & \vdots & & \vdots \\ y_n & x_n & x_n^2 & \cdots & x_n^n \end{vmatrix}$$

$$D_1 = \begin{vmatrix} 1 & y_0 & x_0^2 & \cdots & x_0^n \\ 1 & y_1 & x_1^2 & \cdots & x_1^n \\ \vdots & \vdots & \vdots & & \vdots \\ 1 & y_n & x_n^2 & \cdots & x_n^n \end{vmatrix}$$

$$D_2 = \begin{vmatrix} 1 & x_0 & y_0 & x_0^3 & \cdots & x_0^n \\ 1 & x_1 & y_1 & x_1^3 & \cdots & x_1^n \\ \vdots & \vdots & \vdots & \vdots & & \vdots \\ 1 & x_n & y_n & x_n^3 & \cdots & x_n^n \end{vmatrix}$$

$$\vdots$$

$$D_n = \begin{vmatrix} 1 & x_0 & x_0^2 & \cdots & x_0^{n-1} & y_0 \\ 1 & x_1 & x_1^2 & \cdots & x_1^{n-1} & y_1 \\ \vdots & \vdots & \vdots & & \vdots & \vdots \\ 1 & x_n & x_n^2 & \cdots & x_n^{n-1} & y_n \end{vmatrix}$$

$$a_i = \frac{D_i}{D} \quad (i = 0, 1, 2, \cdots, n)$$

所以存在且仅存在一个次数 $\leq n$ 的多项式

$$y = a_n x^n + a_{n-1} x^{n-1} + \cdots + a_2 x^2 + a_1 x + a_0$$

使得

$$f(x_i) = y_i \quad (i = 0, 1, 2, \cdots, n)$$

证完.

583. 利用前题证明：下列两个定义——关于一个未知量的数值系数的多项式(或以任何无限域中的元素为系数的多项式)相等的两个定义——是等价的：

（1）两个多项式称为相等的，如果它们每对同次幂的项的系数相等(代数中采取的定义)；

(2) 两个多项式称为相等的,如果它们作为函数是相等的,即对未知量的每个值它们的取值是相等的(分析学中采取的定义).

(用归纳法容易对任何多个未知量的多项式证明类似的断言.)

证 582 题表明,在给定 $n+1$ 个数 $x_0, x_1, \cdots, x_n$ 下,每一组 $y_0, y_1, \cdots, y_n$ 对应着 $a_0, a_1, \cdots, a_n$. 这是根据 Cramer 法则和 $n+1$ 阶 Vandermonde 行列式得到的结论.

二个未知量的情形

	x	y	1
x	$a_{11}x^2$	$a_{12}xy$	$a_{10}x$
y		$a_{22}y^2$	$a_{20}y$
1			a_{00}

$$f(x,y) = a_{11}x^2 + a_{12}xy + a_{22}y^2 + a_{10}x + a_{20}y + a_{00}$$

$(x_0, 0), (x_1, 0), (x_2, 0)$ 可以确定出 a_{11}, a_{10}, a_{00} 来,
$(0, y_0), (0, y_1), (0, y_2)$ 可以确定出 a_{22}, a_{20}, a_{00} 来,
(x_0, y_0) 可以确定出 a_{12} 来.

二个未知量的三次方的情形

$$f(x,y) = a_{30}x^3 + a_{21}x^2y + a_{12}xy^2 + a_{03}y^3 +$$
$$a_{20}x^2 + a_{11}xy + a_{02}y^2 +$$
$$a_{10}x + a_{01}y +$$
$$a_{00}$$

只要给出十个不同的点的函数值,就能确定出 $a_{00}, a_{10}, a_{01}, a_{20}, a_{11}, a_{02}, a_{30}, a_{21}, a_{12}, a_{03}$ 的值来.

584. 证明:对于有限的系数域,前题的两个定义不等价(试构造一个例子).

证 如果 $a_1, a_2, \cdots, a_n$ 是域的所有元素,则多项式 $f(x) = (x-a_1)(x-a_2)\cdots(x-a_n)$ 作为函数等于零,但 x^n 的系数为 1.

585. 求二次多项式 $f(x)$,如果已知
$$f(1) = -1, \quad f(-1) = 9, \quad f(2) = -3$$

解 设
$$f(x) = a_2x^2 + a_1x + a_0$$

则由题意,得
$$\begin{cases} a_2 + a_1 + a_0 = -1 \\ a_2 - a_1 + a_0 = 9 \\ 4a_2 + 2a_1 + a_0 = -3 \end{cases}$$

$$\Delta = \begin{vmatrix} 1 & 1 & 1 \\ 1 & -1 & 1 \\ 4 & 2 & 1 \end{vmatrix} = \begin{vmatrix} 1 & 0 & 0 \\ 1 & -2 & 0 \\ 4 & -2 & -3 \end{vmatrix} = 6.$$

$$\Delta_1 = \begin{vmatrix} -1 & 1 & 1 \\ 9 & -1 & 1 \\ -3 & 2 & 1 \end{vmatrix} = \begin{vmatrix} -1 & 0 & 0 \\ 9 & 8 & 10 \\ -3 & -1 & -2 \end{vmatrix} = -(-16+10) = 6.$$

$$\Delta_2 = \begin{vmatrix} 1 & -1 & 1 \\ 1 & 9 & 1 \\ 4 & -3 & 1 \end{vmatrix} = \begin{vmatrix} 1 & 0 & 0 \\ 1 & 10 & 0 \\ 4 & 1 & -3 \end{vmatrix} = -30.$$

$$\Delta_3 = \begin{vmatrix} 1 & 1 & -1 \\ 1 & -1 & 9 \\ 4 & 2 & -3 \end{vmatrix} = \begin{vmatrix} 1 & 0 & 0 \\ 1 & 8 & 10 \\ 4 & -1 & 1 \end{vmatrix} = 18.$$

$a_2 = \dfrac{\Delta_1}{\Delta} = 1,$

$a_1 = \dfrac{\Delta_2}{\Delta} = -5,$

$a_0 = \dfrac{\Delta_3}{\Delta} = 3.$

所以 $f(x) = x^2 - 5x + 3$ 是所求的二次多项式.

586. 求三次多项式 $f(x)$, 使得
$$f(-1) = 0, \quad f(1) = 4, \quad f(2) = 3, \quad f(3) = 16$$

解 设
$$f(x) = a_3 x^3 + a_2 x^2 + a_1 x + a_0$$

依题意列方程组
$$\begin{cases} -a_3 + a_2 - a_1 + a_0 = 0 \\ a_3 + a_2 + a_1 + a_0 = 4 \\ 8a_3 + 4a_2 + 2a_1 + a_0 = 3 \\ 27a_3 + 9a_2 + 3a_1 + a_0 = 16 \end{cases}$$

利用初等变换解方程组

$$\begin{pmatrix} -1 & 1 & -1 & 1 & 0 \\ 1 & 1 & 1 & 1 & 4 \\ 8 & 4 & 2 & 1 & 3 \\ 27 & 9 & 3 & 1 & 16 \end{pmatrix} \to \begin{pmatrix} 1 & 1 & 1 & 1 & 4 \\ 0 & 1 & 0 & 1 & 2 \\ 7 & 3 & 1 & 0 & -1 \\ 19 & 5 & 1 & 0 & 13 \end{pmatrix} \to \begin{pmatrix} 1 & 0 & 1 & 0 & 2 \\ 0 & 1 & 0 & 1 & 2 \\ 6 & 3 & 0 & 0 & -3 \\ 12 & 2 & 0 & 0 & 14 \end{pmatrix} \to$$

$$\begin{pmatrix} 1 & 0 & 1 & 0 & 2 \\ 0 & 1 & 0 & 1 & 2 \\ 2 & 1 & 0 & 0 & -1 \\ 6 & 1 & 0 & 0 & 7 \end{pmatrix} \to \begin{pmatrix} 1 & 0 & 1 & 0 & 2 \\ 0 & 1 & 0 & 1 & 2 \\ 2 & 1 & 0 & 0 & -1 \\ 4 & 0 & 0 & 0 & 8 \end{pmatrix} \to \begin{pmatrix} 0 & 0 & 0 & 1 & 7 \\ 0 & 0 & 1 & 0 & 0 \\ 0 & 1 & 0 & 0 & -5 \\ 1 & 0 & 0 & 0 & 2 \end{pmatrix}$$

$$f(x) = 2x^3 - 5x^2 + 7$$

587. 习题582的断言有怎样的几何意义？

解 对于给定的渐近方向,通过平面上任何 $n+1$ 个不同的点,其中任何两点不位于渐近方向的直线上,可以引一条不高于 n 次的抛物线并且只能引一条.

588. 求通过点 $(0,1),(1,-1),(2,5),(3,37)$ 的三次抛物线,并且渐近方向平行于纵坐标轴.

解 设三次抛物线为
$$f(x) = a_3 x^3 + a_2 x^2 + a_1 x + a_0$$
依题意列方程组
$$\begin{cases} a_0 = 1 \\ a_3 + a_2 + a_1 + a_0 = -1 \\ 8a_3 + 4a_2 + 2a_1 + a_0 = 5 \\ 27a_3 + 9a_2 + 3a_1 + a_0 = 37 \end{cases}$$

利用初等变换解方程组

$$\begin{pmatrix} 0 & 0 & 0 & 1 & 1 \\ 1 & 1 & 1 & 1 & -1 \\ 8 & 4 & 2 & 1 & 5 \\ 27 & 9 & 3 & 1 & 37 \end{pmatrix} \rightarrow \begin{pmatrix} 0 & 0 & 0 & 1 & 1 \\ 1 & 1 & 1 & 0 & -2 \\ 7 & 3 & 1 & 0 & 6 \\ 19 & 5 & 1 & 0 & 32 \end{pmatrix} \rightarrow \begin{pmatrix} 0 & 0 & 0 & 1 & 1 \\ 1 & 1 & 1 & 0 & -2 \\ 6 & 2 & 0 & 0 & 8 \\ 18 & 4 & 0 & 0 & 34 \end{pmatrix} \rightarrow \begin{pmatrix} 0 & 0 & 0 & 1 & 1 \\ 1 & 1 & 1 & 0 & -2 \\ 6 & 2 & 0 & 0 & 8 \\ 1 & 0 & 0 & 0 & 3 \end{pmatrix} \rightarrow$$

$$\begin{pmatrix} 0 & 0 & 0 & 1 & 1 \\ 0 & 0 & 1 & 0 & 0 \\ 0 & 1 & 0 & 0 & -5 \\ 1 & 0 & 0 & 0 & 3 \end{pmatrix}$$

$$f(x) = 3x^3 - 5x^2 + 1$$

589. 求一条四次抛物线,使它通过点 $(5,0),(-13,2),(-10,3),(-2,1),(14,-1)$,并且渐近方向平行于横坐标轴.

解 当渐近方向平行于横坐标轴时,抛物线必须为
$$x = g(y) = a_4 y^4 + a_3 y^3 + a_2 y^2 + a_1 y + a_0$$
依题意列方程组
$$\begin{cases} a_0 = 5 \\ a_4 + a_3 + a_2 + a_1 + a_0 = -2 \\ a_4 - a_3 + a_2 - a_1 + a_0 = 14 \\ 16a_4 + 8a_3 + 4a_2 + 2a_1 + a_0 = -13 \\ 81a_4 + 27a_3 + 9a_2 + 3a_1 + a_0 = -10 \end{cases}$$

利用初等变换解方程组

$$\begin{pmatrix} 0 & 0 & 0 & 0 & 1 & 5 \\ 1 & 1 & 1 & 1 & 1 & -2 \\ 1 & -1 & 1 & -1 & 1 & 14 \\ 16 & 8 & 4 & 2 & 1 & -13 \\ 81 & 27 & 9 & 3 & 1 & -10 \end{pmatrix} \rightarrow \begin{pmatrix} 0 & 0 & 0 & 0 & 1 & 5 \\ 1 & 1 & 1 & 1 & 0 & -7 \\ 1 & 0 & 1 & 0 & 1 & 6 \\ 15 & 7 & 3 & 1 & 0 & -11 \\ 65 & 19 & 5 & 1 & 0 & 3 \end{pmatrix} \rightarrow \begin{pmatrix} 0 & 0 & 0 & 0 & 1 & 5 \\ 1 & 1 & 1 & 1 & 0 & -7 \\ 1 & 0 & 1 & 0 & 0 & 1 \\ 14 & 6 & 2 & 0 & 0 & -4 \\ 50 & 12 & 2 & 0 & 0 & 14 \end{pmatrix} \rightarrow$$

$$\begin{pmatrix} 0 & 0 & 0 & 0 & 1 & 5 \\ 0 & 1 & 0 & 1 & 0 & -8 \\ 1 & 0 & 1 & 0 & 0 & 1 \\ 7 & 3 & 1 & 0 & 0 & -2 \\ 25 & 6 & 1 & 0 & 0 & 7 \end{pmatrix} \rightarrow \begin{pmatrix} 0 & 0 & 0 & 0 & 1 & 5 \\ 0 & 1 & 0 & 1 & 0 & -8 \\ 1 & 0 & 1 & 0 & 0 & 1 \\ 6 & 3 & 0 & 0 & 0 & -3 \\ 8 & 3 & 0 & 0 & 0 & 9 \end{pmatrix} \rightarrow \begin{pmatrix} 0 & 0 & 0 & 0 & 1 & 5 \\ 0 & 1 & 0 & 1 & 0 & -8 \\ 1 & 0 & 1 & 0 & 0 & 1 \\ 2 & 1 & 0 & 0 & 0 & -1 \\ 6 & 1 & 0 & 0 & 0 & 3 \end{pmatrix} \rightarrow$$

$$\begin{pmatrix} 0 & 0 & 0 & 0 & 1 & 5 \\ 0 & 0 & 0 & 1 & 0 & -5 \\ 0 & 0 & 1 & 0 & 0 & 0 \\ 0 & 1 & 0 & 0 & 0 & -3 \\ 1 & 0 & 0 & 0 & 0 & 1 \end{pmatrix}$$

$$x = y^4 - 3y^3 - 5y + 5$$

应用最适宜的方法解下列线性方程组：

590. $\begin{cases} -x + y + z + t = a \\ x - y + z + t = b \\ x + y - z + t = c \\ x + y + z - t = d \end{cases}$.

解 按照 Cramer 法则解方程组：

$$D = \begin{vmatrix} -1 & 1 & 1 & 1 \\ 1 & -1 & 1 & 1 \\ 1 & 1 & -1 & 1 \\ 1 & 1 & 1 & -1 \end{vmatrix} = 2\begin{vmatrix} 1 & 1 & 1 & 1 \\ 1 & -1 & 1 & 1 \\ 1 & 1 & -1 & 1 \\ 1 & 1 & 1 & -1 \end{vmatrix} = 2\begin{vmatrix} 1 & 1 & 1 & 1 \\ 0 & -2 & 0 & 0 \\ 0 & 0 & -2 & 0 \\ 0 & 0 & 0 & -2 \end{vmatrix} = -16.$$

$$D_1 = \begin{vmatrix} a & 1 & 1 & 1 \\ b & -1 & 1 & 1 \\ c & 1 & -1 & 1 \\ d & 1 & 1 & -1 \end{vmatrix} = \begin{vmatrix} a & 2 & 2 & 1 \\ b & 0 & 2 & 1 \\ c & 0 & 0 & 1 \\ d & 2 & 0 & -1 \end{vmatrix} = \begin{vmatrix} a-b & 2 & 0 & 0 \\ b & 0 & 2 & 1 \\ c & 0 & 0 & 1 \\ d & 2 & 0 & -1 \end{vmatrix} = -2\begin{vmatrix} a-b & 2 & 0 \\ c & 0 & 1 \\ d & 2 & -1 \end{vmatrix}$$

$$= -2\begin{vmatrix} a-b & 2 & 0 \\ c & 0 & 1 \\ c+d & 2 & 0 \end{vmatrix} = 4\begin{vmatrix} a-b & 1 \\ c+d & 1 \end{vmatrix} = 4(a-b-c-d).$$

$$D_2 = \begin{vmatrix} -1 & a & 1 & 1 \\ 1 & b & 1 & 1 \\ 1 & c & -1 & 1 \\ 1 & d & 1 & -1 \end{vmatrix} = \begin{vmatrix} b & 1 & 1 & 1 \\ a & -1 & 1 & 1 \\ c & 1 & -1 & 1 \\ d & 1 & 1 & -1 \end{vmatrix} \xlongequal{D_1 \text{ 中互换 } a,b} 4(b-a-c-d).$$

$$D_3 = \begin{vmatrix} -1 & 1 & a & 1 \\ 1 & -1 & b & 1 \\ 1 & 1 & c & 1 \\ 1 & 1 & d & -1 \end{vmatrix} = \begin{vmatrix} c & 1 & 1 & 1 \\ b & -1 & 1 & 1 \\ a & 1 & -1 & 1 \\ d & 1 & 1 & -1 \end{vmatrix} \xrightarrow{D_1 \text{ 中互换 } a,c} 4(c-a-b-d).$$

$$D_4 = \begin{vmatrix} -1 & 1 & 1 & a \\ 1 & -1 & 1 & b \\ 1 & 1 & -1 & c \\ 1 & 1 & 1 & d \end{vmatrix} = \begin{vmatrix} d & 1 & 1 & 1 \\ b & -1 & 1 & 1 \\ c & 1 & -1 & 1 \\ a & 1 & 1 & -1 \end{vmatrix} \xrightarrow{D_1 \text{ 中互换 } a,d} 4(d-a-b-c).$$

$$x = \frac{D_1}{D} = -\frac{1}{4}(a-b-c-d)$$

$$y = \frac{D_2}{D} = -\frac{1}{4}(b-a-c-d)$$

$$z = \frac{D_3}{D} = -\frac{1}{4}(c-a-b-d)$$

$$t = \frac{D_4}{D} = -\frac{1}{4}(d-a-b-c)$$

591. $\begin{cases} a(x+t) + b(y+z) = c \\ a'(y+t) + b'(z+x) = c' \\ a''(z+t) + b''(x+y) = c'' \\ x+y+z+t = d \end{cases}$

其中，$a \ne b$, $a' \ne b'$, $a'' \ne b''$.

解 按照 Cramer 法则解方程组：

$$D = \begin{vmatrix} a & b & b & a \\ b' & a' & b' & a' \\ b'' & b'' & a'' & a'' \\ 1 & 1 & 1 & 1 \end{vmatrix} = \begin{vmatrix} a & b-a & b-a & 0 \\ b' & a'-b' & 0 & a'-b' \\ b'' & 0 & a''-b'' & a''-b'' \\ 1 & 0 & 0 & 0 \end{vmatrix}$$

$$= -(b-a)(a'-b')(a''-b'') \cdot \begin{vmatrix} 1 & 1 & 0 \\ 1 & 0 & 1 \\ 0 & 1 & 1 \end{vmatrix} = 2(b-a)(b'-a')(b''-a'').$$

因为 $a \ne b$, $a' \ne b'$, $a'' \ne b''$，所以 $D \ne 0$，方程组有唯一解.

$$D_1 = \begin{vmatrix} c & b & b & a \\ c' & a' & b' & a' \\ c'' & b'' & a'' & a'' \\ d & 1 & 1 & 1 \end{vmatrix} = \begin{vmatrix} c-bd & 0 & 0 & a-b \\ c'-a'd & 0 & b'-a' & 0 \\ c''-a''d & b''-a'' & 0 & 0 \\ d & 1 & 1 & 1 \end{vmatrix} = (c-bd)[-(b'-a')(b''-a'')] -$$

$$(a-b)[(c'-a'd)(b''-a'') + (c''-a''d)(b'-a') - d(b'-a')(b''-a'')]$$

$$= (b-a)(b''-a'')(c'-a'd) + (b-a)(b'-a')(c''-a''d) - (b''-a'')(b'-a')(c-ad).$$

$$D_2 = \begin{vmatrix} a & c & b & a \\ b' & c' & b' & a' \\ b'' & c'' & a'' & a'' \\ 1 & d & 1 & 1 \end{vmatrix} = -\begin{vmatrix} c & a & b & a \\ c' & b' & b' & a' \\ c'' & b'' & a'' & a'' \\ d & 1 & 1 & 1 \end{vmatrix} = \begin{vmatrix} c' & b' & b' & a' \\ c & a & b & a \\ c'' & b'' & a'' & a'' \\ d & 1 & 1 & 1 \end{vmatrix}$$

$\underline{\underline{D_1 \text{ 中 } c \text{ 换 } c', b \text{ 换 } b', a \text{ 换 } a'}} = (b' - a')(b'' - a'')(c - ad) + (b' - a')(b - a)(c'' - a''d) - (b'' - a'')(b - a)(c' - a'd).$

$$D_3 = \begin{vmatrix} a & b & c & a \\ b' & a' & c' & a' \\ b'' & b'' & c'' & a'' \\ 1 & 1 & d & 1 \end{vmatrix} = \begin{vmatrix} c & b & a & a \\ c' & a' & b' & a' \\ c'' & b'' & b'' & a'' \\ d & 1 & 1 & 1 \end{vmatrix} = \begin{vmatrix} c & a & a & b \\ c' & a' & b' & a' \\ c'' & a'' & b'' & b'' \\ d & 1 & 1 & 1 \end{vmatrix}$$

$\underline{\underline{D_1 \text{ 中 } a, b \text{ 互换}, a'', b'' \text{ 互换}}} = (a - b)(a'' - b'')(c' - a'd) + (a - b)(b' - a')(c'' - b''d) - (a'' - b'')(b' - a')(c - bd).$

$$D_4 = \begin{vmatrix} a & b & b & c \\ b' & a' & b' & c' \\ b'' & b'' & a'' & c'' \\ 1 & 1 & 1 & d \end{vmatrix} = -\begin{vmatrix} c & b & b & a \\ c' & a' & b' & b' \\ c'' & b'' & a'' & b'' \\ d & 1 & 1 & 1 \end{vmatrix} = \begin{vmatrix} c & b & b & a \\ c'' & b'' & a'' & b'' \\ c' & a' & b' & b' \\ d & 1 & 1 & 1 \end{vmatrix}$$

$\underline{\underline{D_1 \text{ 中 } c', c'' \text{ 互换}, b'', a' \text{ 互换}, b' \text{ 与 } a'' \text{ 互换}}} = (b - a)(a' - b')(c'' - b''d) + (b - a)(a'' - b'')(c' - b'd) - (a' - b')(a'' - b'')(c - ad).$

$$x = \frac{c' - a'd}{2(b' - a')} + \frac{c'' - a''d}{2(b'' - a'')} - \frac{c - ad}{2(b - a)}$$

$$y = \frac{c - ad}{2(b - a)} + \frac{c'' - a''d}{2(b'' - a'')} - \frac{c' - a'd}{2(b' - a')}$$

$$z = \frac{c' - a'd}{2(b' - a')} - \frac{c'' - b''d}{2(b'' - a'')} + \frac{c - bd}{2(b - a)}$$

$$= \frac{c' - a'd}{2(b' - a')} - \frac{c'' - a''d}{2(b'' - a'')} + \frac{c - ad}{2(b - a)}$$

$$t = -\frac{c'' - b''d}{2(b'' - a'')} - \frac{c' - b'd}{2(b' - a')} - \frac{c - ad}{2(b - a)}$$

$$= -\frac{c'' - a''d}{2(b'' - a'')} + \frac{1}{2}d - \frac{c' - a'd}{2(b' - a')} + \frac{1}{2}d - \frac{c - ad}{2(b - a)}$$

即

$$x = \frac{1}{2}\left(-\frac{c - ad}{b - a} + \frac{c' - a'd}{b' - a'} + \frac{c'' - a''d}{b'' - a''}\right)$$

$$y = \frac{1}{2}\left(\frac{c - ad}{b - a} - \frac{c' - a'd}{b' - a'} + \frac{c'' - a''d}{b'' - a''}\right)$$

$$z = \frac{1}{2}\left(\frac{c - ad}{b - a} + \frac{c' - a'd}{b' - a'} - \frac{c'' - a''d}{b'' - a''}\right)$$

$$t = d - \frac{1}{2}\left(\frac{c - ad}{b - a} + \frac{c' - a'd}{b' - a'} + \frac{c'' - a''d}{b'' - a''}\right)$$

592. $\begin{cases} ax + by + cz + dt = p \\ -bx + ay + dz - ct = q \\ -cx - dy + az + bt = r \\ -dx + cy - bz + at = s \end{cases}$.

解 $A = \begin{pmatrix} a & b & c & d \\ -b & a & d & -c \\ -c & -d & a & b \\ -d & c & -b & a \end{pmatrix}$.

$A \cdot A' = \begin{pmatrix} a & b & c & d \\ -b & a & d & -c \\ -c & -d & a & b \\ -d & c & -b & a \end{pmatrix} \begin{pmatrix} a & -b & -c & -d \\ b & a & -d & c \\ c & d & a & -b \\ d & -c & b & a \end{pmatrix}$

$= \begin{pmatrix} a^2+b^2+c^2+d^2 & & & \\ & a^2+b^2+c^2+d^2 & & \\ & & a^2+b^2+c^2+d^2 & \\ & & & a^2+b^2+c^2+d^2 \end{pmatrix}$.

$|A|^2 = (a^2+b^2+c^2+d^2)^4, \quad |A| = \pm(a^2+b^2+c^2+d^2)^2$

令 $b = c = d = 0$

$|A| = a^4$

取正号

$|A| = (a^2+b^2+c^2+d^2)^2$

$D_1 = \begin{pmatrix} p & b & c & d \\ q & a & d & -c \\ r & -d & a & b \\ s & c & -b & a \end{pmatrix}$.

$D_1' \cdot A = \begin{pmatrix} p & q & r & s \\ b & a & -d & c \\ c & d & a & -b \\ d & -c & b & a \end{pmatrix} \begin{pmatrix} a & b & c & d \\ -b & a & d & -c \\ -c & -d & a & b \\ -d & c & -b & a \end{pmatrix}$

$= \begin{pmatrix} pa-bq-cr-ds & x & x & x \\ 0 & a^2+b^2+c^2+d^2 & 0 & 0 \\ 0 & 0 & a^2+b^2+c^2+d^2 & 0 \\ 0 & 0 & 0 & a^2+b^2+c^2+d^2 \end{pmatrix}$.

$|D_1'||A| = (pa-qb-rc-sd)(a^2+b^2+c^2+d^2)^3$.

$|D_1| = (pa-qb-rc-sd)(a^2+b^2+c^2+d^2)$.

$$x = \frac{pa - qb - rc - sd}{a^2 + b^2 + c^2 + d^2}.$$

$$D_2 = \begin{pmatrix} a & p & c & d \\ -b & q & d & -c \\ -c & r & a & b \\ -d & s & -b & a \end{pmatrix}.$$

$$D'_2 \cdot A = \begin{pmatrix} a & -b & -c & -d \\ p & q & r & s \\ c & d & a & -b \\ d & -c & b & a \end{pmatrix} \begin{pmatrix} a & b & c & d \\ -b & a & d & -c \\ -c & -d & a & b \\ -d & c & -b & a \end{pmatrix}$$

$$= \begin{pmatrix} a^2+b^2+c^2+d^2 & 0 & 0 & 0 \\ x & bp+aq-dr+cs & x & x \\ 0 & 0 & a^2+b^2+c^2+d^2 & 0 \\ 0 & 0 & 0 & a^2+b^2+c^2+d^2 \end{pmatrix}.$$

$$|D'_2| = (bp + aq - dr + cs)(a^2 + b^2 + c^2 + d^2).$$

$$y = \frac{bp + aq - dr + cs}{a^2 + b^2 + c^2 + d^2}.$$

$$D_3 = \begin{pmatrix} a & b & p & d \\ -b & a & q & -c \\ -c & -d & r & b \\ -d & c & s & a \end{pmatrix}.$$

$$D'_3 \cdot A = \begin{pmatrix} a & -b & -c & -d \\ b & a & -d & c \\ p & q & r & s \\ d & -c & b & a \end{pmatrix} \begin{pmatrix} a & b & c & d \\ -b & a & d & -c \\ -c & -d & a & b \\ -d & c & -b & a \end{pmatrix}$$

$$= \begin{pmatrix} a^2+b^2+c^2+d^2 & 0 & 0 & 0 \\ 0 & a^2+b^2+c^2+d^2 & 0 & 0 \\ x & x & pc+qd+ra-bs & x \\ 0 & 0 & 0 & a^2+b^2+c^2+d^2 \end{pmatrix}.$$

$$|D_3| = (pc + qd + ra - bs)(a^2 + b^2 + c^2 + d^2).$$

$$z = \frac{pc + qd + ra - bs}{a^2 + b^2 + c^2 + d^2}.$$

$$D_4 = \begin{pmatrix} a & b & c & p \\ -b & a & d & q \\ -c & -d & a & r \\ -d & c & -b & s \end{pmatrix}.$$

$$D_4'A = \begin{pmatrix} a & -b & -c & -d \\ b & a & -d & c \\ c & d & a & -b \\ p & q & r & s \end{pmatrix} \begin{pmatrix} a & b & c & d \\ -b & a & d & -c \\ -c & -d & a & b \\ -d & c & -b & a \end{pmatrix}$$

$$= \begin{pmatrix} a^2+b^2+c^2+d^2 & & & \\ & a^2+b^2+c^2+d^2 & & \\ & & a^2+b^2+c^2+d^2 & \\ x & x & x & pd-cq+rb+as \end{pmatrix}.$$

$|D_4| = (pd - cq + br + as)(a^2 + b^2 + c^2 + d^2).$

$t = \dfrac{pd - cq + br + as}{a^2 + b^2 + c^2 + d^2}.$

$|A| \neq 0$. 有唯一解.

$$x = \frac{pa - qb - rc - sd}{a^2 + b^2 + c^2 + d^2}$$

$$y = \frac{bp + aq - dr + cs}{a^2 + b^2 + c^2 + d^2}$$

$$z = \frac{pc + qd + ra - bs}{a^2 + b^2 + c^2 + d^2}$$

$$t = \frac{pd - cq + br + as}{a^2 + b^2 + c^2 + d^2}$$

593. $\begin{cases} x_n + a_1 x_{n-1} + a_1^2 x_{n-2} + \cdots + a_1^{n-1} x_1 + a_1^n = 0 \\ x_n + a_2 x_{n-1} + a_2^2 x_{n-2} + \cdots + a_2^{n-1} x_1 + a_2^n = 0 \\ \vdots \\ x_n + a_n x_{n-1} + a_n^2 x_{n-2} + \cdots + a_n^{n-1} x_1 + a_n^n = 0 \end{cases}.$

其中, $a_1, a_2, \cdots, a_n$ 是不相同的数.

解 把线性方程组写成标准形

$$\begin{cases} x_n + a_1 x_{n-1} + a_1^2 x_{n-2} + \cdots + a_1^{n-1} x_1 = -a_1^n \\ x_n + a_2 x_{n-1} + a_2^2 x_{n-2} + \cdots + a_2^{n-1} x_1 = -a_2^n \\ \vdots \\ x_n + a_n x_{n-1} + a_n^2 x_{n-2} + \cdots + a_n^{n-1} x_1 = -a_n^n \end{cases}.$$

由 345 题答案：

$$\begin{vmatrix} 1 & x_1^2 & \cdots & x_1^n \\ 1 & x_2^2 & \cdots & x_2^n \\ \vdots & \vdots & & \vdots \\ 1 & x_n^2 & \cdots & x_n^n \end{vmatrix} = \left(\frac{1}{x_1} + \frac{1}{x_2} + \cdots + \frac{1}{x_n}\right) \prod_{i=1}^{n} x_i \prod_{1 \le i < j \le n} (x_j - x_i)$$

由 346 题答案：

$$\begin{vmatrix} 1 & x_1 & \cdots & x_1^{s-1} & x_1^{s+1} & \cdots & x_1^n \\ 1 & x_2 & \cdots & x_2^{s-1} & x_2^{s+1} & \cdots & x_2^n \\ \vdots & \vdots & & \vdots & \vdots & & \vdots \\ 1 & x_n & \cdots & x_n^{s-1} & x_n^{s+1} & \cdots & x_n^n \end{vmatrix} = \left(\sum x_{\alpha_1} x_{\alpha_2} \cdots x_{\alpha_{n-s}} \right) \prod_{1 \leq i < j \leq n} (x_j - x_i)$$

其中求和取遍数 $1,2,\cdots,n$ 中 $n-s$ 个数 $\alpha_1, \alpha_2, \cdots, \alpha_{n-s}$ 的所有组合. 得

$$D_n = \begin{vmatrix} 1 & a_1 & a_1^2 & \cdots & a_1^{n-1} \\ 1 & a_2 & a_2^2 & \cdots & a_2^{n-1} \\ \vdots & \vdots & \vdots & & \vdots \\ 1 & a_n & a_n^2 & \cdots & a_n^{n-1} \end{vmatrix}$$

$\xlongequal{n \text{ 阶的 Vandermonde 行列式}} \prod_{1 \leq i < j \leq n}(a_j - a_i)$

$$\begin{vmatrix} 1 & a_1 & \cdots & a_1^{s-1} - a_1^n & a_1^{s+1} & \cdots & a_1^{n-1} \\ 1 & a_2 & \cdots & a_2^{s-1} - a_2^n & a_2^{s+1} & \cdots & a_2^{n-1} \\ \vdots & \vdots & & \vdots & \vdots & & \vdots \\ 1 & a_n & \cdots & a_n^{s-1} - a_n^n & a_n^{s+1} & \cdots & a_n^{n-1} \end{vmatrix} = (-1)^{n-s} \left(\sum a_{\alpha_1} a_{\alpha_2} \cdots a_{\alpha_{n-s}} \right) \prod_{1 \leq i < j \leq n}(a_j - a_i)$$

↗1次 ↘$n-s-1$次

为 $s=0$ 时

$$x_n = (-1)^n a_1 a_2 \cdots a_n$$

$$x_{n-1} = (-1)^{n-1} \left(\frac{1}{a_1} + \frac{1}{a_2} + \cdots + \frac{1}{a_n} \right) \prod_{i=1}^n a_i$$

$$x_s = (-1)^s \left(\sum a_{\alpha_1} a_{\alpha_2} \cdots a_{\alpha_s} \right)$$

其中, 求和取遍数 $1,2,\cdots,n$ 中 s 个数 $\alpha_1, \alpha_2, \cdots, \alpha_s$ 的所有组合.

594. $\begin{cases} x_1 + x_2 + \cdots + x_n = 1 \\ a_1 x_1 + a_2 x_2 + \cdots + a_n x_n = b \\ a_1^2 x_1 + a_2^2 x_2 + \cdots + a_n^2 x_n = b^2 \\ \quad \vdots \\ a_1^{n-1} x_1 + a_2^{n-1} x_2 + \cdots + a_n^{n-1} x_n = b^{n-1} \end{cases}$.

其中, $a_1, a_2, \cdots, a_n$ 是不相同的数.

解 按照 Cramer 法则解线性方程组

$$D_n = \begin{vmatrix} 1 & 1 & \cdots & 1 \\ a_1 & a_2 & \cdots & a_n \\ a_1^2 & a_2^2 & \cdots & a_n^2 \\ \vdots & \vdots & & \vdots \\ a_1^{n-1} & a_2^{n-1} & \cdots & a_n^{n-1} \end{vmatrix} \xlongequal{n \text{ 阶的 Vandermonde 行列式}} \prod_{1 \leqslant i < j \leqslant n} (a_j - a_i) \neq 0.$$

$$D_n^{(1)} = \begin{vmatrix} 1 & 1 & \cdots & 1 \\ b & a_2 & \cdots & a_n \\ b^2 & a_2^2 & \cdots & a_n^2 \\ \vdots & \vdots & & \vdots \\ b^{n-1} & a_2^{n-1} & \cdots & a_n^{n-1} \end{vmatrix} \xlongequal{n \text{ 阶的 Vandermonde 行列式}} \prod_{k=2}^{n} (a_k - b) \prod_{2 \leqslant i < j \leqslant n} (a_j - a_i).$$

$$D_n^{(2)} = \begin{vmatrix} 1 & 1 & 1 & \cdots & 1 \\ a_1 & b & a_3 & \cdots & a_n \\ a_1^2 & b^2 & a_3^2 & \cdots & a_n^2 \\ \vdots & \vdots & \vdots & & \vdots \\ a_1^{n-1} & b^{n-1} & a_3^{n-1} & \cdots & a_n^{n-1} \end{vmatrix} = (b - a_1)(a_3 - b)(a_4 - b) \cdots (a_n - b) \prod_{\substack{1 \leqslant i < j \leqslant n \\ i,j \in (1,3,\cdots,n)}} (a_j - a_i).$$

$$D_n^{(s)} = \begin{vmatrix} 1 & \cdots & 1 & 1 & 1 & \cdots & 1 \\ a_1 & \cdots & a_{s-1} & b & a_{s+1} & \cdots & a_n \\ a_1^2 & \cdots & a_{s-1}^2 & b^2 & a_{s+1}^2 & \cdots & a_n^2 \\ \vdots & & \vdots & \vdots & \vdots & & \vdots \\ a_1^{n-1} & \cdots & a_{s-1}^{n-1} & b^{n-1} & a_{s+1}^{n-1} & \cdots & a_n^{n-1} \end{vmatrix}$$

$$= (b - a_1) \cdots (b - a_{s-1}) \cdot (a_{s+1} - b) \cdots \cdot$$
$$(a_n - b) \cdot \prod_{\substack{1 \leqslant i < j \leqslant n \\ i,j \in (1,2,\cdots,s-1,s+1,\cdots,n)}} (a_j - a_i)$$

$$x_s = \frac{(b - a_1) \cdots (b - a_{s-1})(a_{s+1} - b) \cdots (a_n - b)}{(a_s - a_1) \cdots (a_s - a_{s-1})(a_{s+1} - a_s) \cdots (a_n - a_s)} = \frac{\prod_{i \neq s} (b - a_i)}{\prod_{i \neq s} (a_s - a_i)}$$

$$= \frac{f(b)}{(b - a_s) f'(a_s)}.$$

其中,$f(x) = (x - a_1)(x - a_2) \cdots (x - a_n)$.

595. $\begin{cases} x_1 + a_1 x_2 + \cdots + a_1^{n-1} x_n = b_1 \\ x_1 + a_2 x_2 + \cdots + a_2^{n-1} x_n = b_2 \\ \cdots \\ x_1 + a_n x_2 + \cdots + a_n^{n-1} x_n = b_n \end{cases}$.

其中,$a_1, a_2, \cdots, a_n$ 是不相同的数.

解 按照 Cramer 法则解线性方程组:

$$D_n = \begin{vmatrix} 1 & a_1 & a_1^2 & \cdots & a_1^{n-1} \\ 1 & a_2 & a_2^2 & \cdots & a_2^{n-1} \\ \vdots & \vdots & \vdots & & \vdots \\ 1 & a_n & a_n^2 & \cdots & a_n^{n-1} \end{vmatrix} \xequal{n \text{ 阶的 Vandermonde 行列式}} \prod_{1 \leqslant i < j \leqslant n}(a_j - a_i) \neq 0.$$

为了准确地写出解答来,还是从三阶算起:

$$D^{(1)} = \begin{vmatrix} b_1 & a_1 & a_1^2 \\ b_2 & a_2 & a_2^2 \\ b_3 & a_3 & a_3^2 \end{vmatrix} = b_1 a_2 a_3 (a_3 - a_2) - b_2 a_1 a_3 (a_3 - a_1) + b_3 a_1 a_2 (a_2 - a_1).$$

$$D^{(2)} = \begin{vmatrix} 1 & b_1 & a_1^2 \\ 1 & b_2 & a_2^2 \\ 1 & b_3 & a_3^2 \end{vmatrix} = -b_1(a_3^2 - a_2^2) + b_2(a_3^2 - a_1^2) - b_3(a_2^2 - a_1^2).$$

$$D^{(3)} = \begin{vmatrix} 1 & a_1 & b_1 \\ 1 & a_2 & b_2 \\ 1 & a_3 & b_3 \end{vmatrix} = b_1(a_3 - a_2) - b_2(a_3 - a_1) + b_3(a_2 - a_1).$$

$$x_1 = \frac{D^{(1)}}{D} = \frac{b_1 a_2 a_3}{(a_3 - a_1)(a_2 - a_1)} + \frac{b_2 a_1 a_3}{(a_3 - a_2)(a_1 - a_2)} + \frac{b_3 a_1 a_2}{(a_1 - a_3)(a_2 - a_3)}$$

$$x_2 = \frac{D^{(2)}}{D} = -\frac{b_1(a_2 + a_3)}{(a_3 - a_1)(a_2 - a_1)} - \frac{b_2(a_1 + a_3)}{(a_3 - a_2)(a_1 - a_2)} - \frac{b_3(a_1 + a_2)}{(a_1 - a_3)(a_2 - a_3)}$$

$$x_3 = \frac{D^{(3)}}{D} = \frac{b_1}{(a_3 - a_1)(a_2 - a_1)} + \frac{b_2}{(a_3 - a_2)(a_1 - a_2)} + \frac{b_3}{(a_1 - a_3)(a_2 - a_3)}$$

$$x_1 = \sum_{i=1}^{3} \frac{b_i a_{\alpha_1} a_{\alpha_2}}{(a_{\alpha_1} - a_i)(a_{\alpha_2} - a_i)}$$

其中,α_1, α_2 是 $1,2,3$ 三个元素除去一个 i 的余下二个元素的组合.

$$x_2 = -\sum_{i=1}^{3} \frac{b_i(a_{\alpha_1} + a_{\alpha_2})}{(a_{\alpha_1} - a_i)(a_{\alpha_2} - a_i)}$$

$$x_3 = \sum_{i=1}^{3} \frac{b_i}{(a_{\alpha_1} - a_i)(a_{\alpha_2} - a_i)}$$

四阶.

$$D_4^{(1)} = \begin{vmatrix} b_1 & a_1 & a_1^2 & a_1^3 \\ b_2 & a_2 & a_2^2 & a_2^3 \\ b_3 & a_3 & a_3^2 & a_3^3 \\ b_4 & a_4 & a_4^2 & a_4^3 \end{vmatrix} = b_1 a_2 a_3 a_4 (a_4 - a_3)(a_4 - a_2)(a_3 - a_2) -$$

$$b_2 a_1 a_3 a_4 (a_4 - a_3)(a_4 - a_1)(a_3 - a_1) -$$
$$b_3 a_1 a_2 a_4 (a_4 - a_2)(a_4 - a_1)(a_2 - a_1) -$$
$$b_4 a_1 a_2 a_3 (a_3 - a_2)(a_3 - a_1)(a_2 - a_1).$$

$$D_4^{(2)} = \begin{vmatrix} 1 & b_1 & a_1^2 & a_1^3 \\ 1 & b_2 & a_2^2 & a_2^3 \\ 1 & b_3 & a_3^2 & a_3^3 \\ 1 & b_4 & a_4^2 & a_4^3 \end{vmatrix} = -b_1 \begin{vmatrix} 1 & a_2^2 & a_2^3 \\ 1 & a_3^2 & a_3^3 \\ 1 & a_4^2 & a_4^3 \end{vmatrix} + b_2 \begin{vmatrix} 1 & a_1^2 & a_1^3 \\ 1 & a_3^2 & a_3^3 \\ 1 & a_4^2 & a_4^3 \end{vmatrix} -$$

$$b_3 \begin{vmatrix} 1 & a_1^2 & a_1^3 \\ 1 & a_2^2 & a_2^3 \\ 1 & a_4^2 & a_4^3 \end{vmatrix} + b_4 \begin{vmatrix} 1 & a_1^2 & a_1^3 \\ 1 & a_2^2 & a_2^3 \\ 1 & a_3^2 & a_3^3 \end{vmatrix}$$

$$= -b_1(a_3-a_2)(a_4-a_2)(a_4-a_3)(a_3a_4+a_2a_3+a_2a_4) +$$
$$b_2(a_3-a_1)(a_4-a_1)(a_4-a_3)(a_3a_4+a_1a_3+a_1a_4) -$$
$$b_3(a_2-a_1)(a_4-a_1)(a_4-a_2)(a_2a_4+a_1a_4+a_1a_2) +$$
$$b_4(a_2-a_1)(a_3-a_1)(a_3-a_2)(a_1a_3+a_1a_2+a_2a_3).$$

$$D_4^{(3)} = \begin{vmatrix} 1 & a_1 & b_1 & a_1^3 \\ 1 & a_2 & b_2 & a_2^3 \\ 1 & a_3 & b_3 & a_3^3 \\ 1 & a_4 & b_4 & a_4^3 \end{vmatrix} = b_1 \begin{vmatrix} 1 & a_2 & a_2^3 \\ 1 & a_3 & a_3^3 \\ 1 & a_4 & a_4^3 \end{vmatrix} - b_2 \begin{vmatrix} 1 & a_1 & a_1^3 \\ 1 & a_3 & a_3^3 \\ 1 & a_4 & a_4^3 \end{vmatrix} +$$

$$b_3 \begin{vmatrix} 1 & a_1 & a_1^3 \\ 1 & a_2 & a_2^3 \\ 1 & a_4 & a_4^3 \end{vmatrix} - b_4 \begin{vmatrix} 1 & a_1 & a_1^3 \\ 1 & a_2 & a_2^3 \\ 1 & a_3 & a_3^3 \end{vmatrix}$$

$$= b_1(a_3-a_2)(a_4-a_2)\begin{vmatrix} 1 & a_3^2+a_3a_2+a_2^2 \\ 1 & a_4^2+a_4a_2+a_2^2 \end{vmatrix} - b_2(a_3-a_1)(a_4-a_1)\begin{vmatrix} 1 & a_3^2+a_3a_1+a_1^2 \\ 1 & a_4^2+a_4a_1+a_1^2 \end{vmatrix} +$$

$$b_3(a_2-a_1)(a_4-a_1)\begin{vmatrix} 1 & a_2^2+a_2a_1+a_1^2 \\ 1 & a_4^2+a_4a_1+a_1^2 \end{vmatrix} - b_4(a_2-a_1)(a_3-a_1)\begin{vmatrix} 1 & a_2^2+a_2a_1+a_1^2 \\ 1 & a_3^2+a_3a_1+a_1^2 \end{vmatrix}$$

$$= b_1(a_3-a_2)(a_4-a_2)(a_4-a_3)(a_4+a_3+a_2) - b_2(a_3-a_1)(a_4-a_1)(a_4-a_3) \cdot$$
$$(a_4+a_3+a_1) + b_3(a_2-a_1)(a_4-a_1)(a_4-a_2)(a_4+a_2+a_1) - b_4(a_2-a_1)(a_3-a_1) \cdot$$
$$(a_3-a_2)(a_3+a_2+a_1).$$

$$D_4^{(4)} = \begin{vmatrix} 1 & a_1 & a_1^2 & b_1 \\ 1 & a_2 & a_2^2 & b_2 \\ 1 & a_3 & a_3^2 & b_3 \\ 1 & a_4 & a_4^2 & b_4 \end{vmatrix}$$

$$= -b_1(a_4-a_3)(a_4-a_2)(a_3-a_2) + b_2(a_4-a_3)(a_4-a_1)(a_3-a_1) -$$
$$b_3(a_4-a_2)(a_4-a_1)(a_2-a_1) + b_4(a_3-a_2)(a_3-a_1)(a_2-a_1).$$

$$x_1 = \frac{b_1 a_2 a_3 a_4}{(a_4-a_1)(a_3-a_1)(a_2-a_1)} + \frac{b_2 a_1 a_3 a_4}{(a_4-a_2)(a_3-a_2)(a_1-a_2)} +$$
$$\frac{b_3 a_1 a_2 a_4}{(a_4-a_3)(a_2-a_3)(a_1-a_3)} + \frac{b_4 a_1 a_2 a_3}{(a_1-a_4)(a_2-a_4)(a_3-a_4)}$$

$$x_2 = \frac{b_1(a_2 a_3 + a_2 a_4 + a_3 a_4)}{(a_1-a_2)(a_1-a_3)(a_1-a_4)} + \frac{b_2(a_1 a_3 + a_1 a_4 + a_3 a_4)}{(a_2-a_1)(a_2-a_3)(a_2-a_4)} +$$
$$\frac{b_3(a_1 a_2 + a_1 a_4 + a_2 a_4)}{(a_3-a_1)(a_3-a_2)(a_3-a_4)} + \frac{b_4(a_1 a_2 + a_1 a_3 + a_2 a_3)}{(a_4-a_1)(a_4-a_2)(a_4-a_3)}$$

$$x_3 = \frac{b_1(a_2 + a_3 + a_4)}{(a_4-a_1)(a_3-a_1)(a_2-a_1)} + \frac{b_2(a_1 + a_3 + a_4)}{(a_4-a_2)(a_3-a_2)(a_1-a_2)} +$$
$$\frac{b_3(a_1 + a_2 + a_4)}{(a_4-a_3)(a_2-a_3)(a_1-a_3)} + \frac{b_4(a_1 + a_2 + a_3)}{(a_1-a_4)(a_2-a_4)(a_3-a_4)}$$

$$x_4 = \frac{b_1}{(a_1-a_2)(a_1-a_3)(a_1-a_4)} + \frac{b_2}{(a_2-a_1)(a_2-a_3)(a_2-a_4)} +$$
$$\frac{b_3}{(a_3-a_1)(a_3-a_2)(a_3-a_4)} + \frac{b_4}{(a_4-a_1)(a_4-a_2)(a_4-a_3)}$$

即

$$x_1 = \sum_{i=1}^{4} \frac{b_i a_{\alpha_1} a_{\alpha_2} a_{\alpha_3}}{(a_{\alpha_1}-a_i)(a_{\alpha_2}-a_i)(a_{\alpha_3}-a_i)}$$

其中, $\alpha_1, \alpha_2, \alpha_3$ 是元素 $1,2,3,4$ 除去一个 i 之外, 剩下的三个元素取三个元素的组合. 组合数为 1.

$$x_2 = \sum_{i=1}^{4} \frac{b_i(a_{\alpha_1} a_{\alpha_2} + a_{\alpha_1} a_{\alpha_3} + a_{\alpha_2} a_{\alpha_3})}{(a_i-a_{\alpha_1})(a_i-a_{\alpha_2})(a_i-a_{\alpha_3})}$$

其中, $\alpha_1, \alpha_2, \alpha_3$ 是元素 $1,2,3,4$ 除去一个 i 之外, 剩下的三个元素.

$$x_3 = \sum_{i=1}^{4} \frac{b_i(a_{\alpha_1} + a_{\alpha_2} + a_{\alpha_3})}{(a_{\alpha_1}-a_i)(a_{\alpha_2}-a_i)(a_{\alpha_3}-a_i)}$$

$$x_4 = \sum_{i=1}^{4} \frac{b_i}{(a_i-a_{\alpha_1})(a_i-a_{\alpha_2})(a_i-a_{\alpha_3})}$$

其中, $\alpha_1, \alpha_2, \alpha_3$ 仍然是元素 $1,2,3,4$ 除去一个 i 之外, 剩下的三个元素. 随着我们计算五阶的情形就能理解答案的一般结果:

$$x_k = (-1)^{n+k} \sum_{i=1}^{n} \frac{b_i f_{ik}}{(a_i-a_1)\cdots(a_i-a_{i-1})(a_i-a_{i+1})\cdots(a_i-a_n)}$$

其中, f_{ik} 是从 $n-1$ 个数 $a_1, \cdots, a_{i-1}, a_{i+1}, \cdots, a_n$ 中取 $n-k$ 个的所有可能的乘积之和.

596. $\begin{cases} x_1 + x_2 + \cdots + x_n = b_1 \\ a_1 x_1 + a_2 x_2 + \cdots + a_n x_n = b_2 \\ \cdots \\ a_1^{n-1} x_1 + a_2^{n-1} x_2 + \cdots + a_n^{n-1} x_n = b_n \end{cases}$.

其中, $a_1, a_2, \cdots, a_n$ 是不相同的数.

以五阶为例我们进行计算.

按照 Cramer 法则解线性方程组：

$$D = \begin{vmatrix} 1 & 1 & 1 & 1 & 1 \\ a_1 & a_2 & a_3 & a_4 & a_5 \\ a_1^2 & a_2^2 & a_3^2 & a_4^2 & a_5^2 \\ a_1^3 & a_2^3 & a_3^3 & a_4^3 & a_5^3 \\ a_1^4 & a_2^4 & a_3^4 & a_4^4 & a_5^4 \end{vmatrix} \xlongequal{\text{5阶的Vandermonde行列式}} \prod_{1 \le i < j \le 5} (a_j - a_i)$$

$$D^{(1)} = \begin{vmatrix} b_1 & 1 & 1 & 1 & 1 \\ b_2 & a_2 & a_3 & a_4 & a_5 \\ b_3 & a_2^2 & a_3^2 & a_4^2 & a_5^2 \\ b_4 & a_2^3 & a_3^3 & a_4^3 & a_5^3 \\ b_5 & a_2^4 & a_3^4 & a_4^4 & a_5^4 \end{vmatrix} = b_1 a_2 a_3 a_4 a_5 \prod_{2 \le i < j \le 5} (a_j - a_i) - b_2 \begin{vmatrix} 1 & 1 & 1 & 1 \\ a_2^2 & a_3^2 & a_4^2 & a_5^2 \\ a_2^3 & a_3^3 & a_4^3 & a_5^3 \\ a_2^4 & a_3^4 & a_4^4 & a_5^4 \end{vmatrix} +$$

$$b_3 \begin{vmatrix} 1 & 1 & 1 & 1 \\ a_2 & a_3 & a_4 & a_5 \\ a_2^3 & a_3^3 & a_4^3 & a_5^3 \\ a_2^4 & a_3^4 & a_4^4 & a_5^4 \end{vmatrix} - b_4 \begin{vmatrix} 1 & 1 & 1 & 1 \\ a_2 & a_3 & a_4 & a_5 \\ a_2^2 & a_3^2 & a_4^2 & a_5^2 \\ a_2^4 & a_3^4 & a_4^4 & a_5^4 \end{vmatrix} + b_5 \prod_{2 \le i < j \le 5} (a_j - a_i).$$

$$\begin{vmatrix} 1 & 1 & 1 & 1 \\ a_2^2 & a_3^2 & a_4^2 & a_5^2 \\ a_2^3 & a_3^3 & a_4^3 & a_5^3 \\ a_2^4 & a_3^4 & a_4^4 & a_5^4 \end{vmatrix} = \begin{vmatrix} 1 & 0 & 0 & 0 \\ a_2^2 & a_3^2 - a_2^2 & a_4^2 - a_2^2 & a_5^2 - a_2^2 \\ a_2^3 & a_3^3 - a_2^3 & a_4^3 - a_2^3 & a_5^3 - a_2^3 \\ a_2^4 & a_3^4 - a_2^4 & a_4^4 - a_2^4 & a_5^4 - a_2^4 \end{vmatrix} = (a_3 - a_2)(a_4 - a_2)(a_5 - a_2) \cdot$$

$$\begin{vmatrix} a_3 + a_2 & a_4 + a_2 & a_5 + a_2 \\ a_3^2 + a_2 a_3 + a_2^2 & a_4^2 + a_2 a_4 + a_2^2 & a_5^2 + a_2 a_5 + a_2^2 \\ a_3^3 + a_2^2 a_3 + a_3 a_2^2 + a_2^3 & a_4^3 + a_4^2 a_2 + a_4 a_2^2 + a_2^3 & a_5^3 + a_5^2 a_2 + a_5 a_2^2 + a_2^3 \end{vmatrix} = (a_3 - a_2)(a_4 - a_2)(a_5 - a_2) \cdot$$

$$\begin{vmatrix} a_3 + a_2 & a_4 - a_3 & a_5 - a_3 \\ a_3^2 + a_2 a_3 + a_2^2 & a_4^2 - a_3^2 + a_2(a_4 - a_3) & a_5^2 - a_3^2 + a_2(a_5 - a_3) \\ a_3^3 + a_3^2 a_2 + a_3 a_2^2 + a_2^3 & a_4^3 - a_3^3 + a_2(a_4^2 - a_3^2) + a_2^2(a_4 - a_3) & a_5^3 - a_3^3 + a_2(a_5^2 - a_3^2) + a_2^2(a_5 - a_3) \end{vmatrix}$$
$$= (a_3 - a_2)(a_4 - a_2)(a_5 - a_2)(a_4 - a_3)(a_5 - a_3) \cdot$$

$$\begin{vmatrix} a_3 + a_2 & 1 & 1 \\ a_3^2 + a_2 a_3 + a_2^2 & a_4 + a_3 + a_2 & a_5 + a_3 + a_2 \\ a_3^3 + a_3^2 a_2 + a_3 a_2^2 + a_2^3 & a_4^2 + a_4 a_3 + a_3^2 + a_2 a_4 + a_2 a_3 + a_2^2 & a_5^2 + a_5 a_3 + a_3^2 + a_2 a_5 + a_2 a_3 + a_2^2 \end{vmatrix}$$
$$= (a_3 - a_2)(a_4 - a_2)(a_5 - a_2)(a_4 - a_3)(a_5 - a_3) \cdot$$

$$\begin{vmatrix} a_3 + a_2 & 1 & 1 \\ -a_2 a_3 & a_4 & a_5 \\ 0 & a_4^2 + a_4 a_3 + a_2 a_4 + a_2 a_3 & a_5^2 + a_5 a_3 + a_5 a_2 + a_2 a_3 \end{vmatrix} = (a_3 - a_2)(a_4 - a_2)(a_5 - a_2) \cdot$$

$$(a_4-a_3)(a_5-a_3)\begin{vmatrix} a_2+a_3 & 1 & 0 \\ -a_2a_3 & a_4 & a_5-a_4 \\ 0 & a_4^2+a_4a_3+a_4a_2+a_2a_3 & a_5^2-a_4^2+a_3(a_5-a_4)+a_2(a_5-a_4) \end{vmatrix}$$
$$=(a_3-a_2)(a_4-a_2)(a_5-a_2)(a_4-a_3)(a_5-a_3)(a_5-a_4) \cdot$$
$$\begin{vmatrix} a_2+a_3 & 1 & 0 \\ -a_2a_3 & a_4 & 1 \\ 0 & a_4^2+a_4a_3+a_4a_2+a_2a_3 & a_5+a_4+a_3+a_2 \end{vmatrix}=(a_3-a_2)(a_4-a_2)(a_5-a_2)(a_4-a_3) \cdot$$
$$(a_5-a_3)(a_5-a_4)\begin{vmatrix} a_2+a_3 & 1 & 0 \\ -a_2a_3 & 0 & 1 \\ 0 & -a_4a_5+a_2a_3 & a_5+a_4+a_3+a_2 \end{vmatrix}=(a_3-a_2)(a_4-a_2)(a_5-a_2) \cdot$$
$$(a_4-a_3)(a_5-a_3)(a_5-a_4)[-(a_2+a_3)(a_2a_3-a_4a_5)+a_2a_3(a_5+a_4+a_3+a_2)] =$$
$$(a_3-a_2)(a_4-a_2)(a_5-a_2)(a_4-a_3)(a_5-a_3)(a_5-a_4)(a_2a_4a_5+a_3a_4a_5+a_2a_3a_4+a_2a_3a_5).$$

$$\begin{vmatrix} 1 & 1 & 1 & 1 \\ a_2 & a_3 & a_4 & a_5 \\ a_2^3 & a_3^3 & a_4^3 & a_5^3 \\ a_2^4 & a_3^4 & a_4^4 & a_5^4 \end{vmatrix} = \begin{vmatrix} 1 & 0 & 0 & 0 \\ a_2 & a_3-a_2 & a_4-a_2 & a_5-a_2 \\ a_2^3 & a_3^3-a_2^3 & a_4^3-a_2^3 & a_5^3-a_2^3 \\ a_2^4 & a_3^4-a_2^4 & a_4^4-a_2^4 & a_5^4-a_2^4 \end{vmatrix} = (a_3-a_2)(a_4-a_2)(a_5-a_2) \cdot$$
$$\begin{vmatrix} 1 & 1 & 1 \\ a_3^2+a_3a_2+a_2^2 & a_4^2+a_4a_2+a_2^2 & a_5^2+a_5a_2+a_2^2 \\ a_3^3+a_3^2a_2+a_3a_2^2+a_2^3 & a_4^3+a_4^2a_2+a_4a_2^2+a_2^3 & a_5^3+a_5^2a_2+a_5a_2^2+a_2^3 \end{vmatrix} = (a_3-a_2)(a_4-a_2)(a_5-a_2) \cdot$$
$$(a_4-a_3)(a_5-a_3)\begin{vmatrix} 1 & 0 & 0 \\ a_3^2+a_3a_2+a_2^2 & a_4+a_3+a_2 & a_5+a_3+a_2 \\ a_3^3+a_3^2a_2+a_3a_2^2+a_2^3 & a_4^2+a_4a_3+a_3^2+a_2a_4+a_2a_3+a_2^2 & a_5^2+a_5a_3+a_3^2+a_5a_2+a_2a_3+a_2^2 \end{vmatrix}$$
$$=(a_3-a_2)(a_4-a_2)(a_5-a_2)(a_4-a_3)(a_5-a_3)(a_5-a_4)\begin{vmatrix} a_4+a_3+a_2 & 1 \\ a_4^2+a_3a_4+a_3^2+a_2a_4+a_2a_3+a_2^2 & a_5+a_4+a_3+a_2 \end{vmatrix}$$
$$=(a_3-a_2)(a_4-a_2)(a_5-a_2)(a_4-a_3)(a_5-a_3)(a_5-a_4)(a_4a_5+a_3a_5+a_3a_4+a_2a_3+a_2a_4+a_2a_5).$$

$$\begin{vmatrix} 1 & 1 & 1 & 1 \\ a_2 & a_3 & a_4 & a_5 \\ a_2^2 & a_3^2 & a_4^2 & a_5^2 \\ a_2^4 & a_3^4 & a_4^4 & a_5^4 \end{vmatrix} = \begin{vmatrix} 1 & 0 & 0 & 0 \\ a_2 & a_3-a_2 & a_4-a_2 & a_5-a_2 \\ a_2^2 & a_3^2-a_2^2 & a_4^2-a_2^2 & a_5^2-a_2^2 \\ a_2^4 & a_3^4-a_2^4 & a_4^4-a_2^4 & a_5^4-a_2^4 \end{vmatrix} = (a_3-a_2)(a_4-a_2)(a_5-a_2) \cdot$$
$$\begin{vmatrix} 1 & 1 & 1 \\ a_3+a_2 & a_4+a_2 & a_5+a_2 \\ a_3^3+a_3^2a_2+a_3a_2^2+a_2^3 & a_4^3+a_4^2a_2+a_4a_2^2+a_2^3 & a_5^3+a_5^2a_2+a_5a_2^2+a_2^3 \end{vmatrix} = (a_3-a_2)(a_4-a_2) \cdot$$

$$(a_5 - a_2)(a_4 - a_3)(a_5 - a_3) \begin{vmatrix} 1 & 1 \\ a_4^2 + a_4 a_3 + a_3^2 + a_4 a_2 + a_3 a_2 + a_2^2 & a_5^2 + a_5 a_3 + a_3^2 + a_3 a_2 + a_5 a_2 + a_2^2 \end{vmatrix}$$

$$= (a_3 - a_2)(a_4 - a_2)(a_5 - a_2)(a_4 - a_3)(a_5 - a_3)(a_5 - a_4)(a_5 + a_4 + a_3 + a_2).$$

$$D^{(1)} = [b_1 a_2 a_3 a_4 a_5 - b_2(a_2 a_3 a_4 + a_2 a_3 a_5 + a_2 a_4 a_5 + a_3 a_4 a_5) +$$
$$b_3(a_2 a_3 + a_2 a_4 + a_2 a_5 + a_3 a_4 + a_3 a_5 + a_4 a_5) -$$
$$b_4(a_2 + a_3 + a_4 + a_5) + b_5] \prod_{2 \leqslant i < j \leqslant 5} (a_j - a_i).$$

$$D^{(2)} = \begin{vmatrix} 1 & b_1 & 1 & 1 & 1 \\ a_1 & b_2 & a_3 & a_4 & a_5 \\ a_1^2 & b_3 & a_3^2 & a_4^2 & a_5^2 \\ a_1^3 & b_4 & a_3^3 & a_4^3 & a_5^3 \\ a_1^4 & b_5 & a_3^4 & a_4^4 & a_5^4 \end{vmatrix} = - \begin{vmatrix} b_1 & 1 & 1 & 1 & 1 \\ b_2 & a_1 & a_3 & a_4 & a_5 \\ b_3 & a_1^2 & a_3^2 & a_4^2 & a_5^2 \\ b_4 & a_1^3 & a_3^3 & a_4^3 & a_5^3 \\ b_5 & a_1^4 & a_3^4 & a_4^4 & a_5^4 \end{vmatrix}$$

$$= [-b_1 a_1 a_3 a_4 a_5 + b_2(a_1 a_3 a_4 + a_1 a_3 a_5 + a_1 a_4 a_5 + a_3 a_4 a_5) -$$
$$b_3(a_1 a_3 + a_1 a_4 + a_1 a_5 + a_3 a_4 + a_3 a_5 + a_4 a_5) +$$
$$b_4(a_1 + a_3 + a_4 + a_5) - b_5] \prod_{\substack{1 \leqslant i < j \leqslant 5 \\ i,j \in 1,3,4,5}} (a_j - a_i).$$

$$D^{(3)} = \begin{vmatrix} 1 & 1 & b_1 & 1 & 1 \\ a_1 & a_2 & b_2 & a_4 & a_5 \\ a_1^2 & a_2^2 & b_3 & a_4^2 & a_5^2 \\ a_1^3 & a_2^3 & b_4 & a_4^3 & a_5^3 \\ a_1^4 & a_2^4 & b_5 & a_4^4 & a_5^4 \end{vmatrix} = \begin{vmatrix} b_1 & 1 & 1 & 1 & 1 \\ b_2 & a_1 & a_2 & a_4 & a_5 \\ b_3 & a_1^2 & a_2^2 & a_4^2 & a_5^2 \\ b_4 & a_1^3 & a_2^3 & a_4^3 & a_5^3 \\ b_5 & a_1^4 & a_2^4 & a_4^4 & a_5^4 \end{vmatrix}$$

$$= [b_1 a_1 a_2 a_4 a_5 - b_2(a_1 a_2 a_4 + a_1 a_2 a_5 + a_1 a_4 a_5 + a_2 a_4 a_5) +$$
$$b_3(a_1 a_2 + a_1 a_4 + a_1 a_5 + a_2 a_4 + a_2 a_5 + a_4 a_5) -$$
$$b_4(a_1 + a_2 + a_4 + a_5) + b_5] \prod_{\substack{1 \leqslant i < j \leqslant 5 \\ i,j \in 1,2,4,5}} (a_j - a_i).$$

$$D^{(4)} = \begin{vmatrix} 1 & 1 & 1 & b_1 & 1 \\ a_1 & a_2 & a_3 & b_2 & a_5 \\ a_1^2 & a_2^2 & a_3^2 & b_3 & a_5^2 \\ a_1^3 & a_2^3 & a_3^3 & b_4 & a_5^3 \\ a_1^4 & a_2^4 & a_3^4 & b_5 & a_5^4 \end{vmatrix} = - \begin{vmatrix} b_1 & 1 & 1 & 1 & 1 \\ b_2 & a_1 & a_2 & a_3 & a_5 \\ b_3 & a_1^2 & a_2^2 & a_3^2 & a_5^2 \\ b_4 & a_1^3 & a_2^3 & a_3^3 & a_5^3 \\ b_5 & a_1^4 & a_2^4 & a_3^4 & a_5^4 \end{vmatrix}$$

$$= [-b_1 a_1 a_2 a_3 a_5 + b_2(a_1 a_2 a_3 + a_1 a_2 a_5 + a_1 a_3 a_5 + a_2 a_3 a_5) -$$
$$b_3(a_1 a_2 + a_1 a_3 + a_1 a_5 + a_2 a_3 + a_2 a_5 + a_3 a_5) + b_4(a_1 + a_2 + a_3 + a_5) - b_5] \cdot$$
$$\prod_{\substack{1 \leqslant i < j \leqslant 5 \\ i,j \in 1,2,3,5}} (a_j - a_i).$$

$$D^{(5)} = \begin{vmatrix} 1 & 1 & 1 & 1 & b_1 \\ a_1 & a_2 & a_3 & a_4 & b_2 \\ a_1^2 & a_2^2 & a_3^2 & a_4^2 & b_3 \\ a_1^3 & a_2^3 & a_3^3 & a_4^3 & b_4 \\ a_1^4 & a_2^4 & a_3^4 & a_4^4 & b_5 \end{vmatrix} = \begin{vmatrix} b_1 & 1 & 1 & 1 & 1 \\ b_2 & a_1 & a_2 & a_3 & a_4 \\ b_3 & a_1^2 & a_2^2 & a_3^2 & a_4^2 \\ b_4 & a_1^3 & a_2^3 & a_3^3 & a_4^3 \\ b_5 & a_1^4 & a_2^4 & a_3^4 & a_4^4 \end{vmatrix}$$

$$= [b_1 a_1 a_2 a_3 a_4 - b_2(a_1 a_2 a_3 + a_1 a_2 a_4 + a_1 a_3 a_4 + a_2 a_3 a_4) + $$
$$b_3(a_1 a_2 + a_1 a_3 + a_1 a_4 + a_2 a_3 + a_2 a_4 + a_3 a_4) - b_4(a_1 + a_2 + a_3 + a_4) + b_5] \cdot$$
$$\prod_{1 \leq i < j \leq 4} (a_j - a_i).$$

$$x_1 = \frac{D^{(1)}}{D} = \frac{b_1 a_2 a_3 a_4 a_5 - b_2(a_2 a_3 a_4 + a_2 a_3 a_5 + a_2 a_4 a_5 + a_3 a_4 a_5) +}{(a_5 - a_1)(a_4 - a_1)(a_3 - a_1)(a_2 - a_1) \cdot}$$
$$\frac{b_3(a_2 a_3 + a_2 a_4 + a_2 a_5 + a_3 a_4 + a_3 a_5 + a_4 a_5) - b_4(a_2 + a_3 + a_4 + a_5) + b_5}{1}$$

$$x_2 = \frac{D^{(2)}}{D} = \frac{-b_1 a_1 a_3 a_4 a_5 + b_2(a_1 a_3 a_4 + a_1 a_3 a_5 + a_1 a_4 a_5 + a_3 a_4 a_5) -}{(a_5 - a_2)(a_4 - a_2)(a_3 - a_2)(a_2 - a_1) \cdot}$$
$$\frac{b_3(a_1 a_3 + a_1 a_4 + a_1 a_5 + a_3 a_4 + a_3 a_5 + a_4 a_5) + b_4(a_1 + a_3 + a_4 + a_5) - b_5}{1}$$

$$x_3 = \frac{D^{(3)}}{D} = \frac{b_1 a_1 a_2 a_4 a_5 - b_2(a_1 a_2 a_4 + a_1 a_2 a_5 + a_1 a_4 a_5 + a_2 a_4 a_5) +}{(a_5 - a_3)(a_4 - a_3)(a_3 - a_2)(a_3 - a_1) \cdot}$$
$$\frac{b_3(a_1 a_2 + a_1 a_4 + a_1 a_5 + a_2 a_4 + a_2 a_5 + a_4 a_5) - b_4(a_1 + a_2 + a_4 + a_5) + b_5}{1}$$

$$x_4 = \frac{D^{(4)}}{D} = \frac{-b_1 a_1 a_2 a_3 a_5 + b_2(a_1 a_2 a_3 + a_1 a_2 a_5 + a_1 a_3 a_5 + a_2 a_3 a_5) -}{(a_5 - a_4)(a_4 - a_3)(a_4 - a_2)(a_4 - a_1) \cdot}$$
$$\frac{b_3(a_1 a_2 + a_1 a_3 + a_1 a_5 + a_2 a_3 + a_2 a_5 + a_3 a_5) + b_4(a_1 + a_2 + a_3 + a_5) - b_5}{1}$$

$$x_5 = \frac{D^{(5)}}{D} = \frac{b_1 a_1 a_2 a_3 a_4 - b_2(a_1 a_2 a_3 + a_1 a_2 a_4 + a_1 a_3 a_4 + a_2 a_3 a_4) +}{(a_5 - a_4)(a_5 - a_3)(a_5 - a_2)(a_5 - a_1) \cdot}$$
$$\frac{b_3(a_1 a_2 + a_1 a_3 + a_1 a_4 + a_2 a_3 + a_2 a_4 + a_3 a_4) - b_4(a_1 + a_2 + a_3 + a_4) + b_5}{1}$$

对于 n 个未知数的线性方程组的解的数学形式为

$$x_k = \frac{1}{(a_k - a_1)\cdots(a_k - a_{k-1})(a_k - a_{k+1})\cdots(a_k - a_n)} \sum_{i=1}^{n} b_i f_{ki}$$

其中，f_{ki} 是从 $n-1$ 个数 $a_1, \cdots, a_{k-1}, a_{k+1}, \cdots, a_n$ 中取 $n-i$ 个的所有可能的乘积.

597. $\begin{cases} x_1 + x_2 + \cdots + x_n + 1 = 0 \\ 2x_1 + 2^2 x_2 + \cdots + 2^n x_n + 1 = 0 \\ \cdots \\ nx_1 + n^2 x_2 + \cdots + n^n x_n + 1 = 0 \end{cases}.$

解 写成线性方程组的标准形

$$\begin{cases} x_1 + x_2 + \cdots + x_n = -1 \\ 2x_1 + 2^2 x_2 + \cdots + 2^n x_n = -1 \\ \cdots \\ nx_1 + n^2 x_2 + \cdots + n^n x_n = -1 \end{cases}$$

按照 Cramer 法则

$$D = \begin{vmatrix} 1 & 1 & \cdots & 1 \\ 2 & 2^2 & \cdots & 2^n \\ 3 & 3^2 & \cdots & 3^n \\ \vdots & \vdots & & \vdots \\ n & n^2 & \cdots & n^n \end{vmatrix} = n! \begin{vmatrix} 1 & 1 & 1 & \cdots & 1 \\ 1 & 2 & 2^2 & \cdots & 2^{n-1} \\ 1 & 3 & 3^2 & \cdots & 3^{n-1} \\ \vdots & \vdots & \vdots & & \vdots \\ 1 & n & n^2 & \cdots & n^{n-1} \end{vmatrix}$$

$$= n!(n-1)!(n-2)!\cdots 1! \neq 0$$

根据 346 题

$$\begin{vmatrix} 1 & x_1 & x_1^2 & \cdots & x_1^{s-1} & x_1^{s+1} & \cdots & x_1^n \\ 1 & x_2 & x_2^2 & \cdots & x_2^{s-1} & x_2^{s+1} & \cdots & x_2^n \\ \vdots & \vdots & \vdots & & \vdots & \vdots & & \vdots \\ 1 & x_n & x_n^2 & \cdots & x_n^{s-1} & x_n^{s+1} & \cdots & x_n^n \end{vmatrix}$$

$$= \left(\sum x_{\alpha_1} x_{\alpha_1} \cdots x_{\alpha_{n-s}} \right) \prod_{n \geq i > k \geq 1} (x_i - x_k)$$

其中, 求和取遍数 $1, 2, \cdots, n$ 中 $n-s$ 个数 $\alpha_1, \alpha_2, \cdots, \alpha_{n-s}$ 的所有组合.

第 i 列

$$D_i = \begin{vmatrix} 1 & 1 & \cdots & -1 & 1 & \cdots & 1 \\ 2 & 2^2 & \cdots & -1 & 2^{i+1} & \cdots & 2^n \\ 3 & 3^2 & \cdots & -1 & 3^{i+1} & \cdots & 3^n \\ \vdots & \vdots & & \vdots & \vdots & & \vdots \\ n & n^2 & \cdots & -1 & n^{i+1} & \cdots & n^n \end{vmatrix} = (-1)^i \begin{vmatrix} 1 & 1 & 1 & \cdots & 1 & 1 & \cdots & 1 \\ 1 & 2 & 2^2 & \cdots & 2^{i-1} & 2^{i+1} & \cdots & 2^n \\ 1 & 3 & 3^2 & \cdots & 3^{i-1} & 3^{i+1} & \cdots & 3^n \\ \vdots & \vdots & \vdots & & \vdots & \vdots & & \vdots \\ 1 & n & n^2 & \cdots & n^{i-1} & n^{i+1} & \cdots & n^n \end{vmatrix}$$

$$= (-1)^i \cdot P_{n-i} \cdot (n-1)!(n-2)!\cdots 2!.$$

$$x_i = \frac{D_i}{D} = \frac{(-1)^i P_{n-i}}{n!}$$

其中, $P_i (i = 1, 2, \cdots, n-1)$ 是从 n 个数 $1, 2, \cdots, n$ 中取 i 个的所有可能乘积之和且 $P_0 = 1$.

598.

$$\begin{cases} ax_1 + bx_2 + \cdots + bx_n = c_1 \\ bx_1 + ax_2 + \cdots + bx_n = c_2 \\ \cdots \\ bx_1 + bx_2 + \cdots + ax_n = c_n \end{cases}.$$

解
$$\begin{cases} x_1 + x_2 + \cdots + x_n + 1 = 0 \\ 2x_1 + 2^2 x_2 + \cdots + 2^n x_n + 1 = 0 \\ \cdots \\ nx_1 + n^2 x_2 + \cdots + n^n x_n + 1 = 0 \end{cases}.$$

化为线性方程组的标准形式

$$\begin{cases} x_1 + x_2 + \cdots + x_n = -1 \\ x_1 + 2x_2 + \cdots + 2^{n-1} x_n = -\dfrac{1}{2} \\ \cdots \\ x_1 + nx_2 + \cdots + n^{n-1} x_n = -\dfrac{1}{n} \end{cases}$$

按照 Cramer 法则

$$D = \begin{vmatrix} 1 & 1 & 1 & \cdots & 1 \\ 1 & 2 & 2^2 & \cdots & 2^{n-1} \\ 1 & 3 & 3^2 & \cdots & 3^{n-1} \\ \vdots & \vdots & \vdots & & \vdots \\ 1 & n & n^2 & \cdots & n^{n-1} \end{vmatrix} = (n-1)!(n-2)!\cdots 2! \neq 0$$

所以 D^{-1} 存在.

三阶:

$$\begin{pmatrix} 1 & 1 & 1 & 1 & 0 & 0 \\ 1 & 2 & 4 & 0 & 1 & 0 \\ 1 & 3 & 9 & 0 & 0 & 1 \end{pmatrix} \to \begin{pmatrix} 1 & 1 & 1 & 1 & 0 & 0 \\ 0 & 1 & 3 & -1 & 1 & 0 \\ 0 & 1 & 5 & 0 & -1 & 1 \end{pmatrix} \to \begin{pmatrix} 1 & 1 & 1 & 1 & 0 & 0 \\ 0 & 1 & 3 & -1 & 1 & 0 \\ 0 & 0 & 2 & 1 & -2 & 1 \end{pmatrix} \to \begin{pmatrix} 1 & 1 & 1 & 1 & 0 & 0 \\ 0 & 1 & 3 & -1 & 1 & 0 \\ 0 & 0 & 1 & \dfrac{1}{2} & -1 & \dfrac{1}{2} \end{pmatrix} \to$$

$$\begin{pmatrix} 1 & 1 & 1 & 1 & 0 & 0 \\ 0 & 1 & 0 & -\dfrac{5}{2} & 4 & -\dfrac{3}{2} \\ 0 & 0 & 1 & \dfrac{1}{2} & -1 & \dfrac{1}{2} \end{pmatrix} \to \begin{pmatrix} 1 & 1 & 0 & \dfrac{1}{2} & 1 & -\dfrac{1}{2} \\ 0 & 1 & 0 & -\dfrac{5}{2} & 4 & -\dfrac{3}{2} \\ 0 & 0 & 1 & \dfrac{1}{2} & -1 & \dfrac{1}{2} \end{pmatrix} \to \begin{pmatrix} 1 & 0 & 0 & 3 & -3 & 1 \\ 0 & 1 & 0 & -\dfrac{5}{2} & 4 & -\dfrac{3}{2} \\ 0 & 0 & 1 & \dfrac{1}{2} & -1 & \dfrac{1}{2} \end{pmatrix}$$

检验:

$$\begin{pmatrix} 3 & -3 & 1 \\ -\dfrac{5}{2} & 4 & -\dfrac{3}{2} \\ \dfrac{1}{2} & -1 & \dfrac{1}{2} \end{pmatrix} \begin{pmatrix} 1 & 1 & 1 \\ 1 & 2 & 4 \\ 1 & 3 & 9 \end{pmatrix} = \begin{pmatrix} 1 & & \\ & 1 & \\ & & 1 \end{pmatrix}$$

$$\begin{pmatrix}x_1\\x_2\\x_3\end{pmatrix}=\begin{pmatrix}3 & -3 & 1\\-\dfrac{5}{2} & 4 & -\dfrac{3}{2}\\ \dfrac{1}{2} & -1 & \dfrac{1}{2}\end{pmatrix}\begin{pmatrix}-1\\-\dfrac{1}{2}\\-\dfrac{1}{3}\end{pmatrix}=\begin{pmatrix}-\dfrac{11}{6}\\1\\-\dfrac{1}{6}\end{pmatrix}$$

四阶：

$$\begin{pmatrix}1 & 1 & 1 & 1 & 1 & 0 & 0 & 0\\1 & 2 & 4 & 8 & 0 & 1 & 0 & 0\\1 & 3 & 9 & 27 & 0 & 0 & 1 & 0\\1 & 4 & 16 & 64 & 0 & 0 & 0 & 1\end{pmatrix}\rightarrow\begin{pmatrix}1 & 1 & 1 & 1 & 1 & 0 & 0 & 0\\0 & 1 & 3 & 7 & -1 & 1 & 0 & 0\\0 & 1 & 5 & 19 & 0 & -1 & 1 & 0\\0 & 1 & 7 & 37 & 0 & 0 & -1 & 1\end{pmatrix}\rightarrow$$

$$\begin{pmatrix}1 & 1 & 1 & 1 & 1 & 0 & 0 & 0\\0 & 1 & 3 & 7 & -1 & 1 & 0 & 0\\0 & 0 & 2 & 12 & 1 & -2 & 1 & 0\\0 & 0 & 2 & 18 & 0 & 1 & -2 & 1\end{pmatrix}\rightarrow\begin{pmatrix}1 & 1 & 1 & 1 & 1 & 0 & 0 & 0\\0 & 1 & 3 & 7 & -1 & 1 & 0 & 0\\0 & 0 & 2 & 12 & 1 & -2 & 1 & 0\\0 & 0 & 0 & 6 & -1 & 3 & -3 & 1\end{pmatrix}\rightarrow$$

$$\begin{pmatrix}1 & 1 & 1 & 1 & 1 & 0 & 0 & 0\\0 & 1 & 3 & 7 & -1 & 1 & 0 & 0\\0 & 0 & 2 & 0 & 3 & -8 & 7 & -2\\0 & 0 & 0 & 6 & -1 & 3 & -3 & 1\end{pmatrix}\rightarrow\begin{pmatrix}1 & 1 & 1 & 1 & 1 & 0 & 0 & 0\\0 & 1 & 3 & 1 & 0 & -2 & 3 & -1\\0 & 0 & 2 & 0 & 3 & -8 & 7 & -2\\0 & 0 & 0 & 6 & -1 & 3 & -3 & 1\end{pmatrix}\rightarrow$$

$$\begin{pmatrix}1 & 1 & 1 & 1 & 0 & 0 & 0\\0 & 1 & 3 & 1 & 0 & -2 & 3 & -1\\0 & 0 & 1 & 0 & \dfrac{3}{2} & -4 & \dfrac{7}{2} & -1\\0 & 0 & 0 & 1 & -\dfrac{1}{6} & \dfrac{1}{2} & -\dfrac{1}{2} & \dfrac{1}{6}\end{pmatrix}\rightarrow\begin{pmatrix}1 & 1 & 1 & 0 & \dfrac{7}{6} & -\dfrac{1}{2} & \dfrac{1}{2} & -\dfrac{1}{6}\\0 & 1 & 3 & 0 & \dfrac{1}{6} & -\dfrac{5}{2} & \dfrac{7}{2} & -\dfrac{7}{6}\\0 & 0 & 1 & 0 & \dfrac{3}{2} & -4 & \dfrac{7}{2} & -1\\0 & 0 & 0 & 1 & -\dfrac{1}{6} & \dfrac{1}{2} & -\dfrac{1}{2} & \dfrac{1}{6}\end{pmatrix}\rightarrow$$

$$\begin{pmatrix}1 & 1 & 0 & 0 & -\dfrac{1}{3} & \dfrac{7}{2} & -3 & \dfrac{5}{6}\\0 & 1 & 0 & 0 & -\dfrac{13}{3} & \dfrac{19}{2} & -7 & \dfrac{11}{6}\\0 & 0 & 1 & 0 & \dfrac{3}{2} & -4 & \dfrac{7}{2} & -1\\0 & 0 & 0 & 1 & -\dfrac{1}{6} & \dfrac{1}{2} & -\dfrac{1}{2} & \dfrac{1}{6}\end{pmatrix}\rightarrow\begin{pmatrix}1 & 0 & 0 & 0 & 4 & -6 & 4 & -1\\0 & 1 & 0 & 0 & -\dfrac{13}{3} & \dfrac{19}{2} & -7 & \dfrac{11}{6}\\0 & 0 & 1 & 0 & \dfrac{3}{2} & -4 & \dfrac{7}{2} & -1\\0 & 0 & 0 & 1 & -\dfrac{1}{6} & \dfrac{1}{2} & -\dfrac{1}{2} & \dfrac{1}{6}\end{pmatrix}$$

检验：

$$\begin{pmatrix}4 & -6 & 4 & -1\\-\dfrac{13}{3} & \dfrac{19}{2} & -7 & \dfrac{11}{6}\\ \dfrac{3}{2} & -4 & \dfrac{7}{2} & -1\\-\dfrac{1}{6} & \dfrac{1}{2} & -\dfrac{1}{2} & \dfrac{1}{6}\end{pmatrix}\begin{pmatrix}1 & 1 & 1 & 1\\1 & 2 & 4 & 8\\1 & 3 & 9 & 27\\1 & 4 & 16 & 64\end{pmatrix}=\begin{pmatrix}1 & & & \\ & 1 & & \\ & & 1 & \\ & & & 1\end{pmatrix}$$

$$\begin{pmatrix} x_1 \\ x_2 \\ x_3 \\ x_4 \end{pmatrix} = \begin{pmatrix} 4 & -6 & 4 & -1 \\ -\frac{13}{3} & \frac{19}{2} & -7 & \frac{11}{6} \\ \frac{3}{2} & -4 & \frac{7}{2} & -1 \\ -\frac{1}{6} & \frac{1}{2} & -\frac{1}{2} & \frac{1}{6} \end{pmatrix} \begin{pmatrix} -1 \\ -\frac{1}{2} \\ -\frac{1}{3} \\ -\frac{1}{4} \end{pmatrix} = \begin{pmatrix} -\frac{25}{12} \\ \frac{15}{8} \\ -\frac{5}{12} \\ \frac{1}{24} \end{pmatrix}$$

当 $D \neq 0$ 时，D^{-1} 存在，并且把 D^{-1} 计算出来，实际上方程组的解也就等于求到了.

五阶，$\cdots$，以及 n 阶的情形，通过加边方法求出逆阵，再左乘线性方程组标准式就得到了方程组的解.

598. $\begin{cases} ax_1 + bx_2 + \cdots + bx_n = c_1 \\ bx_1 + ax_2 + \cdots + bx_n = c_2 \\ \cdots \\ bx_1 + bx_2 + \cdots + ax_n = c_n \end{cases}$.

其中，$(a-b)[a+(n-1)b] \neq 0$.

解 各式相加

$$[(n-1)b + a](x_1 + x_2 + \cdots + x_n) = c_1 + c_2 + \cdots + c_n$$

$$(a-b)x_1 = c_1 + \frac{-b(c_1 + c_2 + \cdots + c_n)}{a + (n-1)b}$$

$$x_1 = \frac{1}{a-b}\left[c_1 + \frac{-b}{a+(n-1)b}(c_1 + c_2 + \cdots + c_n)\right]$$

$$x_2 = \frac{1}{a-b}\left[c_2 + \frac{-b}{a+(n-1)b}(c_1 + c_2 + \cdots + c_n)\right]$$

$$\cdots$$

$$x_n = \frac{1}{a-b}\left[c_n + \frac{-b}{a+(n-1)b}(c_1 + c_2 + \cdots + c_n)\right]$$

即

$$x_k = \frac{c_k}{a-b} - \frac{b\sum_{i=1}^{n} c_i}{(a-b)[a+(n-1)b]} \quad (k=1,2,\cdots,n)$$

599.
$$\begin{cases} (3+2a_1)x_1 + (3+2a_2)x_2 + \cdots + (3+2a_n)x_n = 3+2b & (1) \\ (1+3a_1+2a_1^2)x_1 + (1+3a_2+2a_2^2)x_2 + \cdots + (1+3a_n+2a_n^2)x_n = 1+3b+2b^2 & (2) \\ a_1(1+3a_1+2a_1^2)x_1 + a_2(1+3a_2+2a_2^2)x_2 + \cdots + a_n(1+3a_n+2a_n^2)x_n = b(1+3b+2b^2) & (3) \\ \cdots & (4) \\ a_1^{n-3}(1+3a_1+2a_1^2)x_1 + a_2^{n-3}(1+3a_2+2a_2^2)x_2 + \cdots + a_n^{n-3}(1+3a_n+2a_n^2)x_n = b^{n-3}(1+3b+2b^2) & (5) \\ a_1^{n-2}(1+3a_1)x_1 + a_2^{n-2}(1+3a_2)x_2 + \cdots + a_n^{n-2}(1+3a_n)x_n = b^{n-2}(1+3b) & (6) \end{cases}$$

解

$$D = \begin{vmatrix} 1 & 1 & \cdots & 1 \\ a_1 & a_2 & \cdots & a_n \\ a_1^2 & a_2^2 & \cdots & a_n^2 \\ \vdots & \vdots & & \vdots \\ a_1^{n-1} & a_2^{n-1} & \cdots & a_n^{n-1} \end{vmatrix} = \prod_{1 \leq i < j \leq n}(a_j - a_i)$$

$$D^{(k)} = \begin{vmatrix} 1 & \cdots & 1 & 1 & 1 & \cdots & 1 \\ a_1 & \cdots & a_{k-1} & b & a_{k+1} & \cdots & a_n \\ a_1^2 & \cdots & a_{k-1}^2 & b^2 & a_{k+1}^2 & \cdots & a_n^2 \\ \vdots & & \vdots & \vdots & \vdots & & \vdots \\ a_1^{n-1} & \cdots & a_{k-1}^{n-1} & b^{n-1} & a_{k+1}^{n-1} & \cdots & a_n^{n-1} \end{vmatrix}$$

$$= (a_n - b)(a_{n-1} - b)\cdots(a_{k+1} - b)(b - a_{k-1})\cdots(b - a_1) \cdot \prod_{\substack{1 \leq i < j \leq n \\ i,j \in \{1,2,\cdots,k-1,k+1,\cdots,n\}}}(a_j - a_i).$$

$$x_k = \frac{(a_n - b)(a_{n-1} - b)\cdots(a_{k+1} - b)(b - a_{k-1})\cdots(b - a_1)}{(a_n - a_k)(a_{n-1} - a_k)\cdots(a_{k+1} - a_k)(a_k - a_{k-1})\cdots(a_k - a_1)}$$

$$x_k = \frac{(b - a_1)(b - a_2)\cdots(b - a_{k-1})(b - a_{k+1})\cdots(b - a_n)}{(a_k - a_1)(a_k - a_2)\cdots(a_k - a_{k-1})(a_k - a_{k+1})\cdots(a_k - a_n)}$$

$$x_k = \prod_{i \neq k} \frac{b - a_i}{a_k - a_i}$$

600. 把函数 $\dfrac{x}{\ln(1+x)}$ 展为幂级数时,得到

$$\frac{x}{\ln(1+x)} = 1 + h_1 x + h_2 x^2 + h_3 x^3 + \cdots$$

证明:

$$h_n = \begin{vmatrix} \dfrac{1}{2} & 1 & 0 & 0 & \cdots & 0 \\ \dfrac{1}{3} & \dfrac{1}{2} & 1 & 0 & \cdots & 0 \\ \dfrac{1}{4} & \dfrac{1}{3} & \dfrac{1}{2} & 1 & \cdots & 0 \\ \vdots & \vdots & \vdots & \vdots & & \vdots \\ \dfrac{1}{n+1} & \dfrac{1}{n} & \dfrac{1}{n-1} & \dfrac{1}{n-2} & \cdots & \dfrac{1}{2} \end{vmatrix}$$

证

$$\ln(1+x) = x - \frac{x^2}{2} + \frac{x^3}{3} - \frac{x^4}{4} + \cdots, \qquad |x| < 1$$

$$x = \left(x - \frac{x^2}{2} + \frac{x^3}{3} - \frac{x^4}{4} + \frac{x^5}{5} - \frac{x^6}{6} + \cdots\right)(1 + h_1 x + h_2 x^2 + h_3 x^3 + \cdots)$$

作乘法表

	1	h_1	h_2	h_3	h_4	h_5	h_6	h_7	
1	1	h_1	h_2	h_3	h_4	h_5	h_6	h_7	⋯
$-\frac{1}{2}$	$-\frac{1}{2}$	$-\frac{1}{2}h_1$	$-\frac{1}{2}h_2$	$-\frac{1}{2}h_3$	$-\frac{1}{2}h_4$	$-\frac{1}{2}h_5$	$-\frac{1}{2}h_6$	$-\frac{1}{2}h_7$	⋯
$\frac{1}{3}$	$\frac{1}{3}$	$\frac{1}{3}h_1$	$\frac{1}{3}h_2$	$\frac{1}{3}h_3$	$\frac{1}{3}h_4$	$\frac{1}{3}h_5$	$\frac{1}{3}h_6$	$\frac{1}{3}h_7$	⋯
$-\frac{1}{4}$	$-\frac{1}{4}$	$-\frac{1}{4}h_1$	$-\frac{1}{4}h_2$	$-\frac{1}{4}h_3$	$-\frac{1}{4}h_4$	$-\frac{1}{4}h_5$	$-\frac{1}{4}h_6$	$-\frac{1}{4}h_7$	⋯
$\frac{1}{5}$	$\frac{1}{5}$	$\frac{1}{5}h_1$	$\frac{1}{5}h_2$	$\frac{1}{5}h_3$	$\frac{1}{5}h_4$	$\frac{1}{5}h_5$	$\frac{1}{5}h_6$	$\frac{1}{5}h_7$	⋯
$-\frac{1}{6}$	$-\frac{1}{6}$	$-\frac{1}{6}h_1$	$-\frac{1}{6}h_2$	$-\frac{1}{6}h_3$	$-\frac{1}{6}h_4$	$-\frac{1}{6}h_5$	$-\frac{1}{6}h_6$	$-\frac{1}{6}h_7$	⋯
$\frac{1}{7}$	$\frac{1}{7}$	$\frac{1}{7}h_1$	$\frac{1}{7}h_2$	$\frac{1}{7}h_3$	$\frac{1}{7}h_4$	$\frac{1}{7}h_5$	$\frac{1}{7}h_6$	$\frac{1}{7}h_7$	⋯
$-\frac{1}{8}$	$-\frac{1}{8}$	$-\frac{1}{8}h_1$	$-\frac{1}{8}h_2$	$-\frac{1}{8}h_3$	$-\frac{1}{8}h_4$	$-\frac{1}{8}h_5$	$-\frac{1}{8}h_6$	$-\frac{1}{8}h_7$	⋯

得
$$\begin{cases} h_1 - \frac{1}{2} = 0 \\ h_2 + -\frac{1}{2}h_1 + \frac{1}{3} = 0 \\ h_3 - \frac{1}{2}h_2 + \frac{1}{3}h_1 - \frac{1}{4} = 0 \\ h_4 - \frac{1}{2}h_3 + \frac{1}{3}h_2 - \frac{1}{4}h_1 + \frac{1}{5} = 0 \\ h_5 - \frac{1}{2}h_4 + \frac{1}{3}h_3 - \frac{1}{4}h_2 + \frac{1}{5}h_1 - \frac{1}{6} = 0 \end{cases}$$

即
$$\begin{cases} h_1 = \frac{1}{2} \\ \frac{1}{2}h_1 - h_2 = \frac{1}{3} \\ \frac{1}{3}h_1 - \frac{1}{2}h_2 + h_3 = \frac{1}{4} \\ \frac{1}{4}h_1 - \frac{1}{3}h_2 + \frac{1}{2}h_3 - h_4 = \frac{1}{5} \\ \frac{1}{5}h_1 - \frac{1}{4}h_2 + \frac{1}{3}h_3 - \frac{1}{2}h_4 + h_5 = \frac{1}{6} \\ \cdots \\ \frac{1}{n}h_1 - \frac{1}{n-1}h_2 + \frac{1}{n-2}h_3 - \cdots + h_n = \frac{1}{n+1} \end{cases}$$

根据 Cramer 法则解线性方程组：

$$D_1 = 1$$
$$D_2 = -1$$
$$D_3 = -1$$
$$D_4 = 1$$
$$D_n = (-1)^{\frac{n(n-1)}{2}}$$

$$h_n = (-1)^{\frac{n(n-1)}{2}} \begin{vmatrix} 1 & 0 & 0 & 0 & \cdots & \frac{1}{2} \\ \frac{1}{2} & -1 & 0 & 0 & \cdots & \frac{1}{3} \\ \frac{1}{3} & -\frac{1}{2} & 1 & 0 & \cdots & \frac{1}{4} \\ \frac{1}{4} & -\frac{1}{3} & \frac{1}{2} & -1 & \cdots & \frac{1}{5} \\ \frac{1}{5} & -\frac{1}{4} & \frac{1}{3} & -\frac{1}{2} & \cdots & \frac{1}{6} \\ \vdots & \vdots & \vdots & \vdots & & \vdots \\ \frac{1}{n} & -\frac{1}{n-1} & \frac{1}{n-2} & -\frac{1}{n-3} & \cdots & \frac{1}{n+1} \end{vmatrix}_{n\text{阶}}$$

把第 n 列通过 $n-1$ 次相邻对换,转移到第 1 列

$$h_n = (-1)^{\frac{n(n-1)}{2}-(n-1)} \begin{vmatrix} \frac{1}{2} & 1 & 0 & 0 & 0 & 0 & \cdots & 0 \\ \frac{1}{3} & \frac{1}{2} & -1 & 0 & 0 & 0 & \cdots & 0 \\ \frac{1}{4} & \frac{1}{3} & -\frac{1}{2} & 1 & 0 & 0 & \cdots & 0 \\ \frac{1}{5} & \frac{1}{4} & -\frac{1}{3} & \frac{1}{2} & -1 & 0 & \cdots & 0 \\ \frac{1}{6} & \frac{1}{5} & -\frac{1}{4} & \frac{1}{3} & -\frac{1}{2} & 1 & \cdots & 0 \\ \vdots & \vdots & \vdots & \vdots & \vdots & \vdots & & \vdots \\ \frac{1}{n+1} & \frac{1}{n} & -\frac{1}{n-1} & \frac{1}{n-2} & -\frac{1}{n-3} & \frac{1}{n-4} & \cdots & \frac{1}{2}(-1)^n \end{vmatrix}$$

$$h_n = (-1)^{\frac{n(n-1)}{2}-(n-1)-\left[\frac{n-1}{2}\right]} \begin{vmatrix} \frac{1}{2} & 1 & 0 & 0 & 0 & \cdots & 0 \\ \frac{1}{3} & \frac{1}{2} & 1 & 0 & 0 & \cdots & 0 \\ \frac{1}{4} & \frac{1}{3} & \frac{1}{2} & 1 & 0 & \cdots & 0 \\ \frac{1}{5} & \frac{1}{4} & \frac{1}{3} & \frac{1}{2} & 1 & \cdots & 0 \\ \vdots & \vdots & \vdots & \vdots & \vdots & & \vdots \\ \frac{1}{n+1} & \frac{1}{n} & \frac{1}{n-1} & \frac{1}{n-2} & \frac{1}{n-3} & \cdots & \frac{1}{2} \end{vmatrix}$$

$$g(n) = \frac{n(n-1)}{2} - (n-1) - \left[\frac{n-1}{2}\right]$$

当 $n \geq 1$ 时为偶数

$$h_n = \begin{vmatrix} \frac{1}{2} & 1 & 0 & 0 & \cdots & 0 \\ \frac{1}{3} & \frac{1}{2} & 1 & 0 & \cdots & 0 \\ \frac{1}{4} & \frac{1}{3} & \frac{1}{2} & 1 & \cdots & 0 \\ \frac{1}{5} & \frac{1}{4} & \frac{1}{3} & \frac{1}{2} & \cdots & 0 \\ \vdots & \vdots & \vdots & \vdots & & \vdots \\ \frac{1}{n+1} & \frac{1}{n} & \frac{1}{n-1} & \frac{1}{n-2} & \cdots & \frac{1}{2} \end{vmatrix}$$

601. 已知 $\dfrac{1}{\cos x} = 1 + \dfrac{e_1}{2!}x^2 + \dfrac{e_2}{4!}x^4 + \dfrac{e_3}{6!}x^6 + \cdots$, 其中, $e_1, e_2, e_3, \cdots$ 是所谓的 Euler 数, 试证明:

$$e_n = (2n)! \begin{vmatrix} \frac{1}{2!} & 1 & 0 & 0 & \cdots & 0 \\ \frac{1}{4!} & \frac{1}{2!} & 1 & 0 & \cdots & 0 \\ \frac{1}{6!} & \frac{1}{4!} & \frac{1}{2!} & 1 & \cdots & 0 \\ \vdots & \vdots & \vdots & \vdots & & \vdots \\ \frac{1}{(2n)!} & \frac{1}{(2n-2)!} & \frac{1}{(2n-4)!} & \frac{1}{(2n-6)!} & \cdots & \frac{1}{2!} \end{vmatrix}$$

证

$$1 = \left(1 + \frac{e_1}{2!}x^2 + \frac{e_2}{4!}x^4 + \frac{e_3}{6!}x^6 + \frac{e_4}{8!}x^8 + \cdots\right)\left(1 - \frac{x^2}{2!} + \frac{x^4}{4!} - \frac{x^6}{6!} + \frac{x^8}{8!} - \cdots\right)$$

作乘法表

	1	$\frac{e_1}{2!}$	$\frac{e_2}{4!}$	$\frac{e_3}{6!}$	$\frac{e_4}{8!}$	$\frac{e_5}{10!}$	$\cdots$
1	1	$\frac{e_1}{2!}$	$\frac{e_2}{4!}$	$\frac{e_3}{6!}$	$\frac{e_4}{8!}$	$\frac{e_5}{10!}$	$\cdots$
$-\frac{1}{2!}$	$-\frac{1}{2!}$	$-\frac{e_1}{2!2!}$	$-\frac{e_2}{2!4!}$	$-\frac{e_3}{2!6!}$	$-\frac{e_4}{2!8!}$	$-\frac{e_5}{2!10!}$	$\cdots$
$\frac{1}{4!}$	$\frac{1}{4!}$	$\frac{e_1}{4!2!}$	$\frac{e_2}{4!4!}$	$\frac{e_3}{4!6!}$	$\frac{e_4}{4!8!}$	$\frac{e_5}{4!10!}$	$\cdots$
$-\frac{1}{6!}$	$-\frac{1}{6!}$	$-\frac{e_1}{2!6!}$	$-\frac{e_2}{4!6!}$	$-\frac{e_3}{6!6!}$	$-\frac{e_4}{6!8!}$	$-\frac{e_5}{6!10!}$	$\cdots$
$\frac{1}{8!}$	$\frac{1}{8!}$	$\frac{e_1}{2!8!}$	$\frac{e_2}{4!8!}$	$\frac{e_3}{6!8!}$	$\frac{e_4}{8!8!}$	$\frac{e_5}{8!10!}$	$\cdots$
$\vdots$	$\cdots$	$\cdots$	$\cdots$	$\cdots$	$\cdots$	$\cdots$	

得
$$\begin{cases} \dfrac{e_1}{2!} - \dfrac{1}{2!} = 0 \\ \dfrac{e_2}{4!} - \dfrac{e_1}{2!2!} + \dfrac{1}{4!} = 0 \\ \dfrac{e_3}{6!} - \dfrac{e_2}{2!4!} + \dfrac{e_1}{4!2!} - \dfrac{1}{6!} = 0 \\ \dfrac{e_4}{8!} - \dfrac{e_3}{2!6!} + \dfrac{e_2}{4!4!} - \dfrac{e_1}{2!6!} + \dfrac{1}{8!} = 0 \\ \dfrac{e_5}{10!} - \dfrac{e_4}{2!8!} + \dfrac{e_3}{4!6!} - \dfrac{e_2}{6!4!} + \dfrac{e_1}{2!8!} - \dfrac{1}{10!} = 0 \end{cases}$$

即
$$\begin{cases} \dfrac{e_1}{2!} = \dfrac{1}{2!} \\ \dfrac{e_1}{2!2!} - \dfrac{e_2}{4!} = \dfrac{1}{4!} \\ \dfrac{e_1}{2!4!} - \dfrac{e_2}{2!4!} + \dfrac{e_3}{6!} = \dfrac{1}{6!} \\ \dfrac{e_1}{2!6!} - \dfrac{e_2}{4!4!} + \dfrac{e_3}{2!6!} - \dfrac{e_4}{8!} = \dfrac{1}{8!} \end{cases}$$

$$D_n = (-1)^{\frac{n(n-1)}{2}} \cdot \dfrac{1}{2!} \cdot \dfrac{1}{4!} \cdots \dfrac{1}{(2n)!}$$

$$e_n = (-1)^{\frac{n(n-1)}{2}} 2!4!\cdots(2n)! \begin{vmatrix} \dfrac{1}{2!} & 0 & 0 & \cdots & \dfrac{1}{2!} \\ \dfrac{1}{2!2!} & -\dfrac{1}{4!} & 0 & \cdots & \dfrac{1}{4!} \\ \dfrac{1}{2!4!} & -\dfrac{1}{2!4!} & \dfrac{1}{6!} & \cdots & \dfrac{1}{6!} \\ \vdots & \vdots & \vdots & & \vdots \\ \dfrac{1}{2!(2n-2)!} & \dfrac{-1}{4!(2n-4)!} & \dfrac{1}{6!(2n-6)!} & \cdots & \dfrac{1}{(2n)!} \end{vmatrix}$$

$$e_n = (-1)^{\frac{n(n-1)}{2}-(n-1)} \cdot (2n)! \begin{vmatrix} \dfrac{1}{2!} & 1 & 0 & 0 & \cdots & 0 \\ \dfrac{1}{4!} & \dfrac{1}{2!} & -1 & 0 & \cdots & 0 \\ \dfrac{1}{6!} & \dfrac{1}{4!} & -\dfrac{1}{2!} & 1 & \cdots & 0 \\ \vdots & \vdots & \vdots & \vdots & & \vdots \\ \dfrac{1}{(2n)!} & \dfrac{1}{(2n-2)!} & -\dfrac{1}{(2n-4)!} & \dfrac{1}{(2n-6)!} & \cdots & \dfrac{\varepsilon}{2!} \end{vmatrix}$$

$$e_n = (-1)^{\frac{n(n-1)}{2}-(n-1)-\left[\frac{n-1}{2}\right]} \cdot (2n)! \begin{vmatrix} \frac{1}{2!} & 1 & 0 & 0 & \cdots & 0 \\ \frac{1}{4!} & \frac{1}{2!} & 1 & 0 & \cdots & 0 \\ \frac{1}{6!} & \frac{1}{4!} & \frac{1}{2!} & 1 & \cdots & 0 \\ \vdots & \vdots & \vdots & \vdots & & \vdots \\ \frac{1}{(2n)!} & \frac{1}{(2n-2)!} & \frac{1}{(2n-4)!} & \frac{1}{(2n-6)!} & \cdots & \frac{1}{2!} \end{vmatrix}$$

$$e_n = (2n)! \begin{vmatrix} \frac{1}{2!} & 1 & 0 & 0 & \cdots & 0 \\ \frac{1}{4!} & \frac{1}{2!} & 1 & 0 & \cdots & 0 \\ \frac{1}{6!} & \frac{1}{4!} & \frac{1}{2!} & 1 & \cdots & 0 \\ \vdots & \vdots & \vdots & \vdots & & \vdots \\ \frac{1}{(2n)!} & \frac{1}{(2n-2)!} & \frac{1}{(2n-4)!} & \frac{1}{(2n-6)!} & \cdots & \frac{1}{2!} \end{vmatrix}$$

602. 在展开式 $\frac{x}{e^x-1} = 1 + b_1 x + b_2 x^2 + b_3 x^3 + \cdots$ 中, $b_{2n} = \frac{(-1)^{n-1} B_n}{(2n)!}$, 其中, B_n 是所谓的 Bernoulli 数. 首先, 证明:

$$B_n = (-1)^{n+1}(2n)! \begin{vmatrix} \frac{1}{2!} & 1 & 0 & 0 & \cdots & 0 \\ \frac{1}{3!} & \frac{1}{2!} & 1 & 0 & \cdots & 0 \\ \frac{1}{4!} & \frac{1}{3!} & \frac{1}{2!} & 1 & \cdots & 0 \\ \vdots & \vdots & \vdots & \vdots & & \vdots \\ \frac{1}{(2n+1)!} & \frac{1}{(2n)!} & \frac{1}{(2n-1)!} & \frac{1}{(2n-2)!} & \cdots & \frac{1}{2!} \end{vmatrix}$$

其次, 对 $n > 1$, 证明:

$$b_{2n-1} = \begin{vmatrix} \frac{1}{2!} & 1 & 0 & 0 & \cdots & 0 \\ \frac{1}{3!} & \frac{1}{2!} & 1 & 0 & \cdots & 0 \\ \frac{1}{4!} & \frac{1}{3!} & \frac{1}{2!} & 1 & \cdots & 0 \\ \vdots & \vdots & \vdots & \vdots & & \vdots \\ \frac{1}{(2n)!} & \frac{1}{(2n-1)!} & \frac{1}{(2n-2)!} & \frac{1}{(2n-3)!} & \cdots & \frac{1}{2!} \end{vmatrix} = 0$$

证

$$x = \left(x + \frac{x^2}{2!} + \frac{x^3}{3!} + \frac{x^4}{4!} + \frac{x^5}{5!} + \frac{x^6}{6!} + \cdots\right)(1 + b_1 x + b_2 x^2 + b_3 x^3 + b_4 x^4 + \cdots)$$

作乘法表

	1	b_1	b_2	b_3	b_4	b_5	b_6	$\cdots$
1	1	b_1	b_2	b_3	b_4	b_5	b_6	$\cdots$
$\dfrac{1}{2!}$	$\dfrac{1}{2!}$	$\dfrac{b_1}{2!}$	$\dfrac{b_2}{2!}$	$\dfrac{b_3}{2!}$	$\dfrac{b_4}{2!}$	$\dfrac{b_5}{2!}$	$\dfrac{b_6}{2!}$	$\cdots$
$\dfrac{1}{3!}$	$\dfrac{1}{3!}$	$\dfrac{1}{3!}b_1$	$\dfrac{1}{3!}b_2$	$\dfrac{1}{3!}b_3$	$\dfrac{1}{3!}b_4$	$\dfrac{1}{3!}b_5$	$\dfrac{1}{3!}b_6$	$\cdots$
$\dfrac{1}{4!}$	$\dfrac{1}{4!}$	$\dfrac{1}{4!}b_1$	$\dfrac{1}{4!}b_2$	$\dfrac{1}{4!}b_3$	$\dfrac{1}{4!}b_4$	$\dfrac{1}{4!}b_5$	$\dfrac{1}{4!}b_6$	$\cdots$
$\dfrac{1}{5!}$	$\dfrac{1}{5!}$	$\dfrac{1}{5!}b_1$	$\dfrac{1}{5!}b_2$	$\dfrac{1}{5!}b_3$	$\dfrac{1}{5!}b_4$	$\dfrac{1}{5!}b_5$	$\dfrac{1}{5!}b_6$	$\cdots$
$\dfrac{1}{6!}$	$\dfrac{1}{6!}$	$\dfrac{1}{6!}b_1$	$\dfrac{1}{6!}b_2$	$\dfrac{1}{6!}b_3$	$\dfrac{1}{6!}b_4$	$\dfrac{1}{6!}b_5$	$\dfrac{1}{6!}b_6$	$\cdots$
$\vdots$	$\cdots$	$\cdots$	$\cdots$	$\cdots$	$\cdots$	$\cdots$	$\cdots$	$\cdots$

得
$$\begin{cases} b_1 + \dfrac{1}{2!} = 0 \\ b_2 + \dfrac{b_1}{2!} + \dfrac{1}{3!} = 0 \\ b_3 + \dfrac{b_2}{2!} + \dfrac{b_1}{3!} + \dfrac{1}{4!} = 0 \\ b_4 + \dfrac{b_3}{2!} + \dfrac{b_2}{3!} + \dfrac{b_1}{4!} + \dfrac{1}{5!} = 0 \\ b_5 + \dfrac{b_4}{2!} + \dfrac{b_3}{3!} + \dfrac{b_2}{4!} + \dfrac{b_1}{5!} + \dfrac{1}{6!} = 0 \end{cases}$$

即
$$\begin{cases} b_1 = -\dfrac{1}{2!} \\ \dfrac{1}{2!}b_1 + b_2 = -\dfrac{1}{3!} \\ \dfrac{1}{3!}b_1 + \dfrac{1}{2!}b_2 + b_3 = -\dfrac{1}{4!} \\ \dfrac{1}{4!}b_1 + \dfrac{1}{3!}b_2 + \dfrac{1}{2!}b_3 + b_4 = -\dfrac{1}{5!} \\ \dfrac{1}{5!}b_1 + \dfrac{1}{4!}b_2 + \dfrac{1}{3!}b_3 + \dfrac{1}{2!}b_4 + b_5 = -\dfrac{1}{6!} \\ \cdots \\ \dfrac{1}{n!}b_1 + \dfrac{1}{(n-1)!}b_2 + \dfrac{1}{(n-2)!}b_3 + \cdots + \dfrac{1}{3!}b_{n-2} + \dfrac{1}{2!}b_{n-1} + b_n = -\dfrac{1}{(n+1)!} \end{cases}$$

按照 Cramer 法则解线性方程组：

$$D_n = 1$$

$$b_n = \begin{vmatrix} 1 & 0 & 0 & 0 & \cdots & -\frac{1}{2!} \\ \frac{1}{2!} & 1 & 0 & 0 & \cdots & -\frac{1}{3!} \\ \frac{1}{3!} & \frac{1}{2!} & 1 & 0 & \cdots & -\frac{1}{4!} \\ \frac{1}{4!} & \frac{1}{3!} & \frac{1}{2!} & 1 & \cdots & -\frac{1}{5!} \\ \vdots & \vdots & \vdots & \vdots & & \vdots \\ \frac{1}{n!} & \frac{1}{(n-1)!} & \frac{1}{(n-2)!} & \frac{1}{(n-3)!} & \cdots & -\frac{1}{(n+1)!} \end{vmatrix} =$$

$$(-1)^n \cdot \begin{vmatrix} \frac{1}{2!} & 1 & 0 & 0 & 0 & \cdots & 0 \\ \frac{1}{3!} & \frac{1}{2!} & 1 & 0 & 0 & \cdots & 0 \\ \frac{1}{4!} & \frac{1}{3!} & \frac{1}{2!} & 1 & 0 & \cdots & 0 \\ \frac{1}{5!} & \frac{1}{4!} & \frac{1}{3!} & \frac{1}{2!} & 1 & \cdots & 0 \\ \vdots & \vdots & \vdots & \vdots & \vdots & & \vdots \\ \frac{1}{(n+1)!} & \frac{1}{n!} & \frac{1}{(n-1)!} & \frac{1}{(n-2)!} & \frac{1}{(n-3)!} & \cdots & \frac{1}{2!} \end{vmatrix}$$

把 n 换成 $2n$ 得

$$b_{2n} = \begin{vmatrix} \frac{1}{2!} & 1 & 0 & 0 & \cdots & 0 \\ \frac{1}{3!} & \frac{1}{2!} & 1 & 0 & \cdots & 0 \\ \frac{1}{4!} & \frac{1}{3!} & \frac{1}{2!} & 1 & \cdots & 0 \\ \vdots & \vdots & \vdots & \vdots & & \vdots \\ \frac{1}{(2n+1)!} & \frac{1}{(2n)!} & \frac{1}{(2n-1)!} & \frac{1}{(2n-2)!} & \cdots & \frac{1}{2!} \end{vmatrix}$$

因为

$$b_{2n} = \frac{(-1)^{n-1}}{(2n)!} \cdot B_n$$

所以

$$B_n = (-1)^{n+1}(2n)! \begin{vmatrix} \dfrac{1}{2!} & 1 & 0 & 0 & \cdots & 0 \\ \dfrac{1}{3!} & \dfrac{1}{2!} & 1 & 0 & \cdots & 0 \\ \dfrac{1}{4!} & \dfrac{1}{3!} & \dfrac{1}{2!} & 1 & \cdots & 0 \\ \vdots & \vdots & \vdots & & & \vdots \\ \dfrac{1}{(2n+1)!} & \dfrac{1}{(2n)!} & \dfrac{1}{(2n-1)!} & \dfrac{1}{(2n-2)!} & \cdots & \dfrac{1}{2!} \end{vmatrix}$$

为了证明:当 $n>1$ 时, $b_{2n-1}=0$, 注意到 $b_1 = -\dfrac{1}{2}$, 得

$$\frac{x}{e^x - 1} - 1 + \frac{1}{2}x = \frac{\dfrac{1}{2}x(e^{\frac{x}{2}} + e^{-\frac{x}{2}}) - (e^{\frac{x}{2}} - e^{-\frac{x}{2}})}{e^{\frac{x}{2}} - e^{-\frac{x}{2}}}$$

是偶函数.

所以,当 $n>1$ 时

$$b_{2n-1}=0$$

603. 证明:前题引进的 Bernoulli 数 B_n 可以用下列 n 阶行列式表示:

$$B_n = \frac{1}{2}(2n)! \begin{vmatrix} \dfrac{1}{3!} & 1 & 0 & 0 & \cdots & 0 \\ \dfrac{3}{5!} & \dfrac{1}{3!} & 1 & 0 & \cdots & 0 \\ \dfrac{5}{7!} & \dfrac{1}{5!} & \dfrac{1}{3!} & 1 & \cdots & 0 \\ \vdots & \vdots & \vdots & \vdots & & \vdots \\ \dfrac{2n-1}{(2n+1)!} & \dfrac{1}{(2n-1)!} & \dfrac{1}{(2n-3)!} & \dfrac{1}{(2n-5)!} & \cdots & \dfrac{1}{3!} \end{vmatrix}$$

或者

$$B_n = 2^n(2n)! \begin{vmatrix} \dfrac{1}{4!} & \dfrac{1}{2!} & 0 & 0 & \cdots & 0 \\ \dfrac{2}{6!} & \dfrac{1}{4!} & \dfrac{1}{2!} & 0 & \cdots & 0 \\ \dfrac{3}{8!} & \dfrac{1}{6!} & \dfrac{1}{4!} & \dfrac{1}{2!} & \cdots & 0 \\ \vdots & \vdots & \vdots & \vdots & & \vdots \\ \dfrac{n}{(2n+2)!} & \dfrac{1}{(2n)!} & \dfrac{1}{(2n-2)!} & \dfrac{1}{(2n-4)!} & \cdots & \dfrac{1}{4!} \end{vmatrix}$$

证 利用在前题中得到的等式

$$b_1 = -\frac{1}{2}$$

当 $n > 1$ 时

$$b_{2n-1} = 0$$

置 $b_{2n} = C_n$,有恒等式

$$1 = \left(1 - \frac{1}{2}x + C_1 x^2 + C_2 x^4 + C_3 x^6 + \cdots\right)\left(1 + \frac{x}{2!} + \frac{x^2}{3!} + \frac{x^3}{4!} + \cdots\right)$$

2 次幂　$C_1 - \frac{1}{2} \times \frac{1}{2} + \frac{1}{3!} = 0$　　　　得 $C_1 = \frac{1}{2 \times 3!}$

3 次幂　$C_1 \frac{1}{2} - \frac{1}{2} \times \frac{1}{3!} + \frac{1}{4!} = 0$

4 次幂　$C_2 + C_1 \frac{1}{3!} - \frac{1}{2} \times \frac{1}{4!} + \frac{1}{5!} = 0$　　　　得 $C_2 + \frac{1}{3!}C_1 = \frac{3}{2 \times 5!}$

5 次幂　$C_2 \frac{1}{2} + C_1 \frac{1}{4!} - \frac{1}{2} \times \frac{1}{5!} + \frac{1}{6!} = 0$

6 次幂　$C_3 + C_2 \frac{1}{3!} + C_1 \frac{1}{5!} - \frac{1}{2} \times \frac{1}{6!} + \frac{1}{7!} = 0$　　　　得 $C_3 + \frac{1}{3!}C_2 + \frac{1}{5!}C_1 = \frac{5}{2 \times 7!}$

8 次幂　$C_4 + \frac{1}{3!}C_3 + \frac{1}{5!}C_2 + \frac{1}{7!}C_1 - \frac{1}{2} \times \frac{1}{8!} + \frac{1}{9!} = 0$

$$得\ C_4 + \frac{1}{3!}C_3 + \frac{1}{5!}C_2 + \frac{1}{7!}C_1 = \frac{7}{2 \times 9!}$$

……

2n 次幂

$$C_n + \frac{1}{3!}C_{n-1} + \frac{1}{5!}C_{n-2} + \frac{1}{7!}C_{n-3} + \frac{1}{9!}C_{n-4} + \cdots + \frac{1}{(2n-1)!}C_1 - \frac{1}{2}\frac{1}{(2n)!} + \frac{1}{(2n+1)!} = 0$$

$$C_n + \frac{1}{(2n-1)!}C_1 + \frac{1}{(2n-3)!}C_2 + \frac{1}{(2n-5)!}C_3 + \cdots + \frac{1}{3!}C_{n-1} = \frac{2n-1}{2 \cdot (2n+1)!}$$

按照 Cramer 法则解线性方程组,并求 C_n 的值.

$$D_n = 1$$

$$C_n = \begin{vmatrix} 1 & 0 & 0 & \cdots & \frac{1}{2} \times \frac{1}{3!} \\ \frac{1}{3!} & 1 & 0 & \cdots & \frac{1}{2} \times \frac{3}{5!} \\ \frac{1}{5!} & \frac{1}{3!} & 1 & \cdots & \frac{1}{2} \times \frac{5}{7!} \\ \vdots & \vdots & \vdots & & \vdots \\ \frac{1}{(2n-1)!} & \frac{1}{(2n-3)!} & \frac{1}{(2n-5)!} & \cdots & \frac{1}{2} \cdot \frac{2n-1}{(2n+1)!} \end{vmatrix}$$

$$= \frac{1}{2}(-1)^{n-1} \begin{vmatrix} \frac{1}{3!} & 1 & 0 & \cdots & 0 \\ \frac{3}{5!} & \frac{1}{3!} & 1 & \cdots & 0 \\ \frac{5}{7!} & \frac{1}{5!} & \frac{1}{3!} & \cdots & 0 \\ \vdots & \vdots & \vdots & & \vdots \\ \frac{2n-1}{(2n+1)!} & \frac{1}{(2n-1)!} & \frac{1}{(2n-3)!} & \cdots & \frac{1}{3!} \end{vmatrix}$$

因为

$$b_{2n} = C_n = \frac{(-1)^{n-1} B_n}{(2n)!}$$

所以得到

$$B_n = \frac{1}{2}(2n)! \begin{vmatrix} \frac{1}{3!} & 1 & 0 & \cdots & 0 \\ \frac{3}{5!} & \frac{1}{3!} & 1 & \cdots & 0 \\ \frac{5}{7!} & \frac{1}{5!} & \frac{1}{3!} & \cdots & 0 \\ \vdots & \vdots & \vdots & & \vdots \\ \frac{2n-1}{(2n+1)!} & \frac{1}{(2n-1)!} & \frac{1}{(2n-3)!} & \cdots & \frac{1}{3!} \end{vmatrix}$$

现在完成了 B_n 第 1 行列式的推导的证明. 下面证明

$$B_n \text{ 第 1 行列式} = B_n \text{ 第 2 行列式}$$

先从三阶算起

$$B_3 \text{ 第 2 行列式} = 2^3 \begin{vmatrix} \frac{1}{4!} & \frac{1}{2!} & 0 \\ \frac{2}{6!} & \frac{1}{4!} & \frac{1}{2!} \\ \frac{3}{8!} & \frac{1}{6!} & \frac{1}{4!} \end{vmatrix} = \begin{vmatrix} \frac{1}{3! \times 2} & 1 & 0 \\ \frac{2}{5! \times 3} & \frac{1}{3! \times 2} & 1 \\ \frac{3}{7! \times 4} & \frac{1}{5! \times 3} & \frac{1}{3!2} \end{vmatrix} = \frac{1}{2} \begin{vmatrix} \frac{1}{3!} & 1 & 0 \\ \frac{4}{5! \times 3} & \frac{1}{3! \times 2} & 1 \\ \frac{3}{7! \times 2} & \frac{1}{5! \times 3} & \frac{1}{3! \times 2} \end{vmatrix}$$

为了使第 2 行的元素化到 B_3 第 1 行列式第 2 行的元素去,第 1 行 $\times \frac{1}{3!2}$ 加到第 2 行上去:

$$B_3 \text{ 第 2 行列式} = \frac{1}{2} \begin{vmatrix} \frac{1}{3!} & 1 & 0 \\ \frac{3}{5!} & \frac{1}{3!} & 1 \\ \frac{3}{7! \times 2} & \frac{1}{5! \times 3} & \frac{1}{3! \times 2} \end{vmatrix}$$

继续变换第 3 行. 即第 2 行 $\times \frac{1}{3!2}$ 加到第 3 行上去:

第二章 线性方程组

$$B_3 \text{ 第 2 行列式} = \frac{1}{2}\begin{vmatrix} \frac{1}{3!} & 1 & 0 \\ \frac{3}{5!} & \frac{1}{3!} & 1 \\ \frac{2}{5!\times 7} & \frac{2}{5!} & \frac{1}{3!} \end{vmatrix}$$

第 1 行 $\times\left(-\frac{1}{5!}\right)$ 加到第 3 行上去：

$$B_3 \text{ 第 2 行列式} = \frac{1}{2}\begin{vmatrix} \frac{1}{3!} & 1 & 0 \\ \frac{3}{5!} & \frac{1}{3!} & 1 \\ \frac{5}{7!} & \frac{1}{5!} & \frac{1}{3!} \end{vmatrix} = B_3 \text{ 第 1 行列式}$$

我们现在完成四阶行列式的证明：

$$B_4 \text{ 第 2 行列式} = 2^4 \times 8!\begin{vmatrix} \frac{1}{4!} & \frac{1}{2!} & 0 & 0 \\ \frac{2}{6!} & \frac{1}{4!} & \frac{1}{2!} & 0 \\ \frac{3}{8!} & \frac{1}{6!} & \frac{1}{4!} & \frac{1}{2!} \\ \frac{4}{10!} & \frac{1}{8!} & \frac{1}{6!} & \frac{1}{4!} \end{vmatrix} = 8!\begin{vmatrix} \frac{1}{3!\times 2} & 1 & 0 & 0 \\ \frac{2}{5!\times 3} & \frac{1}{3!\times 2} & 1 & 0 \\ \frac{3}{7!\times 4} & \frac{1}{5!\times 3} & \frac{1}{3!\times 2} & 1 \\ \frac{4}{9!\times 5} & \frac{1}{7!\times 4} & \frac{1}{5!\times 3} & \frac{1}{3!\times 2} \end{vmatrix}$$

$$= \frac{1}{2}\times 8!\begin{vmatrix} \frac{1}{3!} & 1 & & \\ \frac{4}{5!\times 3} & \frac{1}{3!\times 2} & 1 & \\ \frac{3}{7!\times 2} & \frac{1}{5!\times 3} & \frac{1}{3!\times 2} & 1 \\ \frac{8}{9!\times 5} & \frac{1}{7!\times 4} & \frac{1}{5!\times 3} & \frac{1}{3!\times 2} \end{vmatrix} = \frac{1}{2}\times 8!\begin{vmatrix} \frac{1}{3!} & 1 & & \\ \frac{3}{5!} & \frac{1}{3!} & 1 & \\ \frac{12}{7!} & \frac{2}{5!} & \frac{1}{3!} & 1 \\ \frac{368}{9!\times 5} & \frac{29}{7!\times 4} & \frac{2}{5!} & \frac{1}{3!} \end{vmatrix}$$

其中，a_{21} 是

$$\frac{4}{5!\times 3} + \frac{1}{3!}\times\frac{1}{3!\times 2} = \frac{3}{5!}$$

目的是把第 2 行的元素化到与第 1 行列式第 2 行相同的元素去．

第 2 行 $\times \frac{1}{3!\times 2}$ 加到第 3 行得

$$\frac{1}{5!\times 3} + \frac{1}{3!}\times\frac{1}{3!\times 2} = \frac{1}{5!}\left(\frac{1}{3}+\frac{5}{3}\right) = \frac{2}{5!}$$

$$\frac{3}{7!\times 2} + \frac{3}{5!}\times\frac{1}{3!\times 2} = \frac{12}{7!}$$

第 3 行 $\times \dfrac{1}{3!\times 2}$ 加到第 4 行中去

$$a_{43}: \quad \frac{1}{5!\times 3}+\frac{1}{3!}\times\frac{1}{3!}\times\frac{1}{2}=\frac{2}{5!}$$

$$a_{42}: \quad \frac{1}{7!\times 4}+\frac{2}{5!}\times\frac{1}{3!\times 2}=\frac{1}{7!}\times\frac{29}{4}$$

$$a_{41}: \quad \frac{8}{9!\times 5}+\frac{12}{7!}\times\frac{1}{3!\times 2}=\frac{368}{9!5}$$

第 2 行 $\times\left(-\dfrac{1}{5!}\right)$ 加到第 4 行得

$$a_{42}: \quad \frac{29}{7!\times 4}-\frac{1}{3!}\times\frac{1}{5!}=\frac{1}{7!}\times\frac{1}{4}$$

$$a_{41}: \quad \frac{368}{9!5}-\frac{3}{5!}\times\frac{1}{5!}=-\frac{2}{9!}$$

$$B_4 \text{ 第 2 行列式} = \frac{1}{2}\times 8!\begin{vmatrix} \dfrac{1}{3!} & 1 & 0 & 0 \\ \dfrac{3}{5!} & \dfrac{1}{3!} & 1 & 0 \\ \dfrac{5}{7!} & \dfrac{1}{5!} & \dfrac{1}{3!} & 1 \\ -\dfrac{2}{9!} & \dfrac{1}{7!\times 4} & \dfrac{1}{5!} & \dfrac{1}{3!} \end{vmatrix}$$

继续对元素 a_{41} 进行修正

$$-\frac{2}{9!}+\frac{1}{3!}\times\frac{1}{7!}\times\frac{3}{4}=\frac{1}{9!}(-2+9)=\frac{7}{9!}$$

$$B_4 \text{ 第 2 行列式} = \frac{1}{2}\times 8!\begin{vmatrix} \dfrac{1}{3!} & 1 & 0 & 0 \\ \dfrac{3}{5!} & \dfrac{1}{3!} & 1 & 0 \\ \dfrac{5}{7!} & \dfrac{1}{5!} & \dfrac{1}{3!} & 1 \\ \dfrac{7}{9!} & \dfrac{1}{7!} & \dfrac{1}{5!} & \dfrac{1}{3!} \end{vmatrix} = B_4 \text{ 第 1 行列式}$$

对于 n 阶行列式,也是按照同样的步骤,一行一行地,一个元素一个元素不断地在等值变换下,把元素都化到 B_n 第 1 行列式的相同元素去,证完.

604. 用 $S_n(K)$ 表示由 1 到 $K-1$ 的自然数的 n 次方之和,即

$$S_n(K)=1^n+2^n+\cdots+(K-1)^n$$

建立等式

$$K^n=1+C_n^{n-1}S_{n-1}(K)+C_n^{n-2}S_{n-2}(K)+\cdots+C_n^1 S_1(K)+S_0(K)$$

证明：

$$S_{n-1}(K) = \frac{1}{n!} \begin{vmatrix} K^n & C_n^{n-2} & C_n^{n-3} & \cdots & C_n^1 & 1 \\ K^{n-1} & C_{n-1}^{n-2} & C_{n-1}^{n-3} & \cdots & C_{n-1}^1 & 1 \\ K^{n-2} & 0 & C_{n-2}^{n-3} & \cdots & C_{n-2}^1 & 1 \\ \vdots & \vdots & \vdots & & \vdots & \vdots \\ K^2 & 0 & 0 & \cdots & C_2^1 & 1 \\ K & 0 & 0 & \cdots & 0 & 1 \end{vmatrix}$$

证 $(x+1)^n = x^n + C_n^{n-1} x^{n-1} + C_n^{n-2} x^{n-2} + \cdots + C_n^1 x + x^0$

置 $x = 1, 2, 3, \cdots, K-1$，分别得

$$\begin{cases} (1+1)^n = 1 + C_n^{n-1} + C_n^{n-2} + \cdots + C_n^1 \cdot 1 + 1 \\ (2+1)^n = 2^n + C_n^{n-1} 2^{n-1} + C_n^{n-2} 2^{n-2} + \cdots + C_n^1 \cdot 2 + 1 \\ (3+1)^n = 3^n + C_n^{n-1} 3^{n-1} + C_n^{n-2} 3^{n-2} + \cdots + C_n^1 \cdot 3 + 1 \\ \cdots \\ K^n = (K-1+1)^n = (K-1)^n + C_n^{n-1}(K-1)^{n-1} + \cdots + C_n^1(K-1) + 1 \\ K^n = 1 + C_n^{n-1} S_{n-1}(K) + C_n^{n-2} S_{n-2}(K) + \cdots + C_n^1 S_1(K) + S_0(K) \end{cases}$$

由题意得

$$\begin{cases} S_0(K) = K-1 \\ S_1(K) = \dfrac{K(K-1)}{2} \\ 1 + 2S_1(K) + S_0(K) = K^2 \\ 1 + C_3^2 S_2(K) + C_3^1 S_1(K) + S_0(K) = K^3 \\ 1 + C_4^3 S_3(K) + C_4^2 S_2(K) + C_4^1 S_1(K) + S_0(K) = K^4 \\ 1 + C_5^4 S_4(K) + C_5^3 S_3(K) + C_5^2 S_2(K) + C_5^1 S_1(K) + S_0(K) = K^5 \\ \cdots \end{cases}$$

化简变形得

$$\begin{cases} S_0(K) = K-1 \\ S_0(K) + 2S_1(K) = K^2 - 1 \\ S_0(K) + 3S_1(K) + 3S_2(K) = K^3 - 1 \\ S_0(K) + 4S_1(K) + 6S_2(K) + 4S_3(K) = K^4 - 1 \\ S_0(K) + 5S_1(K) + 10S_2(K) + 10S_3(K) + 5S_4(K) = K^5 - 1 \end{cases}$$

把 $S_0(K), S_1(K), S_2(K), \cdots, S_4(K)$ 看成未知量．用 Cramer 法则解线性方程组：

$$D_5 = 5!$$

$$S_4(K) = \frac{1}{5!} \begin{vmatrix} 1 & 0 & 0 & 0 & K \\ 1 & 2 & 0 & 0 & K^2 \\ 1 & 3 & 3 & 0 & K^3 \\ 1 & 4 & 6 & 4 & K^4 \\ 1 & 5 & 10 & 10 & K^5 \end{vmatrix} = \frac{1}{5!} \begin{vmatrix} K & 1 & 0 & 0 & 0 \\ K^2 & 1 & 2 & 0 & 0 \\ K^3 & 1 & 3 & 3 & 0 \\ K^4 & 1 & 4 & 6 & 4 \\ K^5 & 1 & 5 & 10 & 10 \end{vmatrix} \cdot (-1)^4$$

$$= \frac{1}{5!} \begin{vmatrix} K & 0 & 0 & 0 & 1 \\ K^2 & 0 & 0 & 2 & 1 \\ K^3 & 0 & 3 & 3 & 1 \\ K^4 & 4 & 6 & 4 & 1 \\ K^5 & 10 & 10 & 5 & 1 \end{vmatrix} (-1)^{4+3+2+1} = \frac{1}{5!} \begin{vmatrix} K^5 & 10 & 10 & 5 & 1 \\ K^4 & 4 & 6 & 4 & 1 \\ K^3 & 0 & 3 & 3 & 1 \\ K^2 & 0 & 0 & 2 & 1 \\ K & 0 & 0 & 0 & 1 \end{vmatrix}$$

对于一般的 n，由类似的步骤，得到

$$S_{n-1}(K) = \frac{1}{n!} \begin{vmatrix} K^n & C_n^{n-2} & C_n^{n-3} & \cdots & C_n^1 & 1 \\ K^{n-1} & C_{n-1}^{n-2} & C_{n-1}^{n-3} & \cdots & C_{n-1}^1 & 1 \\ K^{n-2} & 0 & C_{n-2}^{n-3} & \cdots & C_{n-2}^1 & 1 \\ \vdots & \vdots & \vdots & & \vdots & \vdots \\ K^2 & 0 & 0 & \cdots & C_2^1 & 1 \\ K & 0 & 0 & \cdots & 0 & 1 \end{vmatrix}$$

605. 把展开式

$$\frac{\operatorname{tg} x}{x} = 1 + l_1 x^2 + l_2 x^2 + \cdots + l_n x^{2n} + \cdots$$

的第 n 个系数 l_n 表示成行列式的形式.

解
$$\sin x = x - \frac{x^3}{3!} + \frac{x^5}{5!} - \frac{x^7}{7!} + \cdots$$
$$\cos x = 1 - \frac{x^2}{2!} + \frac{x^4}{4!} - \frac{x^6}{6!} + \cdots$$

$$1 - \frac{x^2}{3!} + \frac{x^4}{5!} - \frac{x^6}{7!} + \cdots = \left(1 - \frac{x^2}{2!} + \frac{x^4}{4!} - \frac{x^6}{6!} + \cdots\right)(1 + l_1 x^2 + l_2 x^4 + \cdots + l_n x^{2n} + \cdots)$$

得

$$\begin{cases} l_1 - \dfrac{1}{2!} = -\dfrac{1}{3!} \\ l_2 + \dfrac{1}{4!} - \dfrac{1}{2!}l_1 = \dfrac{1}{5!} \\ l_3 - \dfrac{1}{6!} - \dfrac{1}{2!}l_2 + \dfrac{1}{4!}l_1 = -\dfrac{1}{7!} \\ l_4 + \dfrac{1}{8!} - \dfrac{1}{2!}l_3 + \dfrac{1}{4!}l_2 - \dfrac{1}{6!}l_1 = -\dfrac{1}{9!} \\ l_5 - \dfrac{1}{10!} - \dfrac{1}{2!}l_4 + \dfrac{1}{4!}l_3 - \dfrac{1}{6!}l_2 + \dfrac{1}{8!}l_1 = -\dfrac{1}{11!} \end{cases}$$

变形得

第二章　线性方程组

$$\begin{cases} l_1 = \dfrac{1}{2!} - \dfrac{1}{3!} \\ l_2 - \dfrac{1}{2!}l_1 = \dfrac{1}{5!} - \dfrac{1}{4!} \\ l_3 - \dfrac{1}{2!}l_2 + \dfrac{1}{4!}l_1 = \dfrac{1}{6!} - \dfrac{1}{7!} \\ l_4 - \dfrac{1}{2!}l_3 + \dfrac{1}{4!}l_2 - \dfrac{1}{6!}l_1 = \dfrac{1}{9!} - \dfrac{1}{8!} \\ l_5 - \dfrac{1}{2!}l_4 + \dfrac{1}{4!}l_3 - \dfrac{1}{6!}l_2 + \dfrac{1}{8!}l_1 = \dfrac{1}{10!} - \dfrac{1}{11!} \end{cases}$$

即

$$\begin{cases} l_1 = \dfrac{1}{2!} - \dfrac{1}{3!} \\ \dfrac{1}{2!}l_1 - l_2 = \dfrac{1}{4!} - \dfrac{1}{5!} \\ \dfrac{1}{4!}l_1 - \dfrac{1}{2!}l_2 + l_3 = \dfrac{1}{6!} - \dfrac{1}{7!} \\ \dfrac{1}{6!}l_1 - \dfrac{1}{4!}l_2 + \dfrac{1}{2!}l_3 - l_4 = \dfrac{1}{8!} - \dfrac{1}{9!} \\ \dfrac{1}{8!}l_1 - \dfrac{1}{6!}l_2 + \dfrac{1}{4!}l_3 - \dfrac{1}{2!}l_4 + l_5 = \dfrac{1}{10!} - \dfrac{1}{11!} \end{cases}$$

$$D = (-1)^{\frac{n(n-1)}{2}}$$

$$l_n = \begin{vmatrix} 1 & 0 & 0 & \cdots & \dfrac{1}{2!} - \dfrac{1}{3!} \\ \dfrac{1}{2!} & -1 & 0 & \cdots & \dfrac{1}{4!} - \dfrac{1}{5!} \\ \dfrac{1}{4!} & -\dfrac{1}{2!} & 1 & \cdots & \dfrac{1}{6!} - \dfrac{1}{7!} \\ \dfrac{1}{6!} & -\dfrac{1}{4!} & \dfrac{1}{2!} & \cdots & \dfrac{1}{8!} - \dfrac{1}{9!} \\ \vdots & \vdots & \vdots & & \vdots \\ \dfrac{1}{(2n-2)!} & -\dfrac{1}{(2n-4)!} & \dfrac{1}{(2n-6)!} & \cdots & \dfrac{1}{2n!} - \dfrac{1}{(2n+1)!} \end{vmatrix}_{n阶} \cdot (-1)^{\frac{n(n-1)}{2}}$$

把第 n 列经过 $n-1$ 次相邻互换到行列式的第 1 列：

$$l_n = \begin{vmatrix} \dfrac{2}{3!} & 1 & 0 & 0 & \cdots & 0 \\ \dfrac{4}{5!} & \dfrac{1}{2!} & -1 & 0 & \cdots & 0 \\ \dfrac{6}{7!} & \dfrac{1}{4!} & -\dfrac{1}{2!} & 1 & \cdots & 0 \\ \vdots & \vdots & \vdots & \vdots & & \vdots \\ \dfrac{2n}{(2n+1)!} & \dfrac{1}{(2n-2)!} & -\dfrac{1}{(2n-4)!} & -\dfrac{1}{(2n-6)!} & \cdots & \dfrac{\varepsilon}{2!} \end{vmatrix}_{n阶} \cdot (-1)^{\frac{n(n-1)}{2}-(n-1)}$$

n 取奇数 $\varepsilon = -1$；

n 取偶数 $\varepsilon = 1$.

把第 3 列,第 5 列,$\cdots$,第 $n-1$ 列或第 n 列变号,总共有 $\left[\dfrac{n-1}{2}\right]$ 次变号

$$l_n = \begin{vmatrix} \dfrac{2}{3!} & 1 & 0 & \cdots & 0 \\ \dfrac{4}{5!} & \dfrac{1}{2!} & 1 & \cdots & 0 \\ \dfrac{6}{7!} & \dfrac{1}{4!} & \dfrac{1}{2!} & \cdots & 0 \\ \vdots & \vdots & \vdots & & \vdots \\ \dfrac{2n}{(2n+1)!} & \dfrac{1}{(2n-2)!} & -\dfrac{1}{(2n-4)!} & \cdots & \dfrac{1}{2!} \end{vmatrix} \cdot (-1)^{\frac{n(n-1)}{2} - (n-1) - \left[\frac{n-1}{2}\right]}$$

$$l_n = \begin{vmatrix} \dfrac{2}{3!} & 1 & 0 & \cdots & 0 \\ \dfrac{4}{5!} & \dfrac{1}{2!} & 1 & \cdots & 0 \\ \dfrac{6}{7!} & \dfrac{1}{4!} & \dfrac{1}{2!} & \cdots & 0 \\ \vdots & \vdots & \vdots & & \vdots \\ \dfrac{2n}{(2n+1)!} & \dfrac{1}{(2n-2)!} & \dfrac{1}{(2n-4)!} & \cdots & \dfrac{1}{2!} \end{vmatrix}$$

606. 把展开式

$$x\operatorname{ctg} x = 1 - f_1 x^2 - f_2 x^4 - \cdots - f_n x^{2n} - \cdots$$

的第 n 个系数 f_n 表示成行列式的形式.

解
$$\sin x = x - \dfrac{x^3}{3!} + \dfrac{x^5}{5!} - \dfrac{x^7}{7!} + \cdots$$

$$\cos x = 1 - \dfrac{x^2}{2!} + \dfrac{x^4}{4!} - \dfrac{x^6}{6!} + \cdots$$

$$1 - \dfrac{x^2}{2!} + \dfrac{x^4}{4!} - \dfrac{x^6}{6!} + \dfrac{x^8}{8!} - \cdots = \left(1 - \dfrac{x^2}{3!} + \dfrac{x^4}{5!} - \dfrac{x^6}{7!} + \cdots\right)\left(1 - f_1 x^2 - f_2 x^4 - \cdots - f_n x^{2n} - \cdots\right)$$

$$\begin{cases} -\dfrac{1}{2!} = -f_1 - \dfrac{1}{3!} \\ \dfrac{1}{4!} = -f_2 + \dfrac{1}{3!}f_1 + \dfrac{1}{5!} \\ -\dfrac{1}{6!} = -f_3 + \dfrac{1}{3!}f_2 - \dfrac{1}{5!}f_1 - \dfrac{1}{7!} \\ \dfrac{1}{8!} = -f_4 + \dfrac{1}{3!}f_3 - \dfrac{1}{5!}f_2 + \dfrac{1}{7!}f_1 + \dfrac{1}{9!} \end{cases}$$

变形得

$$\begin{cases} f_1 & = \dfrac{1}{2!} - \dfrac{1}{3!} \\ \dfrac{1}{3!}f_1 - f_2 & = \dfrac{1}{4!} - \dfrac{1}{5!} \\ \dfrac{1}{5!}f_1 - \dfrac{1}{3!}f_2 + f_3 & = -\dfrac{1}{7!} + \dfrac{1}{6!} \\ \dfrac{1}{7!}f_1 - \dfrac{1}{5!}f_2 + \dfrac{1}{3!}f_3 - f_4 & = \dfrac{1}{8!} - \dfrac{1}{9!} \end{cases}$$

$$D = (-1)^{\frac{n(n-1)}{2}}$$

$$f_n = \begin{vmatrix} 1 & 0 & 0 & \cdots & \dfrac{2}{3!} \\ \dfrac{1}{3!} & -1 & 0 & \cdots & \dfrac{4}{5!} \\ \dfrac{1}{5!} & -\dfrac{1}{3!} & 1 & \cdots & \dfrac{6}{7!} \\ \vdots & \vdots & \vdots & & \vdots \\ \dfrac{1}{(2n-1)!} & -\dfrac{1}{(2n-3)!} & -\dfrac{1}{(2n-5)!} & \cdots & \dfrac{2n}{(2n+1)!} \end{vmatrix} (-1)^{\frac{n(n-1)}{2}}$$

把第 n 列经过 $n-1$ 列的相邻互换,转移到第 1 列

$$f_n = \begin{vmatrix} \dfrac{2}{3!} & 1 & 0 & \cdots & 0 \\ \dfrac{4}{5!} & \dfrac{1}{3!} & -1 & \cdots & 0 \\ \dfrac{6}{7!} & \dfrac{1}{5!} & -\dfrac{1}{3!} & \cdots & 0 \\ \vdots & \vdots & \vdots & & \vdots \\ \dfrac{2n}{(2n+1)!} & \dfrac{1}{(2n-1)!} & -\dfrac{1}{(2n-3)!} & \cdots & \cdots \end{vmatrix} (-1)^{\frac{n(n-1)}{2}-(n-1)}$$

$$f_n = \begin{vmatrix} \dfrac{2}{3!} & 1 & 0 & \cdots & 0 \\ \dfrac{4}{5!} & \dfrac{1}{3!} & 1 & \cdots & 0 \\ \dfrac{6}{7!} & \dfrac{1}{5!} & \dfrac{1}{3!} & \cdots & 0 \\ \vdots & \vdots & \vdots & & \vdots \\ \dfrac{2n}{(2n+1)!} & \dfrac{1}{(2n-1)!} & \dfrac{1}{(2n-3)!} & \cdots & \dfrac{1}{3!} \end{vmatrix} (-1)^{\frac{n(n-1)}{2}-(n-1)-\left[\frac{n-1}{2}\right]}$$

$$f_n = \begin{vmatrix} \dfrac{2}{3!} & 1 & 0 & \cdots & 0 \\ \dfrac{4}{5!} & \dfrac{1}{3!} & 1 & \cdots & 0 \\ \dfrac{6}{7!} & \dfrac{1}{5!} & \dfrac{1}{3!} & \cdots & 0 \\ \vdots & \vdots & \vdots & & \vdots \\ \dfrac{2n}{(2n+1)!} & \dfrac{1}{(2n-1)!} & \dfrac{1}{(2n-3)!} & \cdots & \dfrac{1}{3!} \end{vmatrix} (-1)^{g(n)}$$

$$g(n) = \frac{n(n-1)}{2} - (n-1) - \left[\frac{n-1}{2}\right] \quad (n \geq 1)$$

n	$g(n)$
1	0
2	0
3	0
4	2
5	4
6	8
7	12
8	18
9	24
10	32
⋮	⋮

$$g(n) = 偶数$$

$$f_n = \begin{vmatrix} \dfrac{2}{3!} & 1 & 0 & \cdots & 0 \\ \dfrac{4}{5!} & \dfrac{1}{3!} & 1 & \cdots & 0 \\ \dfrac{6}{7!} & \dfrac{1}{5!} & \dfrac{1}{3!} & \cdots & 0 \\ \vdots & \vdots & \vdots & & \vdots \\ \dfrac{2n}{(2n+1)!} & \dfrac{1}{(2n-1)!} & \dfrac{1}{(2n-3)!} & \cdots & \dfrac{1}{3!} \end{vmatrix}$$

607. 把展开式

$$\mathrm{e}^{-x} = 1 - a_1 x + a_2 x^2 - a_3 x^3 + \cdots$$

的第 n 个系数 a_n 表示成行列式的形式,并由此求出行列式的值.

解 利用恒等式

$$1 = (1 - a_1 x + a_2 x^2 - a_3 x^3 + \cdots)\left(1 + \frac{x}{1!} + \frac{x^2}{2!} + \frac{x^3}{3!} + \cdots\right)$$

得出确定 $a_1, a_2, \cdots, a_n$ 的方程组.

作乘法表

	1	$\frac{1}{1!}$	$\frac{1}{2!}$	$\frac{1}{3!}$	$\frac{1}{4!}$	$\frac{1}{5!}$	$\frac{1}{6!}$	$\frac{1}{7!}$	...
1	1	$\frac{1}{1!}$	$\frac{1}{2!}$	$\frac{1}{3!}$	$\frac{1}{4!}$	$\frac{1}{5!}$	$\frac{1}{6!}$	$\frac{1}{7!}$	
$-a_1$	$-a_1$	$-\frac{1}{1!}a_1$	$-\frac{1}{2!}a_1$	$-\frac{1}{3!}a_1$	$-\frac{1}{4!}a_1$	$-\frac{1}{5!}a_1$	$-\frac{1}{6!}a_1$		
a_2	a_2	$\frac{1}{1!}a_2$	$\frac{1}{2!}a_2$	$\frac{1}{3!}a_2$	$\frac{1}{4!}a_2$	$\frac{1}{5!}a_2$			
$-a_3$	$-a_3$	$-\frac{1}{1!}a_3$	$-\frac{1}{2!}a_3$	$-\frac{1}{3!}a_3$	$-\frac{1}{4!}a_3$				
a_4	a_4	$\frac{1}{1!}a_4$	$\frac{1}{2!}a_4$	$\frac{1}{3!}a_4$					
$-a_5$	$-a_5$	$-\frac{1}{1!}a_5$	$-\frac{1}{2!}a_5$						
a_6	a_6	$\frac{1}{1!}a_6$							
$-a_7$	$-a_7$								
⋮	⋮								

得

$$\begin{cases} -a_1 = -\frac{1}{1!} \\ -\frac{1}{1!}a_1 + a_2 = -\frac{1}{2!} \\ -\frac{1}{2!}a_1 + \frac{1}{1!}a_2 - a_3 = -\frac{1}{3!} \\ -\frac{1}{3!}a_1 + \frac{1}{2!}a_2 - \frac{1}{1!}a_3 + a_4 = -\frac{1}{4!} \\ -\frac{1}{4!}a_1 + \frac{1}{3!}a_2 - \frac{1}{2!}a_3 + \frac{1}{1!}a_4 - a_5 = -\frac{1}{5!} \\ -\frac{1}{5!}a_1 + \frac{1}{4!}a_2 - \frac{1}{3!}a_3 + \frac{1}{2!}a_4 - \frac{1}{1!}a_5 + a_6 = -\frac{1}{6!} \\ -\frac{1}{6!}a_1 + \frac{1}{5!}a_2 - \frac{1}{4!}a_3 + \frac{1}{3!}a_4 - \frac{1}{2!}a_5 + \frac{1}{1!}a_6 - a_7 = -\frac{1}{7!} \end{cases}$$

系数行列式

$$D = 1$$

$$a_7 = \begin{vmatrix} -1 & 0 & 0 & 0 & 0 & 0 & -\frac{1}{1!} \\ -\frac{1}{1!} & 1 & 0 & 0 & 0 & 0 & -\frac{1}{2!} \\ -\frac{1}{2!} & \frac{1}{1!} & -1 & 0 & 0 & 0 & -\frac{1}{3!} \\ -\frac{1}{3!} & \frac{1}{2!} & -\frac{1}{1!} & 1 & 0 & 0 & -\frac{1}{4!} \\ -\frac{1}{4!} & \frac{1}{3!} & -\frac{1}{2!} & \frac{1}{1!} & -1 & 0 & -\frac{1}{5!} \\ -\frac{1}{5!} & \frac{1}{4!} & -\frac{1}{3!} & \frac{1}{2!} & -\frac{1}{1!} & 1 & -\frac{1}{6!} \\ -\frac{1}{6!} & \frac{1}{5!} & -\frac{1}{4!} & \frac{1}{3!} & -\frac{1}{2!} & \frac{1}{1!} & -\frac{1}{7!} \end{vmatrix} = \begin{vmatrix} \frac{1}{1!} & 1 & 0 & 0 & 0 & 0 & 0 \\ \frac{1}{2!} & \frac{1}{1!} & 1 & 0 & 0 & 0 & 0 \\ \frac{1}{3!} & \frac{1}{2!} & \frac{1}{1!} & 1 & 0 & 0 & 0 \\ \frac{1}{4!} & \frac{1}{3!} & \frac{1}{2!} & \frac{1}{1!} & 1 & 0 & 0 \\ \frac{1}{5!} & \frac{1}{4!} & \frac{1}{3!} & \frac{1}{2!} & \frac{1}{1!} & 1 & 0 \\ \frac{1}{6!} & \frac{1}{5!} & \frac{1}{4!} & \frac{1}{3!} & \frac{1}{2!} & \frac{1}{1!} & 1 \\ \frac{1}{7!} & \frac{1}{6!} & \frac{1}{5!} & \frac{1}{4!} & \frac{1}{3!} & \frac{1}{2!} & \frac{1}{1!} \end{vmatrix}$$

$$a_8 = \begin{vmatrix} -1 & 0 & 0 & 0 & 0 & 0 & 0 & -\frac{1}{1!} \\ -\frac{1}{1!} & 1 & 0 & 0 & 0 & 0 & 0 & -\frac{1}{2!} \\ -\frac{1}{2!} & \frac{1}{1!} & -1 & 0 & 0 & 0 & 0 & -\frac{1}{3!} \\ -\frac{1}{3!} & \frac{1}{2!} & -\frac{1}{1!} & 1 & 0 & 0 & 0 & -\frac{1}{4!} \\ -\frac{1}{4!} & \frac{1}{3!} & -\frac{1}{2!} & \frac{1}{1!} & -1 & 0 & 0 & -\frac{1}{5!} \\ -\frac{1}{5!} & \frac{1}{4!} & -\frac{1}{3!} & \frac{1}{2!} & -\frac{1}{1!} & 1 & 0 & -\frac{1}{6!} \\ -\frac{1}{6!} & \frac{1}{5!} & -\frac{1}{4!} & \frac{1}{3!} & -\frac{1}{2!} & \frac{1}{1!} & -1 & -\frac{1}{7!} \\ -\frac{1}{7!} & \frac{1}{6!} & -\frac{1}{5!} & \frac{1}{4!} & -\frac{1}{3!} & \frac{1}{2!} & -\frac{1}{1!} & -\frac{1}{8!} \end{vmatrix} = \begin{vmatrix} \frac{1}{1!} & 1 & 0 & 0 & 0 & 0 & 0 & 0 \\ \frac{1}{2!} & \frac{1}{1!} & 1 & 0 & 0 & 0 & 0 & 0 \\ \frac{1}{3!} & \frac{1}{2!} & \frac{1}{1!} & 1 & 0 & 0 & 0 & 0 \\ \frac{1}{4!} & \frac{1}{3!} & \frac{1}{2!} & \frac{1}{1!} & 1 & 0 & 0 & 0 \\ \frac{1}{5!} & \frac{1}{4!} & \frac{1}{3!} & \frac{1}{2!} & \frac{1}{1!} & 1 & 0 & 0 \\ \frac{1}{6!} & \frac{1}{5!} & \frac{1}{4!} & \frac{1}{3!} & \frac{1}{2!} & \frac{1}{1!} & 1 & 0 \\ \frac{1}{7!} & \frac{1}{6!} & \frac{1}{5!} & \frac{1}{4!} & \frac{1}{3!} & \frac{1}{2!} & \frac{1}{1!} & 1 \\ \frac{1}{8!} & \frac{1}{7!} & \frac{1}{6!} & \frac{1}{5!} & \frac{1}{4!} & \frac{1}{3!} & \frac{1}{2!} & \frac{1}{1!} \end{vmatrix}$$

无论 n 是奇数,还是偶数

$$a_n = \begin{vmatrix} \dfrac{1}{1!} & 1 & 0 & 0 & \cdots & 0 \\ \dfrac{1}{2!} & \dfrac{1}{1!} & 1 & 0 & \cdots & 0 \\ \dfrac{1}{3!} & \dfrac{1}{2!} & \dfrac{1}{1!} & 1 & \cdots & 0 \\ \vdots & \vdots & \vdots & \vdots & & \vdots \\ \dfrac{1}{n!} & \dfrac{1}{(n-1)!} & \dfrac{1}{(n-2)!} & \dfrac{1}{(n-3)!} & \cdots & \dfrac{1}{1!} \end{vmatrix}$$

我们证明：$a_n = \dfrac{1}{n!}$.

行列式按第 1 列展开得

$$a_{11} = \dfrac{1}{11!} - \dfrac{1}{10!} + \dfrac{1}{9!}\times\dfrac{1}{2!} - \dfrac{1}{8!}\times\dfrac{1}{3!} + \dfrac{1}{7!}\times\dfrac{1}{4!} - \dfrac{1}{6!}\times\dfrac{1}{5!} + \dfrac{1}{5!}\times\dfrac{1}{6!} -$$
$$\dfrac{1}{4!}\times\dfrac{1}{7!} + \dfrac{1}{3!}\times\dfrac{1}{8!} - \dfrac{1}{2!}\times\dfrac{1}{9!} + \dfrac{1}{10!}$$

上式同时也能从 $e^x \cdot e^{-x}$ 的乘法表所有指数为 11 的系数代数和推得. 即

$$a_n = \dfrac{1}{11!}$$

从而得恒等式

$$\dfrac{1}{10!} - \dfrac{1}{9!1!} + \dfrac{1}{8!2!} - \dfrac{1}{7!3!} + \dfrac{1}{6!4!} - \dfrac{1}{5!5!} + \dfrac{1}{6!4!} - \dfrac{1}{7!3!} + \dfrac{1}{8!2!} - \dfrac{1}{9!1!} + \dfrac{1}{10!} = 0$$

$$a_{10} = \dfrac{1}{10!} = -\dfrac{1}{10!} + \dfrac{1}{9!}\dfrac{1}{1!} - \dfrac{1}{8!}\dfrac{1}{2!} + \dfrac{1}{7!}\dfrac{1}{3!} - \dfrac{1}{6!}\dfrac{1}{4!} + \dfrac{1}{5!}\dfrac{1}{5!} - \dfrac{1}{4!}\dfrac{1}{6!} + \dfrac{1}{3!}\dfrac{1}{7!} - \dfrac{1}{2!}\dfrac{1}{8!} + \dfrac{1}{9!}$$

同样的过程，利用乘法表的恒等式就能推出

$$a_n = \dfrac{1}{n!}$$

§10 矩阵的秩、向量和线性型的线性相关性

用加边子式的方法求下列矩阵的秩：

608. $\begin{pmatrix} 2 & -1 & 3 & -2 & 4 \\ 4 & -2 & 5 & 1 & 7 \\ 2 & -1 & 1 & 8 & 2 \end{pmatrix}$.

解 二阶子式

$$\begin{vmatrix} -1 & 3 \\ -2 & 5 \end{vmatrix} = -5 + 6 = 1$$

加边子式

$$\begin{vmatrix} 2 & -1 & 3 \\ 4 & -2 & 5 \\ 2 & -1 & 1 \end{vmatrix} = 0, \quad \begin{vmatrix} -1 & 3 & -2 \\ -2 & 5 & 1 \\ -1 & 1 & 8 \end{vmatrix} = \begin{vmatrix} -1 & 3 & -2 \\ 0 & -1 & 5 \\ 0 & -2 & 10 \end{vmatrix} = 0$$

$$\begin{vmatrix} -1 & 3 & 4 \\ -2 & 5 & 7 \\ -1 & 1 & 2 \end{vmatrix} = -\begin{vmatrix} 1 & 3 & 4 \\ 2 & 5 & 7 \\ 1 & 1 & 2 \end{vmatrix} = -\begin{vmatrix} 1 & 2 & 2 \\ 2 & 3 & 3 \\ 1 & 0 & 0 \end{vmatrix} = 0$$

所以 $r(A) = 2$

609. $\begin{pmatrix} 1 & 3 & 5 & -1 \\ 2 & -1 & -3 & 4 \\ 5 & 1 & -1 & 7 \\ 7 & 7 & 9 & 1 \end{pmatrix}$.

解 二阶子式

$$\begin{vmatrix} 1 & 3 \\ 2 & -1 \end{vmatrix} = -7$$

三阶子式

$$\begin{vmatrix} 1 & 3 & 5 \\ 2 & -1 & -3 \\ 5 & 1 & -1 \end{vmatrix} = \begin{vmatrix} 1 & 3 & 5 \\ 0 & -7 & -13 \\ 0 & -14 & -26 \end{vmatrix} = 0, \quad \begin{vmatrix} 1 & 3 & -1 \\ 2 & -1 & 4 \\ 5 & 1 & 7 \end{vmatrix} = \begin{vmatrix} 1 & 0 & 0 \\ 2 & -7 & 6 \\ 5 & -14 & 12 \end{vmatrix} = 0$$

$$\begin{vmatrix} 1 & 3 & 5 \\ 2 & -1 & -3 \\ 7 & 7 & 9 \end{vmatrix} = \begin{vmatrix} 7 & 3 & -4 \\ 0 & -1 & 0 \\ 21 & 7 & -12 \end{vmatrix} = -\begin{vmatrix} 7 & -4 \\ 21 & -12 \end{vmatrix} = 0$$

$$\begin{vmatrix} 1 & 3 & -1 \\ 2 & -1 & 4 \\ 7 & 7 & 1 \end{vmatrix} = \begin{vmatrix} 1 & 0 & 0 \\ 2 & -7 & 6 \\ 7 & -14 & 8 \end{vmatrix} = -56 + 84 = 28$$

$$\begin{vmatrix} 1 & 3 & 5 & -1 \\ 2 & -1 & -3 & 4 \\ 5 & 1 & -1 & 7 \\ 7 & 7 & 9 & 1 \end{vmatrix} = \begin{vmatrix} 1 & 0 & 0 & 0 \\ 2 & -7 & -13 & 6 \\ 5 & -14 & -26 & 12 \\ 7 & -14 & -26 & 8 \end{vmatrix} = 7 \times 13 \begin{vmatrix} 1 & 1 & 6 \\ 2 & 2 & 12 \\ 2 & 2 & 8 \end{vmatrix} = 0$$

所以 $r(\boldsymbol{A}) = 3$

610. $\begin{pmatrix} 3 & -1 & 3 & 2 & 5 \\ 5 & -3 & 2 & 3 & 4 \\ 1 & -3 & -5 & 0 & -7 \\ 7 & -5 & 1 & 4 & 1 \end{pmatrix}.$

解 二阶子式

$$\begin{vmatrix} 3 & -1 \\ 5 & -3 \end{vmatrix} = -9 + 5 = -4$$

三阶子式

$$\begin{vmatrix} 3 & -1 & 3 \\ 5 & -3 & 2 \\ 1 & -3 & -5 \end{vmatrix} = \begin{vmatrix} 0 & -1 & 0 \\ -4 & -3 & -7 \\ -8 & -3 & -14 \end{vmatrix} = 0, \quad \begin{vmatrix} 3 & -1 & 2 \\ 5 & -3 & 3 \\ 1 & -3 & 0 \end{vmatrix} = \begin{vmatrix} 0 & -1 & 0 \\ -4 & -3 & -3 \\ -8 & -3 & -6 \end{vmatrix} = 0$$

$$\begin{vmatrix} 3 & -1 & 5 \\ 5 & -3 & 4 \\ 1 & -3 & -7 \end{vmatrix} = \begin{vmatrix} 0 & -1 & 0 \\ -4 & -3 & -11 \\ -8 & -3 & -22 \end{vmatrix} = 0$$

$$\begin{vmatrix} 3 & -1 & 3 \\ 5 & -3 & 2 \\ 7 & -5 & 1 \end{vmatrix} = \begin{vmatrix} 0 & -1 & 0 \\ -4 & -3 & -7 \\ -8 & -5 & -14 \end{vmatrix} = 0, \quad \begin{vmatrix} 3 & -1 & 2 \\ 5 & -3 & 3 \\ 7 & -5 & 4 \end{vmatrix} = \begin{vmatrix} 0 & -1 & 0 \\ -4 & -3 & -3 \\ -8 & -5 & -6 \end{vmatrix} = 0$$

$$\begin{vmatrix} 3 & -1 & 5 \\ 5 & -3 & 4 \\ 7 & -5 & 1 \end{vmatrix} = \begin{vmatrix} 0 & -1 & 0 \\ -4 & -3 & -11 \\ -8 & -5 & -24 \end{vmatrix} = \begin{vmatrix} -4 & -11 \\ -8 & -24 \end{vmatrix} = 96 - 88 = 8 \neq 0$$

以这个三阶非零子式加边：

1,2,3,5 列

1,2,3,4 行

$$\begin{vmatrix} 3 & -1 & 3 & 5 \\ 5 & -3 & 2 & 4 \\ 1 & -3 & -5 & -7 \\ 7 & -5 & 1 & 1 \end{vmatrix} = \begin{vmatrix} 0 & -1 & 0 & 0 \\ -4 & -3 & -7 & -11 \\ -8 & -3 & -14 & -22 \\ -8 & -5 & -14 & -24 \end{vmatrix} = \begin{vmatrix} -4 & -7 & -11 \\ -8 & -14 & -22 \\ -8 & -14 & -24 \end{vmatrix} = 0$$

1,2,4,5 列

1,2,3,4 行

$$\begin{vmatrix} 3 & -1 & 2 & 5 \\ 5 & -3 & 3 & 4 \\ 1 & -3 & 0 & -7 \\ 7 & -5 & 4 & 1 \end{vmatrix} = \begin{vmatrix} 0 & -1 & 0 & 0 \\ -4 & -3 & -3 & -11 \\ -8 & -3 & -6 & -22 \\ -8 & -5 & -6 & -24 \end{vmatrix} = 12 \begin{vmatrix} 1 & 1 & -11 \\ 2 & 2 & -22 \\ 2 & 2 & -24 \end{vmatrix} = 0$$

所以 $r(A) = 3$

611. $\begin{pmatrix} 4 & 3 & -5 & 2 & 3 \\ 8 & 6 & -7 & 4 & 2 \\ 4 & 3 & -8 & 2 & 7 \\ 4 & 3 & 1 & 2 & -5 \\ 8 & 6 & -1 & 4 & -6 \end{pmatrix}.$

二阶子式

$$\begin{vmatrix} 6 & -7 \\ 3 & -8 \end{vmatrix} = -48 + 21 = -27$$

加边的三阶子式

$$\begin{vmatrix} 3 & -5 & 3 \\ 6 & -7 & 2 \\ 3 & -8 & 7 \end{vmatrix} = \begin{vmatrix} 3 & -5 & 3 \\ 0 & 3 & -4 \\ 0 & -3 & 4 \end{vmatrix} = 0$$

$$\begin{vmatrix} 6 & -7 & 2 \\ 3 & -8 & 7 \\ 3 & 1 & -5 \end{vmatrix} = \begin{vmatrix} 0 & -9 & 12 \\ 0 & -9 & 12 \\ 3 & 1 & -5 \end{vmatrix} = 0$$

$$\begin{vmatrix} 6 & -7 & 2 \\ 3 & -8 & 7 \\ 6 & -1 & -6 \end{vmatrix} = \begin{vmatrix} 0 & 9 & -12 \\ 3 & -8 & 7 \\ 0 & 15 & -20 \end{vmatrix} = -\begin{vmatrix} 9 & -12 \\ 15 & -20 \end{vmatrix} = 0$$

$$\begin{vmatrix} 3 & -5 & 2 \\ 6 & -7 & 4 \\ 3 & -8 & 2 \end{vmatrix} = 0$$

所以 $r(A) = 2$

612. 求 λ 的值,使下面的矩阵有最小的秩:

$$\begin{pmatrix} 3 & 1 & 1 & 4 \\ \lambda & 4 & 10 & 1 \\ 1 & 7 & 17 & 3 \\ 2 & 2 & 4 & 3 \end{pmatrix}$$

对所求出的 λ 值,矩阵的秩等于多少?对另外的 λ 值,秩等于多少?

解

$$\begin{pmatrix} 3 & 1 & 1 & 4 \\ \lambda & 4 & 10 & 1 \\ 1 & 7 & 17 & 3 \\ 2 & 2 & 4 & 3 \end{pmatrix} \to \begin{pmatrix} 0 & 1 & 0 & 0 \\ \lambda-12 & 4 & 6 & -15 \\ -20 & 7 & 10 & -25 \\ -4 & 2 & 2 & -5 \end{pmatrix} \to \begin{pmatrix} 0 & 1 & 0 & 0 \\ \lambda-12 & 4 & 3 & 3 \\ -20 & 7 & 5 & 5 \\ -4 & 2 & 1 & 1 \end{pmatrix}$$

当 $\lambda = 0$ 时

$$r(A) = 2$$

当 $\lambda \neq 0$ 时

$$r(A) = 3$$

613. 对各个不同的 λ 值,矩阵

$$\begin{pmatrix} 1 & \lambda & -1 & 2 \\ 2 & -1 & \lambda & 5 \\ 1 & 10 & -6 & 1 \end{pmatrix}$$

的秩等于多少?

解
设

$$A = \begin{pmatrix} 1 & \lambda & -1 & 2 \\ 2 & -1 & \lambda & 5 \\ 1 & 10 & -6 & 1 \end{pmatrix}$$

对矩阵 A 进行初等变换

$$\begin{pmatrix} 1 & \lambda & -1 & 2 \\ 2 & -1 & \lambda & 5 \\ 1 & 10 & -6 & 1 \end{pmatrix} \to \begin{pmatrix} 0 & \lambda-10 & 5 & 1 \\ 0 & -21 & \lambda+12 & 3 \\ 1 & 10 & -6 & 1 \end{pmatrix} \to \begin{pmatrix} 1 & 10 & -6 & 1 \\ 0 & \lambda-10 & 5 & 1 \\ 0 & -21 & \lambda+12 & 3 \end{pmatrix} \to$$

$$\begin{pmatrix} 1 & 10 & -6 & 1 \\ 0 & \lambda-10 & 5 & 1 \\ 0 & 9-3\lambda & \lambda-3 & 0 \end{pmatrix}$$

当 $\lambda = 3$ 时, $r(A) = 2$.
当 $\lambda \neq 3$ 时, $r(A) = 3$.

614. 令 A 是秩为 r 的矩阵,M_K 是位于 A 左上角的 K 阶子式. 证明:用交换行和交换列的方法可以达到下列条件的成立:

$$M_1 \neq 0, \quad M_2 \neq 0, \quad M_r \neq 0$$

而所有大于 r 阶的子式(如果它们存在)等于零.

证 我们证明在 r 阶子式中一定存在 $r-1$ 阶的不为零的子式,如果所有 $r-1$ 阶子式都等于 0. 我们对不为 0 的 r 阶子式的某一行按拉普拉斯定理展开,将等于 0. 与 r 阶子式不为 0 相矛盾. 说明至少有一个 $r-1$ 阶子式不为 0. 经过行的交换和列的交换,我们总能使 $M_{r-1} \neq 0$,同样的推理,有 $M_{r-2} \neq 0$,经过行的交换和列的交换,我们使矩阵 A 左上角

$$M_1 \neq 0, \quad M_2 \neq 0, \quad M_3 \neq 0, \quad \cdots, \quad M_{r-1} \neq 0, \quad M_r \neq 0$$

而所有大于 r 阶的子式(如果它们存在)等于零.

615. 下列变换(运算)称为矩阵的初等变换(运算):

(1) 用不为零的数乘一行(或列);

(2) 把一行(列)乘上任一数后加到另一行(列)上去;

(3) 交换任两行(列).

证明:初等变换不改变矩阵的秩.

证 对换只是改变了矩阵的行和列的次序,对换后的矩阵的任一子式经过行、列的重新排列必是原矩阵的一个子式,故与它只可能有符号的差别,因此第三种初等变换不改变矩阵之秩.

对于第一种初等变换,变换后矩阵的子式或者是原矩阵的子式,或者与它相差一非零的倍数,故也不改变原矩阵的秩.

设矩阵 A 的秩 $r(A) = r$,而 $M_{pq}(\alpha)A = B$,B 的不包含 q 行的元素的 $r+1$ 阶子式就是 A 的 $r+1$ 阶子式,故为零. 对于包含 q 行的 $r+1$ 阶子式

$$q = i_k, 1 \leq i_k \leq r+1$$

$$\begin{vmatrix} a_{i_1 j_1} & a_{i_1 j_2} & \cdots & a_{i_1 j_{r+1}} \\ \vdots & \vdots & \cdots & \vdots \\ a_{q j_1} + \alpha a_{p j_1} & a_{q j_2} + \alpha a_{p j_2} & \cdots & a_{q j_{r+1}} + \alpha a_{p, j_{r+1}} \\ \vdots & \vdots & \cdots & \vdots \\ a_{i_{r+1}, j_1} & a_{i_{r+1}, j_2} & \cdots & a_{i_{r+1}, j_{r+1}} \end{vmatrix} = \begin{vmatrix} a_{i_1 j_1} & a_{i_1 j_2} & \cdots & a_{i_1, j_{r+1}} \\ \vdots & \vdots & \cdots & \vdots \\ a_{q j_1} & a_{q j_2} & \cdots & a_{q, j_{r+1}} \\ \vdots & \vdots & \cdots & \vdots \\ a_{i_{r+1}, j_1} & a_{i_{r+1}, j_2} & \cdots & a_{i_{r+1}, j_{r+1}} \end{vmatrix} +$$

$$\alpha \begin{vmatrix} a_{i_1 j_1} & a_{i_1 j_2} & \cdots & a_{i_1, j_{r+1}} \\ \vdots & \vdots & \cdots & \vdots \\ a_{p j_1} & a_{p j_2} & \cdots & a_{p, j_{r+1}} \\ \vdots & \vdots & \cdots & \vdots \\ a_{i_{r+1}, j_1} & a_{i_{r+1}, j_2} & \cdots & a_{i_{r+1}, j_{r+1}} \end{vmatrix}$$

这是因为

$$\det A \begin{pmatrix} i_1 & \cdots & q & \cdots & i_{r+1} \\ j_1 & \cdots & \cdots & \cdots & j_{r+1} \end{pmatrix}$$

是 A 的 $r+1$ 阶子式,而

$$\det A \begin{pmatrix} i_1 & \cdots & p & \cdots & i_{r+1} \\ j_1 & \cdots & \cdots & \cdots & j_{r+1} \end{pmatrix}$$

或者有两行相同(p 为 $i_1, \cdots, i_{k-1}, i_{k+1}, \cdots, i_{r+1}$ 之一),或者经过适当的行的重新排列也是 A 的 $r+1$ 阶子式. 于是由矩阵的秩的定理 $r(B) \leq r(A)$. 但 $M_{pq}(-\alpha)B = A$,同理也有 $r(A) \leq r(B)$. 故 $r(A) = r(B)$.

对于 $M_{pq}^T(\alpha)A, AM_{pq}(\alpha), AM_{pq}^T(\alpha)$ 诸情形,证明是类似的. 于是定理对第二种初等变换

也成立. 证完.

616. 证明:只实行上题所指(1)、(2)型的行(列)的变换,可以得出矩阵行(列)的交换.

证

$$\begin{pmatrix} \cdots & \cdots & \cdots & \cdots \\ a_{i_1} & a_{i_2} & \cdots & a_{i_n} \\ \vdots & \vdots & & \vdots \\ a_{j_1} & a_{j_2} & \cdots & a_{j_n} \\ \cdots & \cdots & \cdots & \cdots \end{pmatrix} \xrightarrow{\text{把第}j\text{行加到第}i\text{行}} \begin{pmatrix} \cdots & \cdots & \cdots & \cdots \\ a_{i_1}+a_{j_1} & a_{i_2}+a_{j_2} & \cdots & a_{i_n}+a_{j_n} \\ \vdots & \vdots & & \vdots \\ a_{j_1} & a_{j_2} & \cdots & a_{j_n} \\ \cdots & \cdots & \cdots & \cdots \end{pmatrix} \xrightarrow{\text{第}i\text{行}\times(-1)\text{加到第}j\text{行}}$$

$$\begin{pmatrix} \cdots & \cdots & \cdots & \cdots \\ a_{i_1}+a_{j_1} & a_{i_2}+a_{j_2} & \cdots & a_{i_n}+a_{j_n} \\ \vdots & \vdots & & \vdots \\ -a_{i_1} & -a_{i_2} & \cdots & -a_{i_n} \end{pmatrix} \xrightarrow{\text{第}j\text{行加到第}i\text{行上去}} \begin{pmatrix} \cdots & \cdots & \cdots & \cdots \\ a_{j_1} & a_{j_2} & \cdots & a_{j_n} \\ \vdots & \vdots & & \vdots \\ -a_{i_1} & -a_{i_2} & \cdots & -a_{i_n} \\ \cdots & \cdots & \cdots & \cdots \end{pmatrix} \xrightarrow{\text{第}j\text{行}\times(-1)}$$

$$\begin{pmatrix} \cdots & \cdots & \cdots & \cdots \\ a_{j_1} & a_{j_2} & \cdots & a_{j_n} \\ \vdots & \vdots & & \vdots \\ a_{i_1} & a_{i_2} & \cdots & a_{i_n} \\ \cdots & \cdots & \cdots & \cdots \end{pmatrix}$$

证完.

617. 证明:用习题 615 中所指出的初等变换,可以把秩为 r 的任何矩阵化到以下形式:元素 $a_{11}=a_{22}=\cdots=a_{rr}=1$,而其余的元素等于零.

证 秩为 r 的 $m\times n$ 矩阵可以用初等变换唯一地化为矩阵

$$\hat{I}_r = \begin{pmatrix} 1 & & & & \\ & 1 & & & \\ & & \ddots & & \\ & & & 1 & \\ & & & & \end{pmatrix}_{m\times n} \begin{matrix} \\ \\ r\text{ 行} \\ \\ \end{matrix}$$

r 列

设 $A\neq O$,如果 A 的 $(1,1)$ 元素为零,则因为总有 (i_0,j_0) 元素 a_{i_0,j_0} 不为零,所以可以用变换 $1,i_0$ 行和 $1,j_0$ 列的办法使 A 化为

$$\begin{pmatrix} a_{i_0,j_0} & \times & \cdots & \times \\ \times & \times & & \times \\ \vdots & \vdots & & \vdots \\ \times & \times & \cdots & \times \end{pmatrix}$$

将这个矩阵的第 1 行分别乘位置在 $(2,1),(3,1),\cdots,(m,1)$ 元素的 $-\dfrac{1}{a_{i_0,j_0}}$ 倍加到第 $2,3,\cdots,m$ 行去,则又可化为

$$\begin{pmatrix} \times & \times & \cdots & \times \\ 0 & \times & \cdots & \times \\ \vdots & \vdots & & \vdots \\ 0 & \times & \cdots & \times \end{pmatrix}$$

其中,$(1,1)$ 的元素不为零. 如果方框中 $(m-1)\times(n-1)$ 阵不是零阵,则可用同样的办法使它化为

$$\begin{pmatrix} \times & \times & \cdots & \times \\ 0 & \times & \cdots & \times \\ \vdots & \vdots & & \vdots \\ 0 & \times & \cdots & \times \end{pmatrix}$$

其中,$m\times n$ 阵的 $(2,2)$ 位置的元素不为零. 但对这 $(m-1)\times(n-1)$ 阵所进行的初等变换,即使扩展为对 $m\times n$ 阵施行,也不改变 $m\times n$ 阵 $(1,1)$ 的元素,故可认为这些初等变换的确是对 $m\times n$ 阵而言的. 于是,原矩阵化为

$$\begin{pmatrix} \times & \times & \cdots & \times \\ & \times & \cdots & \times \\ & & \times & \cdots & \times \\ & & \vdots & & \vdots \\ & & \times & \cdots & \times \end{pmatrix}$$

继续同样的步骤,最后 A 可化为

$$B = \begin{pmatrix} \times & \times & \cdots & \times & \cdots & \times \\ & \times & \cdots & \times & \cdots & \times \\ & & \ddots & & & \vdots \\ & & & \times & \cdots & \times \end{pmatrix} \begin{matrix} \\ \\ \\ r' \text{ 行} \end{matrix}$$

r' 列

其中,B 的 $(1,1),(2,2),\cdots,(r',r')$ 的位置的元素都不为零. 因 B 的任何 $r'+1$ 阶子式都等于零,而方框中 r' 阶子式不为零,由矩阵的秩的定理,$r(B)=r'$. 但由定理 7,初等变换不改变矩阵之秩,$r(A)=r(B)$. 故 $r=r'$.

如果在第一步,我们将第 1 行乘以 $\dfrac{1}{a_{i_0,j_0}}$,则化得的矩阵为

$$\begin{pmatrix} 1 & \times & \cdots & \times \\ & \times & \cdots & \times \\ & \vdots & & \vdots \\ & \times & \cdots & \times \end{pmatrix}$$

第二步,对方框中$(m-1)\times(n-1)$阶阵也这样做,则原矩阵化为

$$\begin{pmatrix} 1 & \times & \times & \cdots & \times \\ & 1 & \times & \cdots & \times \\ & & \times & \cdots & \times \\ & & \vdots & & \vdots \\ & & \times & \cdots & \times \end{pmatrix}$$

依次类推,最后化得的形状为

$$\left.\begin{pmatrix} 1 & \times & & \times & \cdots & \cdots & \times \\ & 1 & & \times & \cdots & \cdots & \times \\ & & \ddots & & & & \vdots \\ & & & 1 & \cdots & \cdots & \times \end{pmatrix}\right\}r\text{ 行}$$
$$\underbrace{\qquad\qquad}_{r\text{ 列}}$$

于是,再用第 1 列分别乘以 $(1,2),(1,3),\cdots,(1,n)$ 的 (-1) 倍加到第 $2,\cdots,n$ 列去,可使 $(1,2),(1,3),\cdots,(1,n)$ 的元素化为 0,即得

$$\begin{pmatrix} 1 & 0 & 0 & \cdots & \cdots & \times \\ & 1 & \times & \cdots & \cdots & \times \\ & & 1 & \cdots & \cdots & \times \\ & & & \ddots & & \vdots \\ & & & & 1 & \cdots & \times \end{pmatrix}$$

同理,对第 2 列也这样做,可使 $(2,3),(2,4),\cdots,(2,n)$ 的元素化为零,且并不改变其他元素,最后矩阵化为

$$\hat{I}_r = \left.\begin{pmatrix} 1 & & & & \\ & 1 & & & \\ & & \ddots & & \\ & & & 1 & \end{pmatrix}\right\}r\text{ 行}_{m\times n}$$
$$\underbrace{\qquad\qquad}_{r\text{ 列}}$$

我们利用 615 题中的三种初等变换,把矩阵 $\boldsymbol{A}_r^{m\times n}$ 化到了 $\hat{I}_r$ 的形式.

618. 证明:仅用行的初等变换或仅用列的初等变换,可以把方阵化到三角形式,即主对角线一侧的所有元素都等于零,至于主对角线之上侧或下侧是否为零可随意.

证 对于 $\boldsymbol{A}_r^{m\times n}$ 我们首先把非零元 a_{i_0,j_0} 变换到 $(1,1)$ 上来,然后通过行的初等变换,也就是左乘初等矩阵可以把第 1 列的其余元素化为 0,对于剩下的 $(m-1)\times(n-1)$ 矩阵再使用同样的方法把第 2 列 $(2,2)$ 下的元素都化为零,继续这个过程就可以把主对角线下的元素全部化为零了. 其余情况,道理相同,不再重复.

借助初等变换计算下列矩阵的秩:

619. $\begin{pmatrix} 25 & 31 & 17 & 43 \\ 75 & 94 & 53 & 132 \\ 75 & 94 & 54 & 134 \\ 25 & 32 & 20 & 48 \end{pmatrix}.$

解
$$A \to \begin{pmatrix} 25 & 31 & 17 & 43 \\ 0 & 1 & 2 & 3 \\ 0 & 1 & 3 & 5 \\ 0 & 1 & 3 & 5 \end{pmatrix} \to \begin{pmatrix} 25 & 31 & 17 & 43 \\ & 1 & 2 & 3 \\ & & 1 & 2 \\ & & & 0 \end{pmatrix}$$
$$r(A) = 3$$

620. $\begin{pmatrix} 47 & -67 & 35 & 201 & 155 \\ 26 & 98 & 23 & -294 & 86 \\ 16 & -428 & 1 & 1\,284 & 52 \end{pmatrix}.$

解 设
$$A = \begin{pmatrix} 47 & -67 & 35 & 201 & 155 \\ 26 & 98 & 23 & -294 & 86 \\ 16 & -428 & 1 & 1\,284 & 52 \end{pmatrix}$$

$$A \to \begin{pmatrix} -513 & 14\,913 & 0 & -44\,739 & -1\,665 \\ -342 & 9\,942 & 0 & -29\,826 & -1\,110 \\ 16 & -428 & 1 & 1\,284 & 52 \end{pmatrix} \to \begin{pmatrix} -171 & 4\,971 & 0 & -14\,913 & -555 \\ -342 & 9\,942 & 0 & -29\,826 & -1\,110 \\ 16 & -428 & 1 & 1\,284 & 52 \end{pmatrix} \to$$

$$\begin{pmatrix} 16 & -428 & 1 & 1\,284 & 52 \\ -171 & 4\,971 & 0 & -14\,913 & -555 \\ 0 & 0 & 0 & 0 & 0 \end{pmatrix}$$
$$r(A) = 2$$

621. $\begin{pmatrix} 24 & 19 & 36 & 72 & -38 \\ 49 & 40 & 73 & 147 & -80 \\ 73 & 59 & 98 & 219 & -118 \\ 47 & 36 & 71 & 141 & -72 \end{pmatrix}.$

解 设
$$A = \begin{pmatrix} 24 & 19 & 36 & 72 & -38 \\ 49 & 40 & 73 & 147 & -80 \\ 73 & 59 & 98 & 219 & -118 \\ 47 & 36 & 71 & 141 & -72 \end{pmatrix}$$

$$A \to \begin{pmatrix} 24 & 19 & 36 & 72 & -38 \\ 1 & 2 & 1 & 3 & -4 \\ 1 & 2 & -10 & 3 & -4 \\ -1 & -2 & -1 & -3 & 4 \end{pmatrix} \to \begin{pmatrix} 24 & 19 & 36 & 72 & -38 \\ 1 & 2 & 1 & 3 & -4 \\ 0 & 0 & 1 & 0 & 0 \\ 0 & 0 & 0 & 0 & 0 \end{pmatrix}$$

$$r(\boldsymbol{A}) = 3$$

622. $\begin{pmatrix} 17 & -28 & 45 & 11 & 39 \\ 24 & -37 & 61 & 13 & 50 \\ 25 & -7 & 32 & -18 & -11 \\ 31 & 12 & 19 & -43 & -55 \\ 42 & 13 & 29 & -55 & -68 \end{pmatrix}.$

解

$$\boldsymbol{A} = \begin{pmatrix} 17 & -28 & 45 & 11 & 39 \\ 24 & -37 & 61 & 13 & 50 \\ 25 & -7 & 32 & -18 & -11 \\ 31 & 12 & 19 & -43 & -55 \\ 42 & 13 & 29 & -55 & -68 \end{pmatrix}$$

从第 1 列上经过初等变换, 不断使元素的绝对值减少, 使矩阵向标准形前进.

$$\boldsymbol{A} \rightarrow \begin{pmatrix} 17 & -28 & 45 & 11 & 39 \\ 7 & -9 & 16 & 2 & 11 \\ 1 & 30 & -29 & -31 & -61 \\ 6 & 19 & -13 & -25 & -44 \\ 11 & 1 & 10 & -12 & -13 \end{pmatrix} \rightarrow \begin{pmatrix} 10 & -19 & 29 & 9 & 28 \\ 7 & -9 & 16 & 2 & 11 \\ 1 & 30 & -29 & -31 & -61 \\ 5 & -11 & 16 & 6 & 17 \\ 5 & -18 & 23 & 13 & 31 \end{pmatrix} \rightarrow$$

$$\begin{pmatrix} 3 & -10 & 13 & 7 & 17 \\ 2 & 2 & 0 & -4 & -6 \\ 1 & 30 & -29 & -31 & -61 \\ 5 & -11 & 16 & 6 & 17 \\ 0 & -7 & 7 & 7 & 14 \end{pmatrix} \rightarrow \begin{pmatrix} 1 & 30 & -29 & -31 & -61 \\ 0 & -58 & 58 & 58 & 116 \\ 0 & -100 & 100 & 100 & 200 \\ 0 & -1 & 1 & 1 & 2 \\ 0 & -161 & 161 & 161 & 322 \end{pmatrix}$$

$$r(\boldsymbol{A}) = 2$$

623. **证明**: 如果矩阵包含 m 行并且秩为 r, 则它的任何 S 行组成一个秩不小于 $r+S-m$ 的矩阵.

设向量组 $\boldsymbol{\alpha}_1, \boldsymbol{\alpha}_2, \cdots, \boldsymbol{\alpha}_m$ 的秩为 r, 在其中任取 S 个向量 $\boldsymbol{\alpha}_{i_1}, \boldsymbol{\alpha}_{i_2}, \cdots, \boldsymbol{\alpha}_{i_s}$. 证明

$$r(\boldsymbol{\alpha}_{i_1}, \boldsymbol{\alpha}_{i_2}, \cdots, \boldsymbol{\alpha}_{i_s}) \geq r + S - m$$

证 只要证明 $\qquad m - r \geq S - r(\boldsymbol{\alpha}_{i_1}, \boldsymbol{\alpha}_{i_2}, \cdots, \boldsymbol{\alpha}_{i_s})$

我们在向量组 $\boldsymbol{\alpha}_1, \boldsymbol{\alpha}_2, \cdots, \boldsymbol{\alpha}_m$ 中选择最大线性无关组是由 $\boldsymbol{\alpha}_{i_1}, \boldsymbol{\alpha}_{i_2}, \cdots, \boldsymbol{\alpha}_{i_s}$ 的最大线性无关组扩充后得到的.

$$r(\boldsymbol{\alpha}_1, \boldsymbol{\alpha}_2, \cdots, \boldsymbol{\alpha}_m) \geq r(\boldsymbol{\alpha}_{i_1}, \boldsymbol{\alpha}_{i_2}, \cdots, \boldsymbol{\alpha}_{i_s})$$

我们看到母向量组除去按以上方法得到的最大线性无关组剩下的向量, 包含了 $\boldsymbol{\alpha}_{i_1}, \boldsymbol{\alpha}_{i_2}, \cdots, \boldsymbol{\alpha}_{i_s}$ 中极大线性无关组剩下的向量. 即全体大于或等于部分. 即

$$m - r \geq S - r(\boldsymbol{\alpha}_{i_1}, \boldsymbol{\alpha}_{i_2}, \cdots, \boldsymbol{\alpha}_{i_s})$$

图示

624. 证明:矩阵添加一行(或一列),则秩或不变,或增加 1.

证 矩阵的秩的定理. $m \times n$ 阵 A 的秩为 r 的充分必要条件是 A 中存在一个不为零的 r 阶子式,且在 $r < \min(m,n)$ 时,A 中任何 $r+1$ 阶子式都为零. 如果 $m \times n$ 阵 A 添加一行就是 $(m+1) \times n$. 如果不为零的子式的阶数不变,那么新矩阵的秩等于原矩阵的秩. 如果产生某个 $r+1$ 阶子式不为零,则新矩阵的秩就是 $r+1$.

证完.

625. 证明:划去矩阵的一行(或列)秩不变当且仅当所划去的行(或列)可用其余的行(或列)线性表示.

证 假设划去矩阵的一行是向量 β,其余行向量是 $\alpha_1, \alpha_2, \cdots, \alpha_n$.

$$\mathrm{span}\{\alpha_1, \alpha_2, \alpha_n, \beta\} = \mathrm{span}\{\alpha_1, \alpha_2, \alpha_n\}$$

$$\beta = K_1\alpha_1 + K_2\alpha_2 + \cdots + K_n\alpha_n$$

其中,$K_1, K_2, \cdots, K_n$ 不全为零.

如果 β 不能由 $\alpha_1, \alpha_2, \cdots, \alpha_n$ 线性表示,这时 β 与 $\alpha_1, \cdots, \alpha_n$ 线性无关,划去向量 β,矩阵的秩就要改变了. 不符合题目的假设情况. 证完.

626. 行数相同且列数相同的两个矩阵的和,指的是以下矩阵:它的每一个元素等于所给两矩阵对应元素的和,即 $(a_{ij}) + (b_{ij}) = (a_{ij} + b_{ij})$. 证明:两个矩阵的和的秩不大于它们的秩的和.

626 题写成数学语言:证明若 $A, B \in K^{m \times n}$,则 $r(A + B) \leq r(A) + r(B)$.

证
$$A = \begin{pmatrix} A_1 \\ A_2 \\ \vdots \\ A_m \end{pmatrix}, \quad B = \begin{pmatrix} B_1 \\ B_2 \\ \vdots \\ B_m \end{pmatrix}, \quad C = \begin{pmatrix} C_1 \\ C_2 \\ \vdots \\ C_m \end{pmatrix}$$

其中,$C_i = A_i + B_i (i = 1, 2, \cdots, m)$.

行向量组 $C_1, C_2, \cdots, C_m$ 可经向量组 $A_1, A_2, \cdots, A_m, B_1, B_2, \cdots, B_m$ 线性表出. 根据广义的代换定理得出

$$r(C_1, C_2, \cdots, C_m) \leq r(A_1, A_2, \cdots, A_m, B_1, B_2, \cdots, B_m)$$

集合论的测度

$$m(A \cup B) \leq m(A) + m(B)$$

对于极大线性无关组来说
$$r(A_1,A_2,\cdots,A_m,B_1,B_2,\cdots,B_m) \leq r(A_1,\cdots,A_m) + r(B_1,\cdots,B_m)$$
从以上两个不等式得到
$$r(C_1,C_2,\cdots,C_m) \leq r(A_1,\cdots,A_m) + r(B_1,B_2,\cdots,B_m)$$
即
$$r(A+B) \leq r(A) + r(B)$$
证完.

627. 证明:任一秩为 r 的矩阵可以表为 r 个秩为 1 的矩阵的和,但不能表为少于 r 个这种矩阵的和.

证

$$\hat{I}_r = \begin{pmatrix} 1 & & & & \\ & 1 & & & \\ & & \ddots & & \\ & & & 1 & \\ & & & & \end{pmatrix}_{m\times n} r \text{ 行}$$

r 列

在 $m\times n$ 矩阵中,使用下述 $m\times n$ 个特殊矩阵 E_{ij}(称为基本矩阵). $1\leq i\leq m, 1\leq j\leq n$ 常常是方便的,其中 E_{ij} 是第 i 行第 j 列元素为 1,其余元素均为 0 的矩阵,即
$$\hat{I}_r = E_{11} + E_{22} + \cdots + E_{rr}$$

$\hat{I}_r$ 有 r 个 1,表示为 r 个基本矩阵的和,不能表为少于 r 个这种矩阵的和.

628. 证明:如果矩阵 A 和 B 有一样数目的行,并且把矩阵 B 的每一列添加到 A 上时, A 的秩不变,则当把 B 所有的列都添加到 A 上时, A 的秩也不变.

证 设 $A_{m\times n}, B_{m\times s}$.
$B_{m\times s}$ 的每一列记为 $b_k, k=1,2,\cdots,S$.
因为
$$\text{rank}(A) = \text{rank}(A,b_k) \quad k=1,2,\cdots,S.$$
所以
$$b_k = K_1\alpha_1 + K_2\alpha_2 + \cdots + K_n\alpha_n$$
而且 $K_1,K_2,\cdots,K_n$ 不全为零,即 b_k 可由 $\alpha_1,\alpha_2,\cdots,\alpha_n$ 线性表出.
因此
$$\text{rank}(A) = \text{rank}(A,B)$$
证完.

629. 证明:如果矩阵 A 的秩等于 r,则矩阵中有某 r 个线性无关行和某 r 个线性无关列交

叉处的子式 d 不等于零.

证 反证法. 用穿过子式 d 的列线性表示 A 的所有列. 因为 d 是列的最大线性无关组, 所以其余列都能经过 d 的列线性表示.

如果 $d=0$, 则 A 的穿过 d 的诸列是线性相关的. 这时矩阵 A 的秩就小于 r 了, 与题设相矛盾.

630. 令 A 是 $n>1$ 阶方阵, $\hat{A}$ 是 A 的伴随矩阵. 试查明: 矩阵 $\hat{A}$ 的秩 $\hat{r}$ 怎样随着矩阵 A 的秩 r 的变化而变化.

解 利用习题 509 题证明: 如果行列式 D 等于零, 则转置伴随行列式所有各行成比例(列也一样).

如果 $0 \leq r \leq n-2$, 则 $\hat{r}=0$. 如果 $r=n-1$, 则 $\hat{r}=1$. 如果 $r=n$, 则 $\hat{r}=n$.

这个结果是如何求得的呢? 根据相抵关系是等价关系, 互为相抵的矩阵全体构成一个等价类, 它就是秩为 r 的 $m \times n$ 矩阵全体, 我们记之为集合 $K_r^{m \times n}$. 于是, $m \times n$ 矩阵全体 $K^{m \times n}$ 分成了 $K_0^{m \times n}, K_1^{m \times n}, \cdots, K_{\min(m,n)}^{m \times n}$ 个等价类. 由在不同基偶下线性映照的矩阵表示之间的关系, $K_r^{m \times n}$ 可视为秩为 r 的某个线性映照的矩阵全体, $\hat{I}_r$ 是 $K_r^{m \times n}$ 中的相抵标准形矩阵, 也是 $K_r^{m \times n}$ 中的代表元. $\hat{A}, \tilde{A}$ 都是表示 A 的伴随矩阵.

$r=0$, $\quad \hat{I}_0^{n \times n}$ $\qquad\qquad\qquad$ $\tilde{A}$ 的代表元 0

$\qquad\quad \hat{I}_1^{n \times n}$ $\qquad\qquad\qquad$ $\tilde{A}$ 的代表元 0

$\qquad\quad \vdots$ $\qquad\qquad\qquad\qquad\quad$ $\vdots$

$\qquad\quad \hat{I}_{n-2}^{n \times n}$ $\qquad\qquad\qquad$ $\tilde{A}$ 的代表元 0

$$\hat{I}_{n-1}^{n \times n} = \begin{pmatrix} 1 & & & & \\ & 1 & & & \\ & & \ddots & & \\ & & & 1 & \\ & & & & 0 \end{pmatrix} \qquad \tilde{A} = \begin{pmatrix} 0 & & & \\ & \ddots & & \\ & & 0 & \\ & & & 1 \end{pmatrix}, \quad \hat{r}=1$$

$$\hat{I}_n^{n \times n} = \begin{pmatrix} 1 & & & \\ & 1 & & \\ & & \ddots & \\ & & & 1 \end{pmatrix} \qquad \tilde{A} = \begin{pmatrix} 1 & & & \\ & 1 & & \\ & & \ddots & \\ & & & 1 \end{pmatrix} \quad \hat{r}=n.$$

631. 证明: 对称矩阵的秩的计算, 可以归结为只计算主子式, 即所谓的行和列的号码对应相等的子式, 也就是证明:

(1) 如果在 n 阶对称矩阵 A 中有一个 r 阶的不为零的主子式 M_r, 对于它, 其所有 $(r+1)$ 阶和 $(r+2)$ 阶加边主子式等于零, 则矩阵 A 的秩等于 r (如果所有主子式等于零, 则可以认为零阶主子式 M_0 等于 1, 定理仍正确; 当 $r=n-1$ 时, $(r+2)$ 阶子式不存在, 但定理的断言正确, 因为 A 的秩等于 $n-1$);

(2)对称矩阵的秩等于这个矩阵非零主子式的最高阶数.

证 (1)当 $r=0$ 时所有一阶和二阶主子式等于零. 如果 $A=(a_{ij})_n$,则 $a_{11}=a_{22}=\cdots=a_{nn}=0$,且

$$\begin{vmatrix} a_{ii} & a_{ij} \\ a_{ji} & a_{jj} \end{vmatrix} = a_{ii}a_{jj} - a_{ij}^2 = -a_{ij}^2 = 0$$

对任何 $i,j=1,2,\cdots,n;i<j$. 由此

$$a_{ij}=0, \quad i,j=1,2,\cdots,n;A=O$$

A 的秩等于零,这正是需要证明的. 当 $r=n-1$ 时有 $M_{n-1}\neq 0, M_n=|A|=0, A$ 的秩等于 $n-1$.

令 $0<r\leq n-2$. 主子式 $M_r\neq 0$. 适当地交换矩阵 A 的行和列(不破坏矩阵 A 的对称性且不改变它的秩),可以把子式 M_r 移到矩阵 A 的左上角. 为了证明(1),只要阐明下列事实就够了:M_r 的所有加边的 $r+1$ 阶子式都等于零.

令 M_{ij} 是由 M_r 加边第 i 行和第 j 列 $(i,j>r)$ 所得到的子式. 按条件当 $i=j$ 时, $M_{ij}=0$. 令 $i\neq j$ 且 D 是由 M_r 用加边第 i 和第 j 行以及第 i 和第 j 列所得到的行列式. 按条件 $D=0$. 令 C 是行列式 D 的矩阵. 假定 $M_{ij}\neq 0$,则 C 的秩等于 $r+1$ 且 C 的号码为 $1,2,\cdots,r,i$ 的行是线性无关的. 由 C 的对称性,有上述号码的列也线性无关. 由习题 629,处在这些行和列交叉处的子式 M_{ii} 非零,但这与假设矛盾. 论断(2)可从(1)推出或直接从习题 629 推出.

632. 令 A 是秩为 r 的对称矩阵,M_k 是位于矩阵 A 左上角的 K 阶子式(当 $K=0$ 时,认为 $M_0=1$). 证明:适当交换矩阵 A 的某些行和对应的列,可以达到以下结果:在子式的系列 $M_0=1, M_1, M_2, \cdots, M_r$ 中,任何两个相邻的不全等于零,且 $M_r\neq 0$,高于 r 阶的所有子式(如果它们存在)都等于零.

证 我们证明对称方阵 A 的顺序主子式 $A_1, A_2, \cdots, A_n$ 与次对角线的左上角子式系列 $M_1, M_2, \cdots, M_n$ 是绝对值相等,符号可能不同.

以四阶为例

$$(a_{11}) \quad \begin{pmatrix} a_{11} & a_{12} \\ a_{21} & a_{22} \end{pmatrix} \quad \begin{pmatrix} a_{11} & a_{12} & a_{13} \\ a_{21} & a_{22} & a_{23} \\ a_{31} & a_{32} & a_{33} \end{pmatrix} \quad \begin{pmatrix} a_{11} & a_{12} & a_{13} & a_{14} \\ a_{21} & a_{22} & a_{23} & a_{24} \\ a_{31} & a_{32} & a_{33} & a_{34} \\ a_{41} & a_{42} & a_{43} & a_{44} \end{pmatrix}$$

左上角系列

$$(a_{11}) \quad \begin{pmatrix} a_{12} & a_{11} \\ a_{22} & a_{21} \end{pmatrix} \quad \begin{pmatrix} a_{13} & a_{12} & a_{11} \\ a_{23} & a_{22} & a_{21} \\ a_{33} & a_{32} & a_{31} \end{pmatrix} \quad \begin{pmatrix} a_{14} & a_{13} & a_{12} & a_{11} \\ a_{24} & a_{23} & a_{22} & a_{21} \\ a_{34} & a_{33} & a_{32} & a_{31} \\ a_{44} & a_{43} & a_{42} & a_{41} \end{pmatrix}$$

所以关于顺序主子式的结论对左上角系列也是成立的. 因为它们对应阶的子式除去符号外,它们是一致的,为 0 都为 0,非 0 都非 0,M_i 系列中,任何两个相邻的不全等于零,且 $M_r\neq 0$,高于 r 阶的所有子式(如果它们存在)都等于零.

633. 证明:斜对称矩阵的秩取决于它的主子式. 也就是:

(1) 如果存在一个 r 阶的不为零的主子式,且对于它,其所有 $r+2$ 阶的加边主子式等于零,则矩阵的秩等于 r;

(2) 斜对称矩阵的秩等于这个矩阵不为零的主子式的最高阶数.

证 (1) 主子式 $M_r \neq 0$. 适当地交换矩阵 A 的行和列(不破坏矩阵 A 的反对称性,原来反对称以主对角线为对称轴,现在的左上角系列阵以次对角线为反对称主轴),可以把子式 M_r 移到矩阵 A 的左上角. 为了证明(1)只要阐明下列事实就够了: M_r 的所有加边的 $r+1$ 阶子式都等于零.

令 M_{ij} 是由 M_r 加边第 i 行和第 j 列 $(i,j>r)$ 所得到的子式. 按条件 $i=j$ 时 $M_{ij}=0$. 令 $i \neq j$ 且 D 是由 M_r 用加边第 i 和第 j 行以及第 i 和第 j 列所得到的行列式. 按题目假设 $D=0$. 令 C 是行列式 D 的矩阵. 假定 $M_{ij} \neq 0$, 则 C 的秩等于 $r+1$ 且 C 的号码为 $1,2,\cdots,r,i$ 的行是线性无关的. 由 C 的反对称性,对应号码为 $1,2,\cdots,r,i$ 的列也是线性无关的. 由习题 629,处在这些行和列交叉处的子式 M_{ii} 非零,但这与反对称奇数阶行列式 $=0$ 相矛盾. 必须 $M_{ij}=0$.

(2) 论断(2)可从(1)推出或直接从习题 629 推出.

634. 令 A 是秩为 r 的斜对称矩阵, M_K 是位于矩阵 A 左上角的 K 阶子式 $(M_0=1)$. 证明:适当交换矩阵 A 的某些行和对应的列,可以达到以下结果:子式 $M_0,M_2,M_4,\cdots,M_r$ 不为零,而子式 $M_1,M_3,\cdots,M_{r-1}$ 和所有高于 r 阶的子式(如果它们存在)都等于零.

证 既然 A 的秩为 r,并且是斜对称矩阵,则经过行的交换和对应列的交换,总能把 M_r 移到左上角达到: $M_0,M_2,M_4,\cdots,M_r$ 不为零,而子式 $M_1,M_3,\cdots,M_{r-1}$ 和所有高于 r 阶的子式(如果它们存在)都等于零. 和上题一样,我们证明, M_r 的所有加边的 $r+1$ 阶子式都等于零.

令 M_{ij} 是由 M_r 加边第 i 行和第 j 列 $(i,j>r)$ 所得到的子式. 按条件 $i=j$ 时 $M_{ij}=0$. 令 $i \neq j$ 且 D 是由 M_r 用加边第 i 和第 j 行以及第 i 和第 j 列所得到的行列式. 按题目假设 $D=0$. 令 C 是行列式 D 的矩阵. 假定 $M_{ij} \neq 0$, 则 C 的秩等于 $r+1$ 且 C 的号码为 $1,2,\cdots,r,i$ 的行是线性无关的. 由 C 的反对称性. 对应号码为 $1,2,\cdots,r,i$ 的列也是线性无关的. 由习题 629. 处在这些行和列交叉处的子式 M_{ii} 非零,但这与反对称奇数阶行列式 $=0$ 相矛盾. 必须 $M_{ij}=0$. 证完.

635. 证明:斜对称矩阵的秩是偶数.

本题是 216 题的复习题.

216. 行列式称为斜对称的,如果关于主对角线对称的元素只有正负号不同,亦即对任何下标 i,K, 有 $a_{iK}=-a_{Ki}$.

证明:奇数 n 阶的斜对称行列式等于零.

证 为了具体起见, $n=3$.

$$\begin{vmatrix} 0 & a_{12} & a_{13} \\ -a_{12} & 0 & a_{23} \\ -a_{13} & -a_{23} & 0 \end{vmatrix} = -a_{12}a_{13}a_{23}+a_{12}a_{23}a_{13}=0$$

$$n=5$$

$$\begin{vmatrix} 0 & a_{12} & a_{13} & a_{14} & a_{15} \\ -a_{12} & 0 & a_{23} & a_{24} & a_{25} \\ -a_{13} & -a_{23} & 0 & a_{34} & a_{35} \\ -a_{14} & -a_{24} & -a_{34} & 0 & a_{45} \\ -a_{15} & -a_{25} & -a_{35} & -a_{45} & 0 \end{vmatrix} = (-1)^5 \begin{vmatrix} 0 & -a_{12} & -a_{13} & -a_{14} & -a_{15} \\ a_{12} & 0 & -a_{23} & -a_{24} & -a_{25} \\ a_{13} & a_{23} & 0 & -a_{34} & -a_{35} \\ a_{14} & a_{24} & a_{34} & 0 & -a_{45} \\ a_{15} & a_{25} & a_{35} & a_{45} & 0 \end{vmatrix}$$

$$\xrightarrow{\text{转置}} - \begin{vmatrix} 0 & a_{12} & a_{13} & a_{14} & a_{15} \\ -a_{12} & 0 & a_{23} & a_{24} & a_{25} \\ -a_{13} & -a_{23} & 0 & a_{34} & a_{35} \\ -a_{14} & -a_{24} & -a_{34} & 0 & a_{45} \\ -a_{15} & -a_{25} & -a_{35} & -a_{45} & 0 \end{vmatrix}.$$

所以 $\begin{vmatrix} 0 & a_{12} & a_{13} & a_{14} & a_{15} \\ -a_{12} & 0 & a_{23} & a_{24} & a_{25} \\ -a_{13} & -a_{23} & 0 & a_{34} & a_{35} \\ -a_{14} & -a_{24} & -a_{34} & 0 & a_{45} \\ -a_{15} & -a_{25} & -a_{35} & -a_{45} & 0 \end{vmatrix} = 0.$

对于一般的奇数 n 阶行列式,同样的全部元素变号共有奇数次,然后转置化为原行列式的相反数,所以证明了奇数 n 阶的斜对称行列式等于零. 即斜对称矩阵的秩是偶数.

636. 求向量
$$\boldsymbol{a}_1 = (4,1,3,-2), \quad \boldsymbol{a}_2 = (1,2,-3,2)$$
$$\boldsymbol{a}_3 = (16,9,1,-3)$$
的线性组合 $3\boldsymbol{a}_1 + 5\boldsymbol{a}_2 - \boldsymbol{a}_3$.

解
$$3\boldsymbol{a}_1 = (12,3,9,-6)$$
$$5\boldsymbol{a}_2 = (5,10,-15,10)$$
$$-\boldsymbol{a}_3 = (-16,-9,-1,3)$$
$$3\boldsymbol{a}_1 + 5\boldsymbol{a}_2 - \boldsymbol{a}_3 = (1,4,-7,7)$$

637. 从以下方程中,求向量 $\boldsymbol{x}$:
$$\boldsymbol{a}_1 + 2\boldsymbol{a}_2 + 3\boldsymbol{a}_3 + 4\boldsymbol{x} = \boldsymbol{0}$$
其中
$$\boldsymbol{a}_1 = (5,-8,-1,2), \quad \boldsymbol{a}_2 = (2,-1,4,-3)$$
$$\boldsymbol{a}_3 = (-3,2,-5,4)$$

解

$$x = \frac{1}{4}(-a_1 - 2a_2 - 3a_3)$$
$$-a_1 = (-5, 8, 1, -2)$$
$$-2a_2 = (-4, 2, -8, 6)$$
$$-3a_3 = (9, -6, 15, -12)$$
$$-a_1 - 2a_2 - 3a_3 = (0, 4, 8, -8)$$
$$x = \frac{1}{4}(-a_1 - 2a_2 - 3a_3) = (0, 1, 2, -2)$$

638. 在以下方程中, 求出向量 x:
$$3(a_1 - x) + 2(a_2 + x) = 5(a_3 + x)$$
其中
$$a_1 = (2, 5, 1, 3), a_2 = (10, 1, 5, 10)$$
$$a_3 = (4, 1, -1, 1)$$

解
$$3a_1 - 3x + 2a_2 + 2x = 5a_3 + 5x$$
$$6x = 3a_1 + 2a_2 - 5a_3$$
$$x = \frac{1}{6}(3a_1 + 2a_2 - 5a_3)$$
$$3a_1 = (6, 15, 3, 9)$$
$$2a_2 = (20, 2, 10, 20)$$
$$-5a_3 = (-20, -5, 5, -5)$$
$$3a_1 + 2a_2 - 5a_3 = (6, 12, 18, 24)$$
$$x = \frac{1}{6}(3a_1 + 2a_2 - 5a_3) = (1, 2, 3, 4)$$

查明下列向量组是线性相关还是线性无关:

639. $a_1 = (1, 2, 3), a_2 = (3, 6, 7)$.

解 二阶子式
$$\begin{vmatrix} 2 & 3 \\ 6 & 7 \end{vmatrix} = 14 - 18 \neq 0.$$

$a_1 = (1, 2, 3)$ 与 $a_2 = (3, 6, 7)$ 线性无关.

640. $a_1 = (4, -2, 6)$,
$a_2 = (6, -3, 9)$.

$$\begin{pmatrix} 4 & -2 & 6 \\ 6 & -3 & 9 \end{pmatrix} \to \begin{pmatrix} 2 & -1 & 3 \\ 0 & 0 & 0 \end{pmatrix}$$
$$3a_1 - 2a_2 = 0$$

a_1, a_2 线性相关.

641. $a_1 = (2, -3, 1)$,
$a_2 = (3, -1, 5)$,
$a_3 = (1, -4, 3)$.

解 $\begin{pmatrix} 2 & -3 & 1 \\ 3 & -1 & 5 \\ 1 & -4 & 3 \end{pmatrix} \to \begin{pmatrix} 1 & -4 & 3 \\ 2 & -3 & 1 \\ 3 & -1 & 5 \end{pmatrix} \to \begin{pmatrix} 1 & -4 & 3 \\ 0 & 5 & -5 \\ 0 & 11 & -4 \end{pmatrix} \to \begin{pmatrix} 1 & -4 & 3 \\ 0 & 1 & -1 \\ 0 & 0 & 7 \end{pmatrix}$

所以 a_1, a_2, a_3 线性无关.

642. $a_1 = (5, 4, 3)$,
$a_2 = (3, 3, 2)$,
$a_3 = (8, 1, 3)$.

解 求三阶行列式的值.

$\begin{vmatrix} 5 & 4 & 3 \\ 3 & 3 & 2 \\ 8 & 1 & 3 \end{vmatrix} = \begin{vmatrix} 2 & 1 & 1 \\ 3 & 3 & 2 \\ 8 & 1 & 3 \end{vmatrix} = \begin{vmatrix} 2 & 1 & 1 \\ 1 & 2 & 1 \\ 6 & 0 & 2 \end{vmatrix} = 2\begin{vmatrix} 2 & 1 & 1 \\ 1 & 2 & 1 \\ 3 & 0 & 1 \end{vmatrix}$

$= 2\begin{vmatrix} 1 & 1 & 1 \\ 0 & 2 & 1 \\ 2 & 0 & 1 \end{vmatrix} = 0$

存在不全为 0 的 K_1, K_2, K_3, 使

$$K_1 a_1 + K_2 a_2 + K_3 a_3 = \mathbf{0}$$

所以向量组 a_1, a_2, a_3 线性相关.

643. $a_1 = (4, -5, 2, 6)$,
$a_2 = (2, -2, 1, 3)$,
$a_3 = (6, -3, 3, 9)$,
$a_4 = (4, -1, 5, 6)$.

解 作初等变换求矩阵的秩

$\begin{pmatrix} 4 & -5 & 2 & 6 \\ 2 & -2 & 1 & 3 \\ 6 & -3 & 3 & 9 \\ 4 & -1 & 5 & 6 \end{pmatrix} \to \begin{pmatrix} 4 & -5 & 2 & 6 \\ 2 & -2 & 1 & 3 \\ 2 & -1 & 1 & 3 \\ 4 & -1 & 5 & 6 \end{pmatrix} \to \begin{pmatrix} 2 & -1 & 1 & 3 \\ 0 & -1 & 0 & 0 \\ 4 & -1 & 5 & 6 \\ 0 & 4 & 3 & 0 \end{pmatrix} \to$

$\begin{pmatrix} 2 & -1 & 1 & 3 \\ 0 & 1 & 0 & 0 \\ 0 & 1 & 3 & 0 \\ 0 & 4 & 3 & 0 \end{pmatrix} \to \begin{pmatrix} 2 & 0 & 0 & 3 \\ & 1 & & \\ & & 1 & \\ & & & 0 \end{pmatrix}$

$r(a_1, a_2, a_3, a_4) = 3$

存在不全为 0 的 K_1, K_2, K_3, K_4, 使
$$K_1 a_1 + K_2 a_2 + K_3 a_3 + K_4 a_4 = 0$$
所以向量组 a_1, a_2, a_3, a_4 线性相关.

644. $a_1 = (1, 0, 0, 2, 5)$,
   $a_2 = (0, 1, 0, 3, 4)$,
   $a_3 = (0, 0, 1, 4, 7)$,
   $a_4 = (2, -3, 4, 11, 12)$.

解 作初等变换求矩阵的秩

$$\begin{pmatrix} 1 & 0 & 0 & 2 & 5 \\ 0 & 1 & 0 & 3 & 4 \\ 0 & 0 & 1 & 4 & 7 \\ 2 & -3 & 4 & 11 & 12 \end{pmatrix} \rightarrow \begin{pmatrix} 1 & 0 & 0 & 2 & 5 \\ & 1 & 0 & 3 & 4 \\ & & 1 & 4 & 7 \\ & -3 & 4 & 7 & 2 \end{pmatrix} \rightarrow \begin{pmatrix} 1 & & & 2 & 5 \\ & 1 & & 3 & 4 \\ & & 1 & 4 & 7 \\ & & 4 & 16 & 14 \end{pmatrix} \rightarrow$$

$$\begin{pmatrix} 1 & & & 2 & 5 \\ & 1 & & 3 & 4 \\ & & 1 & 4 & 7 \\ & & & & -14 \end{pmatrix}$$

$$r(A) = 4$$

向量组 a_1, a_2, a_3, a_4, 线性无关.

645. 设给定同样维数的一组向量,从每一个向量的坐标中,挑出某些确定的位置的坐标(对所有向量都是一样的位置),保持原次序,则得到第二组向量,它称为第一组的缩短组,第一组称为第二组的延伸组,证明:线性相关向量组的任何缩短组是线性相关的,而线性无关向量组的任何延伸组是线性无关的.

证 设向量的维数是 n, 挑出 $n-t$ 个坐标,假定就是前 $n-t$ 个坐标,其余情况,本质上相同. 如果原 n 维向量组 $a_1, a_2, \cdots, a_m$ 线性相关. 即存在不全为零的数 $K_1, K_2, \cdots, K_m$, 使
$$K_1 a_1 + K_2 a_2 + \cdots + K_m a_m = 0$$
把后面 t 个坐标除去的缩短组(用 a_i^* 表示 n 维向量的缩短向量)
$$K_1 a_1^* + K_2 a_2^* + \cdots + K_m a_m^* = 0$$
根据线性相关的定义知 $a_1^*, a_2^*, \cdots, a_m^*$ 是线性相关的.

同样,如果把 n 维向量 a_i 延伸坐标到 $n+d$, 本来前 n 个方程已经只有零解了,再增加 d 个方程,仍然只有零解.

646. 证明:包含两个相等向量的向量组是线性相关的.

证 设 $\alpha_1, \beta_1, \beta_2, \cdots, \beta_s, \alpha$ 是 $s+2$ 个向量的向量组,至少存在实数组 $1, 0, 0, \cdots, 0, -1$, 使
$$K_1 \alpha_1 + K_2 \beta_1 + \cdots + K_{s+1} \beta_s + K_{s+2} \alpha = 0$$
根据线性相关的定义知,向量组 $\alpha_1, \beta_1, \cdots, \beta_s, \alpha$ 线性相关.

647. 证明:一个向量组,若它有两个向量仅差一数量因子,则这向量组是线性相关的.

证 设 $\boldsymbol{\alpha}, k\boldsymbol{\alpha}, \boldsymbol{\beta}_1, \cdots, \boldsymbol{\beta}_s$ 是 $s+2$ 个向量的向量组,至少存在我们取定的一组数 $-K, 1, 0, \cdots, 0$,使得

$$-K \cdot \boldsymbol{\alpha} + K\boldsymbol{\alpha} + 0 \cdot \boldsymbol{\beta}_1 + \cdots + 0 \cdot \boldsymbol{\beta}_s = \boldsymbol{0}$$

根据向量组线性相关的定义知,向量组 $\boldsymbol{\alpha}, K\boldsymbol{\alpha}, \boldsymbol{\beta}_1, \cdots, \boldsymbol{\beta}_s$ 线性相关.

648. 证明:包含零向量的向量组是线性相关的.

证 在向量组中因为包含零向量,所以 K_i 不全为 0,所以按照线性相关的定义知,包含零向量的向量组是线性相关的.

649. 证明:如果向量组的一部分是线性相关的,则整个组也线性相关.

证 设 $a_1, \cdots, a_s$ 是向量组 $a_1, \cdots, a_s, a_{s+1}, \cdots, a_n$ 的一部分而且线性相关. 存在不全为 0 的数 $K_1, \cdots, K_s$. 使

$$K_1 a_1 + K_2 a_2 + \cdots + K_s a_s = \boldsymbol{0}$$

我们取数 $K_1, \cdots, K_s, 0, \cdots, 0$,仍然是不全为 0. 对于整个向量组 $a_1, \cdots, a_s, a_{s+1}, \cdots, a_n$ 来说,根据线性相关的定义,得出向量组 $a_1, \cdots, a_s, a_{s+1}, \cdots, a_n$ 也是线性相关的结论.

650. 证明:线性无关向量组的任何部分组,也是线性无关的.

证 设 $a_1, \cdots, a_s$ 是向量组 $a_1, a_2, \cdots, a_s, a_{s+1}, \cdots, a_n$ 的部分组.
已知 $a_1, \cdots, a_s, a_{s+1}, \cdots, a_n$ 线性无关. 根据定义,

$$K_1 a_1 + \cdots + K_s a_s + K_{s+1} a_{s+1} + \cdots + K_n a_n = \boldsymbol{0}$$

能推出 $K_i = 0 \ (i = 1, 2, \cdots, n)$.
对于部分组 $a_1, a_2, \cdots, a_s$ 来说,

$$K_1 a_1 + K_2 a_2 + \cdots + K_s a_s = \boldsymbol{0}$$

这时必须

$$K_1 = 0, K_2 = 0, \cdots, K_s = 0$$

因此 $a_1, a_2, \cdots, a_s$ 也是线性无关的.

651. 令给定向量组

$$a_i = (\alpha_{i1}, \alpha_{i2}, \cdots, \alpha_{in}) \quad (i = 1, 2, \cdots, s, s \leqslant n)$$

证 如果

$$|\alpha_{jj}| > \sum_{\substack{i=1 \\ i \neq j}}^{s} |\alpha_{ij}|$$

则给定的向量组是线性无关的.

证 反证法.
假定向量组 $a_1, a_2, \cdots, a_s$ 线性相关,则在 K 中有一组不全为零的数 $K_1, K_2, \cdots, K_s$,使得

$$K_1 a_1 + K_2 a_2 + \cdots + K_s a_s = \boldsymbol{0} \tag{1}$$

不妨设

式(1)第 j 个分量的等式
$$|K_j| = \max\{|K_1|, |K_2|, \cdots, |K_s|\}$$

$$K_1\alpha_{1j} + K_2\alpha_{2j} + \cdots + K_j\alpha_{jj} + \cdots + K_s\alpha_{sj} = 0 \tag{2}$$

$$\alpha_{jj} = -\frac{K_1}{K_j}\alpha_{1j} - \frac{K_2}{K_j}\alpha_{2j} - \cdots - \frac{K_{j-1}}{K_j}\alpha_{j-1,j} - \frac{K_{j+1}}{K_j}\alpha_{j+1,j} - \cdots - \frac{K_s}{K_j}\alpha_{sj}$$

$$= -\sum_{\substack{i=1 \\ i \neq j}}^{s} \frac{K_i}{K_j}\alpha_{ij} \tag{3}$$

从式(3)得
$$|\alpha_{jj}| \leq \sum_{\substack{i=1 \\ i \neq j}}^{S} \frac{|K_i|}{|K_j|}|\alpha_{ij}| \leq \sum_{\substack{i=1 \\ i \neq j}}^{S} |\alpha_{ij}|$$

这与已知条件矛盾. 因此向量组 $a_1, a_2, \cdots, a_s$ 是线性无关的.

证完.

652. 证明:如果三向量 a_1, a_2, a_3 线性相关,且向量 a_3 不能用向量 a_1 和 a_2 线性表示,则向量 a_1 和 a_2 仅差一个数值因子.

证 三向量 a_1, a_2, a_3 线性相关. 存在不全为零的数 K_1, K_2, K_3, 使得
$$K_1 a_1 + K_2 a_2 + K_3 a_3 = \mathbf{0}$$

$K_3 \neq 0 \to a_3$ 能用向量 a_1 和 a_2 线性表示, 与题设矛盾.

$K_3 = 0$ 可以推出
$$K_1 \neq 0, K_2 \neq 0$$
$$a_1 = \frac{-K_2}{K_1}a_2$$

因此向量 a_1 和 a_2 仅差一数值因子. 证完.

653. 证明:如果向量 $a_1, a_2, \cdots, a_K$ 线性无关,而向量 $a_1, a_2, \cdots, a_K, b$ 线性相关,则向量 b 可用向量 $a_1, a_2, \cdots, a_K$ 线性表示.

证

向量 $a_1, a_2, \cdots, a_K$ 线性无关. 按定义, 即从 $K_1 a_1 + K_2 a_2 + \cdots + K_K a_K = \mathbf{0}$ 可以推出 $K_1 = K_2 = \cdots = K_K = 0$.

向量 $a_1, a_2, \cdots, a_K, b$ 线性相关. 存在不全为零的数 $K_1, K_2, \cdots, K_{K+1}$, 使
$$K_1 a_1 + K_2 a_2 + \cdots + K_K a_K + K_{K+1} b = \mathbf{0}$$

必须 $K_{K+1} \neq 0$. 否则 $K_i = 0, i = 1, 2, \cdots, K+1$, 与题目假设矛盾.

$$b = -\frac{K_1}{K_{K+1}}a_1 - \frac{K_2}{K_{K+1}}a_2 - \cdots - \frac{K_K}{K_{K+1}}a_K$$

即向量 b 可用向量 $a_1, a_2, \cdots, a_K$ 线性表示. 证完.

654. 利用前题,证明:给定向量组的每一个向量,可用这组的任何线性无关最大子组线性表示.

证 设向量组 $\alpha_1,\cdots,\alpha_K,\alpha_{K+1},\cdots,\alpha_{K+S}$ 的线性无关最大子组是 $\alpha_1,\cdots,\alpha_K$. 则 $\alpha_{K+1},\cdots,\alpha_{K+S}$ 可经 $\alpha_1,\alpha_2,\cdots,\alpha_K$ 线性表示.

另外,线性无关最大子组的向量可经线性无关最大子组表示.

例如

$$\alpha_i = K_1\alpha_1 + K_2\alpha_2 + \cdots + K_i\alpha_i + \cdots + K_K\alpha_K$$

其中,取 $K_i = 1, K_1 = K_2 = \cdots = K_{i-1} = K_{i+1} = \cdots = K_K = 0$, $i = 1,2,\cdots,K$.

因此向量组的每一个向量都可经这组的任何线性无关最大子组线性表示.

655. 证明:由非零向量组成的有序组 $a_1,a_2,\cdots,a_K$, 当且仅当这些向量中的任何一个都不能用它前面的向量线性表示时,是线性无关的.

证 称数域 P 上的线性空间 V 中向量组 $\alpha_1,\alpha_2,\cdots,\alpha_S$ 线性无关,即从

$$K_1\alpha_1 + K_2\alpha_2 + \cdots + K_S\alpha_S = \mathbf{0}$$

可以推出 $K_1 = K_2 = \cdots = K_S = 0$.

对于我们的非零向量有序组 $a_1,a_2,\cdots,a_K$,

$$l_1a_1 + l_2a_2 + \cdots + l_Ka_K = \mathbf{0}$$

题目说 a_K 不能用它前面的 $a_1,a_2,\cdots,a_{K-1}$ 线性表示,必须 $l_1 = l_2 = \cdots = l_K = 0$. 根据向量组线性无关的定义,$a_1,a_2,\cdots,a_K$ 是线性无关的.

656. 如果在有序线性无关向量组 $a_1,a_2,\cdots,a_K$ 的前面再添写一个向量 b,则在所得到的组中,能用其前面向量线性表示的向量不多于一个.

解 为了简单起见,a_1,a_2,a_3 线性无关. 前面再添写向量 b. 假定 a_2,a_3 都能经前面向量线性表示,即

$$a_2 = l_{11}b + l_{12}a_1$$
$$a_3 = l_{21}b + l_{22}a_1 + l_{23}a_2$$

因为 a_1,a_2,a_3 线性无关,所以 $l_{12} = l_{22} = l_{23} = 0$,

$$l_{11} \neq 0, l_{21} \neq 0$$
$$b = \frac{1}{l_{21}}a_3$$
$$a_2 = \frac{l_{11}}{l_{21}}a_3$$

这与 a_2,a_3 是线性无关向量的假设相矛盾.

在一般的证明中,a_2 换成 a_i,a_3 换成 a_j.

而且 $j > i$ 在本质上按照同样的步骤推出 a_i 与 a_j 可以互相线性表示,与其两向量是线性无关的假设相矛盾.

证完.

657. 证明:如果向量 $a_1,a_2,\cdots,a_r$ 线性无关且能用向量 $b_1,b_2,\cdots,b_S$ 线性表示,则 $r \leqslant S$.

证 设向量组 $b_1, b_2, \cdots, b_s$ 的最大线性无关组是 $b_1, b_2, \cdots, b_t$，根据 661 题的结果 $r \leq t \leq S$，即
$$r \leq S$$

658. 给定的向量组的子组，如果具有下列性质，则称为该给定组的基底：
(1) 这子组线性无关；
(2) 整个组的任一向量可用这子组的向量线性表示.
证明：
(a) 给定向量组的所有基底包含同样多个向量；
(b) 任一基底的向量个数是该给定组线性无关向量的最大个数，这个数称为给定组的秩；
(c) 如果给定的向量组有秩 r，则任何 r 个线性无关向量构成该向量组的一个基底.

证 (a) 给定向量组的子组满足性质(1)、(2). 根据两个等价的线性无关组包含同样多个向量. 被 660 题证明了. 所以本题给定向量组的所有基底包含同样多个向量.

(b) 因为是基底，所以向量组的任何向量都可经它线性表示，这就说明它是由最大线性无关向量构成的. 这个数称为给定组的秩.

(c) 在给定组中任何 r 个线性无关向量构成一个子组，整个组的任一向量可用这子组的向量线性表示. 这个子组满足基底构成的两条性质，构成该向量组的一个基底.

659. 证明：给定向量组的任何线性无关子组可以补充而做成该组的一个基底.

证 设向量组 $a_1, a_2, \cdots, a_s$ 的一个线性无关子组为 $a_{i_1}, \cdots, a_{i_m}$，其中 $m \leq S$. 若 $m = S$，则 $a_{i_1}, \cdots a_{i_m}$ 就是向量组 $a_1, a_2, \cdots, a_s$ 的一个极大线性无关组，就是该组的一个基底. 下面设 $m < S$. 如果 $a_{i_1}, \cdots, a_{i_m}$ 不是 $a_1, \cdots, a_s$ 的一个极大线性无关组，那么在其余向量中存在一个向量 $a_{i_{m+1}}$，使得 $a_{i_1}, \cdots, a_{i_m}, a_{i_{m+1}}$ 线性无关. 如果它还不是 $a_1, a_2, \cdots, a_s$ 的一个极大线性无关组，那么在其余向量中存在一个向量 $a_{i_{m+2}}$，使得 $a_{i_1}, \cdots, a_{i_m}, a_{i_{m+1}}, a_{i_{m+2}}$ 线性无关. 如此继续下去. 但是这个过程不可能无限进行下去(因为总共只有 S 个向量)，因此到某一步后终止. 此时的线性无关组 $a_{i_1}, a_{i_2}, \cdots, a_{i_m}, a_{i_{m+1}}, \cdots, a_{i_l}$ 就是 $a_1, a_2, \cdots, a_s$ 的一个极大线性无关组. 就是该向量组的一个基底.

660. 两个向量组称为等价的，如果第一组的每一个向量可用第二组的向量线性表示，且反之亦然. 证明：两个等价的线性无关组包含同样多个向量.

设 第一线性无关向量组为
$$a_1, a_2, \cdots, a_k \quad (\text{I})$$
第二线性无关向量组为
$$b_1, b_2, \cdots, b_l \quad (\text{II})$$
一方面第一组每个向量可经第二组线性表示，根据 661 题，$k \leq l$；
另一方面第二组每个向量也可经第一组线性表示，根据 661 题，$l \leq k$.
因此，必须 $k = l$.

两个等价的线性无关组包含同样多个向量.

661. 证明:如果向量 $a_1, a_2, \cdots, a_k$ 可用向量 $b_1, b_2, \cdots, b_l$ 线性表示,则第一组的秩不大于第二组的秩.

证 根据向量组的秩的定义是极大线性无关组的个数.我们的题目就成为如果线性无关向量组 $a_1, a_2, \cdots, a_k$ 可用线性无关向量组 $b_1, b_2, \cdots, b_l$ 线性表示.则 $k \leq l$.

V 是 $\mathbf{IR}^n$ 中的一个以 $b_1, b_2, \cdots, b_l$ 为基的向量组,$a_1, a_2, \cdots, a_k$ 是基向量的线性组合.设

$$a_1 = a_{11}b_1 + a_{21}b_2 + \cdots + a_{l1}b_l$$
$$a_2 = a_{12}b_1 + a_{22}b_2 + \cdots + a_{l2}b_l$$
$$\cdots$$
$$a_k = a_{1k}b_1 + a_{2k}b_2 + \cdots + a_{lk}b_l$$

其中 a_{ij} 是纯量(是唯一确定的向量 a_j 的坐标).

用反证法.假设 $k > l$. 写出 a_j 的以 x_j 为系数的线性组合:

$$x_1 a_1 + x_2 a_2 + \cdots + x_k a_k = (a_{11}x_1 + a_{12}x_2 + \cdots + a_{1k}x_k)b_1 + \cdots +$$
$$(a_{l1}x_1 + a_{l2}x_2 + \cdots + a_{lk}x_k)b_l$$

并考查含有 l 个方程,k 个未知数的线性方程组

$$a_{11}x_1 + a_{12}x_2 + \cdots + a_{1k}x_k = 0$$
$$a_{21}x_1 + a_{22}x_2 + \cdots + a_{2k}x_k = 0$$
$$\cdots$$
$$a_{l1}x_1 + a_{l2}x_2 + \cdots + a_{lk}x_k = 0$$

因为假设 $k > l$,满足齐次线性方程组有非零解的条件,我们的方程组有非零解 ($x_1^0, \cdots, x_k^0$).我们得到了一个非平凡的线性关系

$$x_1^0 a_1 + x_2^0 a_2 + \cdots + x_k^0 a_k = 0$$

与题目前面假设 $a_1, a_2, \cdots, a_k$ 是线性无关组相矛盾.这就意味着 $k \leq l$.

662. 给定向量

$$a_1 = (0,1,0,2,0), a_2 = (7,4,1,8,3)$$
$$a_3 = (0,3,0,4,0), a_4 = (1,9,5,7,1)$$
$$a_5 = (0,1,0,5,0)$$

是否可以选择出数 $c_{ij}(i,j = 1,2,3,4,5)$ 使向量

$$b_1 = c_{11}a_1 + c_{12}a_2 + c_{13}a_3 + c_{14}a_4 + c_{15}a_5$$
$$b_2 = c_{21}a_1 + c_{22}a_2 + c_{23}a_3 + c_{24}a_4 + c_{25}a_5$$
$$b_3 = c_{31}a_1 + c_{32}a_2 + c_{33}a_3 + c_{34}a_4 + c_{35}a_5$$
$$b_4 = c_{41}a_1 + c_{42}a_2 + c_{43}a_3 + c_{44}a_4 + c_{45}a_5$$
$$b_5 = c_{51}a_1 + c_{52}a_2 + c_{53}a_3 + c_{54}a_4 + c_{55}a_5$$

是线性无关的?

解 求向量组 a_1, a_2, a_3, a_4, a_5 的秩

$$\begin{pmatrix} 0 & 1 & 0 & 2 & 0 \\ 7 & 4 & 1 & 8 & 3 \\ 0 & 3 & 0 & 4 & 0 \\ 1 & 9 & 5 & 7 & 1 \\ 0 & 1 & 0 & 5 & 0 \end{pmatrix} \to \begin{pmatrix} 0 & 1 & 0 & 2 & 0 \\ 7 & 0 & 1 & 0 & 3 \\ 0 & 1 & 0 & 0 & 0 \\ 1 & 6 & 5 & 1 & 1 \\ 0 & 0 & 0 & 3 & 0 \end{pmatrix} \to \begin{pmatrix} 0 & 1 & 0 & 0 & 0 \\ 0 & 0 & 0 & 1 & 0 \\ 7 & 0 & 1 & 0 & 3 \\ 1 & 0 & 5 & 0 & 1 \\ 0 & 0 & 0 & 0 & 0 \end{pmatrix} \to$$

$$\begin{pmatrix} 0 & 1 & 0 & 0 & 0 \\ 0 & 0 & 0 & 1 & 0 \\ 1 & 0 & 5 & 0 & 1 \\ 0 & 0 & -34 & 0 & -4 \\ 0 & 0 & 0 & 0 & 0 \end{pmatrix} \to \begin{pmatrix} 0 & 1 & 0 & 0 & 0 \\ 0 & 0 & 0 & 1 & 0 \\ 1 & 0 & 5 & 0 & 1 \\ 0 & 0 & \frac{17}{2} & 0 & 1 \\ 0 & 0 & 0 & 0 & 0 \end{pmatrix}$$

所以 $r(a_1, a_2, a_3, a_4, a_5) = 4$.

根据 661 题的结论. 无论 c_{ij} 怎样取, b_1, b_2, b_3, b_4, b_5 的秩不会超过 4. 因此使向量 b_1, b_2, b_3, b_4, b_5 线性无关是不可能的.

663. 证明: 当且仅当把向量 b 加于向量组 $a_1, a_2, \cdots, a_k$ 后, 向量组秩不变时, 向量 b 可用向量 $a_1, a_2, \cdots, a_k$ 线性表示.

证

向量组 $r(a_1, \cdots, a_k, b) = r(a_1, \cdots, a_k)$.

设向量组 $a_1, a_2, \cdots, a_k$ 的极大线性无关组为 $a_1, \cdots, a_r$.

因为把 b 加于向量组 $a_1, a_2, \cdots, a_k$ 后, 秩不变, 所以 b 一定可经 $a_1, \cdots, a_r$ 线性表示.

反过来, 如果 b 可用向量 $a_1, a_2, \cdots, a_k$ 线性表示, 则

$$r(a_1, \cdots, a_k, b) = r(a_1, \cdots, a_k)$$

证完.

664. 证明:

(1) 两个等价的向量组有同样的秩;

(2) 断言(1)的逆命题不真.

然而成立下列断言:

(3) 如果两个向量组有相同的秩且其中一组可用另一组线性表示, 则这两个向量组等价.

证 (1) 根据 660 题, 两个等价的线性无关组包含同样多个向量. 就等于"两个等价的向量组有同样的秩".

(2) 断言(1)的逆命题不真.

例如在 $I\!R^8$ 中, 两组向量 $\varepsilon_1, \varepsilon_2, \varepsilon_3, \varepsilon_4$ (Ⅰ), $\varepsilon_5, \varepsilon_6, \varepsilon_7, \varepsilon_8$ (Ⅱ).

虽然 $r(\varepsilon_1, \varepsilon_2, \varepsilon_3, \varepsilon_4) = r(\varepsilon_5, \varepsilon_6, \varepsilon_7, \varepsilon_8)$, 但是向量组(Ⅰ)和向量组(Ⅱ)并不等价. ε_5 不能通过 $\varepsilon_1, \varepsilon_2, \varepsilon_3, \varepsilon_4$ 线性表示, ε_1 也不能通过 $\varepsilon_5, \varepsilon_6, \varepsilon_7, \varepsilon_8$ 线性表示.

(3) 设向量组Ⅰ. $a_1, \cdots, a_m$ 有最大线性无关组 $a_1, \cdots, a_r$.

向量组Ⅱ. $b_1,\cdots,b_n$ 有最大线性无关组 $b_1,\cdots,b_r$. 而且 $a_1,\cdots,a_m$ 可经 $b_1,\cdots,b_n$ 线性表示,而第二组的每个向量可经 $b_1,\cdots,b_r$ 线性表示. 所以 $a_1,\cdots,a_m$ 的每个向量可经 $b_1,\cdots,b_r$ 线性表示.

我们证明 $a_1,\cdots,a_m$ 和 $b_1,\cdots,b_n$ 等价,只要证明 $b_1,\cdots,b_n$ 可经 $a_1,\cdots,a_m$ 线性表示,而 $a_1,\cdots,a_r$ 是最大线性无关组. 故只要证明 $b_1,\cdots,b_n$ 可经 $a_1,\cdots,a_r$ 线性表示. 反证法,假如在第二组中某向量 b_i 不能经 $a_1,\cdots,a_r$ 线性表示. 由此推出, b_i 也不能经 $b_1,\cdots,b_r$ 线性表示,这时与向量组Ⅱ的秩是 r 相矛盾. 所以反证法的假设不能成立. 因此向量组(Ⅱ)的每一个向量可经 $a_1,\cdots,a_m$ 线性表示.

证完.

求出使向量 b 可用向量 $a_1,a_2,\cdots,a_s$ 线性表示的所有 λ 值:

665. $a_1=(2,3,5)$,
   $a_2=(3,7,8)$,
   $a_3=(1,-6,1)$,
   $b=(7,-2,\lambda)$.

解 $$b=k_1a_1+k_2a_2+k_3a_3$$

$$\begin{pmatrix}7\\-2\\\lambda\end{pmatrix}=\begin{pmatrix}2\\3\\5\end{pmatrix}k_1+\begin{pmatrix}3\\7\\8\end{pmatrix}k_2+\begin{pmatrix}1\\-6\\1\end{pmatrix}k_3$$

$$\begin{pmatrix}2&3&1&7\\3&7&-6&-2\\5&8&1&\lambda\end{pmatrix}\to\begin{pmatrix}2&3&1&7\\15&25&0&40\\3&5&0&\lambda-7\end{pmatrix}\to\begin{pmatrix}2&3&1&7\\3&5&0&8\\0&0&0&\lambda-15\end{pmatrix}$$

$$\lambda=15$$

上式 $\to\begin{pmatrix}3&5&0&8\\1&2&-1&1\\0&0&0&0\end{pmatrix}\to\begin{pmatrix}1&2&-1&1\\0&-1&3&5\\0&0&0&0\end{pmatrix}\to\begin{pmatrix}1&0&5&11\\0&-1&3&5\\0&0&0&0\end{pmatrix}\to\begin{pmatrix}1&0&5&11\\0&1&-3&-5\\0&0&0&0\end{pmatrix}$

$$k_1=11,k_2=-5,k_3=0$$
$$k_1=6,k_2=-2,k_3=1$$

检验代入都适合.

666. $a_1=(4,4,3)$,
   $a_2=(7,2,1)$,
   $a_3=(4,1,6)$,
   $b=(5,9,\lambda)$.

解 $$b=k_1a_1+k_2a_2+k_3a_3$$

$$\begin{pmatrix}5\\9\\\lambda\end{pmatrix}=\begin{pmatrix}4\\4\\3\end{pmatrix}k_1+\begin{pmatrix}7\\2\\1\end{pmatrix}k_2+\begin{pmatrix}4\\1\\6\end{pmatrix}k_3$$

$$\begin{pmatrix} 4 & 7 & 4 & 5 \\ 4 & 2 & 1 & 9 \\ 3 & 1 & 6 & \lambda \end{pmatrix} \to \begin{pmatrix} -12 & -1 & 0 & -31 \\ 4 & 2 & 1 & 9 \\ -21 & -11 & 0 & \lambda-54 \end{pmatrix} \to \begin{pmatrix} 4 & 2 & 1 & 9 \\ 12 & 1 & 0 & 31 \\ 111 & 0 & 0 & \lambda+45 \end{pmatrix} \to$$

$$\begin{pmatrix} 4 & 2 & 1 & 9 \\ 0 & 1 & 0 & 31-\dfrac{12}{111}\lambda-\dfrac{15\times12}{37} \\ 1 & 0 & 0 & \dfrac{1}{111}\lambda+\dfrac{15}{37} \end{pmatrix} \to \begin{pmatrix} 0 & 2 & 1 & 9-\dfrac{4}{111}\lambda-\dfrac{60}{37} \\ 0 & 1 & 0 & -\dfrac{12}{111}\lambda+\dfrac{967}{37} \\ 1 & 0 & 0 & \dfrac{1}{111}\lambda+\dfrac{15}{37} \end{pmatrix} \to \begin{pmatrix} 0 & 0 & 1 & \dfrac{20}{111}\lambda-\dfrac{1\,661}{37} \\ 0 & 1 & 0 & -\dfrac{4}{37}\lambda+\dfrac{967}{37} \\ 1 & 0 & 0 & \dfrac{1}{111}\lambda+\dfrac{15}{37} \end{pmatrix}$$

λ 是任何数.

667. $\boldsymbol{a}_1=(3,4,2)$,
   $\boldsymbol{a}_2=(6,8,7)$,
   $\boldsymbol{b}=(9,12,\lambda)$.

解
$$k_1\boldsymbol{a}_1+k_2\boldsymbol{a}_2=\boldsymbol{b}$$

$$\begin{pmatrix} 3 \\ 4 \\ 2 \end{pmatrix}k_1+\begin{pmatrix} 6 \\ 8 \\ 7 \end{pmatrix}k_2=\begin{pmatrix} 9 \\ 12 \\ \lambda \end{pmatrix}$$

$$\begin{pmatrix} 3 & 6 & 9 \\ 4 & 8 & 12 \\ 2 & 7 & \lambda \end{pmatrix} \to \begin{pmatrix} 1 & 2 & 3 \\ 1 & 2 & 3 \\ 2 & 7 & \lambda \end{pmatrix} \to \begin{pmatrix} 1 & 2 & 3 \\ 0 & 3 & \lambda-6 \\ 0 & 0 & 0 \end{pmatrix} \to$$

$$\begin{pmatrix} 1 & 0 & 3-\dfrac{2}{3}\lambda+4 \\ 0 & 1 & \dfrac{\lambda}{3}-2 \\ 0 & 0 & 0 \end{pmatrix} \to \begin{pmatrix} 1 & 0 & 7-\dfrac{2}{3}\lambda \\ 0 & 1 & \dfrac{\lambda}{3}-2 \\ 0 & 0 & 0 \end{pmatrix}$$

λ 是任何数.

668. $\boldsymbol{a}_1=(3,2,5)$,
   $\boldsymbol{a}_2=(2,4,7)$,
   $\boldsymbol{a}_3=(5,6,\lambda)$,
   $\boldsymbol{b}=(1,3,5)$.

解
$$k_1\boldsymbol{a}_1+k_2\boldsymbol{a}_2+k_3\boldsymbol{a}_3=\boldsymbol{b}$$

$$\begin{pmatrix} 3 \\ 2 \\ 5 \end{pmatrix}k_1+\begin{pmatrix} 2 \\ 4 \\ 7 \end{pmatrix}k_2+\begin{pmatrix} 5 \\ 6 \\ \lambda \end{pmatrix}k_3=\begin{pmatrix} 1 \\ 3 \\ 5 \end{pmatrix}$$

$$\begin{pmatrix} 3 & 2 & 5 & 1 \\ 2 & 4 & 6 & 3 \\ 5 & 7 & \lambda & 5 \end{pmatrix} \to \begin{pmatrix} 2 & 4 & 6 & 3 \\ 1 & -2 & -1 & -2 \\ 2 & 5 & \lambda-5 & 4 \end{pmatrix} \to \begin{pmatrix} 1 & -2 & -1 & -2 \\ 0 & 8 & 8 & 7 \\ 0 & 9 & \lambda-3 & 8 \end{pmatrix} \to$$

$$\begin{pmatrix} 1 & -2 & -1 & -2 \\ 0 & 1 & 1 & \frac{7}{8} \\ 0 & 0 & \lambda-12 & 8-\frac{63}{8} \end{pmatrix} \rightarrow \begin{pmatrix} 1 & -2 & -1 & -2 \\ 0 & 1 & 1 & \frac{7}{8} \\ 0 & 0 & \lambda-12 & \frac{1}{8} \end{pmatrix}$$

由 $\lambda - 12 \neq 0$,得 $\lambda \neq 12$.

λ 不等于 12.

669. $\boldsymbol{a}_1 = (3,2,6)$,
$\boldsymbol{a}_2 = (7,3,9)$,
$\boldsymbol{a}_3 = (5,1,3)$,
$\boldsymbol{b} = (\lambda,2,5)$.

解
$$\boldsymbol{b} = k_1 \boldsymbol{a}_1 + k_2 \boldsymbol{a}_2 + k_3 \boldsymbol{a}_3$$

$$\begin{pmatrix} 3 \\ 2 \\ 6 \end{pmatrix} k_1 + \begin{pmatrix} 7 \\ 3 \\ 9 \end{pmatrix} k_2 + \begin{pmatrix} 5 \\ 1 \\ 3 \end{pmatrix} k_3 = \begin{pmatrix} \lambda \\ 2 \\ 5 \end{pmatrix}$$

$$\begin{pmatrix} 3 & 7 & 5 & \lambda \\ 2 & 3 & 1 & 2 \\ 6 & 9 & 3 & 5 \end{pmatrix} \rightarrow \begin{pmatrix} 2 & 3 & 1 & 2 \\ -7 & -8 & 0 & \lambda-10 \\ 0 & 0 & 0 & -1 \end{pmatrix}$$

这是矛盾方程组,不存在 λ 值.

670. 从给定的向量在空间的位置的观点,解释习题 665~669 的答案.

在习题 665 中,向量 $\boldsymbol{a}_1, \boldsymbol{a}_2, \boldsymbol{a}_3$ 共面(即位于一个平面内)但不共线(即不位于一条直线上).当 $\lambda = 15$ 时,向量 $\boldsymbol{b}$ 落入上述平面且可用 $\boldsymbol{a}_1, \boldsymbol{a}_2, \boldsymbol{a}_3$ 表达,而当 $\lambda \neq 15$ 时向量 $\boldsymbol{b}$ 不位于这平面内且不能用这些向量表达.

在习题 666 中,向量 $\boldsymbol{a}_1, \boldsymbol{a}_2, \boldsymbol{a}_3$ 不共面且三维空间的任何向量可用它们线性表达.

在习题 667 中,向量 $\boldsymbol{a}_1, \boldsymbol{a}_2$ 不共线且位于平面 $4x_1 - 3x_2 = 0$ 内.对 λ 的任何值向量,$\boldsymbol{b}$ 位于同一平面内且可用 $\boldsymbol{a}_1, \boldsymbol{a}_2$ 线性表达.

在习题 668 中,向量 $\boldsymbol{a}_1, \boldsymbol{a}_2$ 不共线,而向量 $\boldsymbol{b}$ 不与 $\boldsymbol{a}_1, \boldsymbol{a}_2$ 共面.当 $\lambda = 12$ 时,向量 $\boldsymbol{a}_3$ 与 $\boldsymbol{a}_1, \boldsymbol{a}_2$ 共面且向量 $\boldsymbol{b}$ 不能用 $\boldsymbol{a}_1, \boldsymbol{a}_2, \boldsymbol{a}_3$ 表达.当 $\lambda \neq 12$ 时,向量 $\boldsymbol{a}_1, \boldsymbol{a}_2, \boldsymbol{a}_3$ 不共面且 $\boldsymbol{b}$ 可用它们表达.

在习题 669 中,向量 $\boldsymbol{a}_1, \boldsymbol{a}_2, \boldsymbol{a}_3$ 位于平面 $3x_2 - x_3 = 0$ 内.随着 λ 从 $-\infty$ 到 $+\infty$ 的变化,向量 $\boldsymbol{b}$ 的终点描画出平行于这平面的直线 $x_2 = 2, x_3 = 5$,向量 $\boldsymbol{b}$ 无论对怎样的 λ 值都不位于上述平面内且不能用 $\boldsymbol{a}_1, \boldsymbol{a}_2, \boldsymbol{a}_3$ 表达.

671. 利用习题 657 证明:多于 n 个的 n 维向量总是线性相关的.

证 设

$$a_1 = \begin{pmatrix} a_{11} \\ a_{12} \\ \vdots \\ a_{1n} \end{pmatrix}, a_2 = \begin{pmatrix} a_{21} \\ a_{22} \\ \vdots \\ a_{2n} \end{pmatrix}, \cdots, a_{n+1} = \begin{pmatrix} a_{n+1,1} \\ a_{n+1,2} \\ \vdots \\ a_{n+1,n} \end{pmatrix}$$

考虑齐次线性方程组 $x_1 a_1 + x_2 a_2 + \cdots x_{n+1} a_{n+1} = \mathbf{0}$,它的方程个数 n 小于未知量个数 $n+1$,因此它有非零解.从而 $a_1, a_2, \cdots, a_{n+1}$ 线性相关.

证完.

672. 求向量组
$$a_1 = (4, -1, 3, -2), \quad a_2 = (8, -2, 6, -4)$$
$$a_3 = (3, -1, 4, -2), \quad a_4 = (6, -2, 8, -4)$$
所有的最大线性无关子组.

解 $a_2 = 2a_1, a_4 = 2a_3$.

因此最大线性无关子组为
$$a_1, a_3;$$
$$a_1, a_4;$$
$$a_2, a_3;$$
$$a_2, a_4$$

求下列向量组的所有基底:

673. $a_1 = (1,2,0,0)$,
$a_2 = (1,2,3,4)$,
$a_3 = (3,6,0,0)$.

解 因为
$$a_3 = 3a_1$$
构成向量组的基底为
$$a_1, a_2;$$
$$a_2, a_3$$

674. $a_1 = (1,2,3,4)$,
$a_2 = (2,3,4,5)$,
$a_3 = (3,4,5,6)$,
$a_4 = (4,5,6,7)$.

解
$$a_2 = a_1 + (1,1,1,1)$$
$$a_3 = a_1 + (2,2,2,2)$$
$$a_4 = a_1 + (3,3,3,3)$$

因此,由 a_1, a_2, a_3, a_4 生成的子空间的基底是

$$a_1, a_2;$$
$$a_1, a_3;$$
$$a_1, a_4;$$
$$a_2, a_3;$$
$$a_2, a_4;$$
$$a_3, a_4$$

即任何两个向量组成基底.

675. $a_1 = (2,1,-3,1)$,
$a_2 = (4,2,-6,2)$,
$a_3 = (6,3,-9,3)$,
$a_4 = (1,1,1,1)$.

解 因为
$$a_2 = 2a_1$$
$$a_3 = 3a_1$$

由 a_1, a_2, a_3, a_4 生成的子空间的基底是
$$a_1, a_4;$$
$$a_2, a_4;$$
$$a_3, a_4$$

676. $a_1 = (1,2,3)$,
$a_2 = (2,3,4)$,
$a_3 = (3,2,3)$,
$a_4 = (4,3,4)$,
$a_5 = (1,1,1)$.

解 因为
$$\begin{pmatrix} 1 & 2 & 3 \\ 2 & 3 & 4 \\ 3 & 2 & 3 \\ 4 & 3 & 4 \\ 1 & 1 & 1 \end{pmatrix} \rightarrow \begin{pmatrix} 1 & 2 & 3 \\ 1 & 1 & 1 \\ 3 & 2 & 3 \\ 0 & 0 & 0 \\ 0 & 0 & 0 \end{pmatrix}$$

向量组的基底是
$$a_1, a_3, a_5; \quad a_1, a_3, a_4;$$
$$a_1, a_2, a_3; \quad a_1, a_4, a_5;$$
$$a_1, a_2, a_4; \quad a_2, a_3, a_5;$$
$$a_2, a_3, a_4; \quad a_2, a_4, a_5$$

由 a_1, a_2, a_3, a_4, a_5 生成的子空间的基底共有以上六组.

或者说 a_1, a_2, a_3, a_4, a_5 中任何三个向量,除 a_1, a_2, a_5 和 a_3, a_4, a_5 外,组成基底.

677. 在怎样的情形下,一个向量组具有唯一的基底?

唯一的基底在下列且仅在下列情形发生:或者整个组与基底重合,或者组内不在基底中出现的所有向量都等于零.

678. 秩为 k 的 $k+1$ 个向量的组,包含成比例的非零向量,它有多少个基底?

解 假设前 k 个向量是 $k+1$ 个向量的最大线性无关组, $k+1$ 个向量组的秩是 k,第 $k+1$ 个向量与前 k 个向量中的某一向量成比例,例如和第一向量 $\boldsymbol{\alpha}_1$ 成比例,即为 $k\boldsymbol{\alpha}_1$.

这时 $L(\boldsymbol{\alpha}_1, \boldsymbol{\alpha}_2, \cdots, \boldsymbol{\alpha}_{k+1})$ 共有两组基底

$$\boldsymbol{\alpha}_1, \boldsymbol{\alpha}_2, \cdots, \boldsymbol{\alpha}_k;$$
$$\boldsymbol{\alpha}_2, \boldsymbol{\alpha}_3, \cdots, \boldsymbol{\alpha}_k, k\boldsymbol{\alpha}_1$$

求出下列向量组的某一个基底,并将不包含在该基底中的所有向量用基底向量表示:

679. $\boldsymbol{a}_1 = (5, 2, -3, 1)$,
$\boldsymbol{a}_2 = (4, 1, -2, 3)$,
$\boldsymbol{a}_3 = (1, 1, -1, -2)$,
$\boldsymbol{a}_4 = (3, 4, -1, 2)$.

解
$$\boldsymbol{a}_2 + \boldsymbol{a}_3 = \boldsymbol{a}_1$$

$$\begin{pmatrix} 1 & 1 & -1 & -2 \\ 4 & 1 & -2 & 3 \\ 3 & 4 & -1 & 2 \end{pmatrix} \to \begin{pmatrix} 1 & 1 & -1 & -2 \\ 0 & 1 & 2 & 8 \\ 0 & -3 & 2 & 11 \end{pmatrix} \to \begin{pmatrix} 1 & 1 & -1 & -2 \\ 0 & 1 & 2 & 8 \\ 0 & 0 & 8 & 35 \end{pmatrix}$$

向量组 $\boldsymbol{a}_1, \boldsymbol{a}_2, \boldsymbol{a}_3, \boldsymbol{a}_4$ 的基底是 $\boldsymbol{a}_2, \boldsymbol{a}_3, \boldsymbol{a}_4$,不包含在该基底中的向量用基底向量表示:

$$\boldsymbol{a}_1 = \boldsymbol{a}_2 + \boldsymbol{a}_3$$

680. $\boldsymbol{a}_1 = (2, -1, 3, 5)$,
$\boldsymbol{a}_2 = (4, -3, 1, 3)$,
$\boldsymbol{a}_3 = (3, -2, 3, 4)$,
$\boldsymbol{a}_4 = (4, -1, 15, 17)$,
$\boldsymbol{a}_5 = (7, -6, -7, 0)$.

解
$$\begin{pmatrix} 2 & -1 & 3 & 5 \\ 4 & -3 & 1 & 3 \\ 3 & -2 & 3 & 4 \\ 4 & -1 & 15 & 17 \\ 7 & -6 & -7 & 0 \end{pmatrix} \to \begin{pmatrix} 2 & -1 & 3 & 5 \\ 0 & -1 & -5 & -7 \\ 0 & 1 & 9 & 7 \\ 3 & -2 & 3 & 4 \\ 4 & -4 & -10 & -4 \end{pmatrix} \to \begin{pmatrix} 2 & -1 & 3 & 5 \\ 0 & -1 & -5 & -7 \\ 0 & 1 & 9 & 7 \\ 1 & -\frac{2}{3} & 1 & \frac{4}{3} \\ 0 & -2 & -16 & -14 \end{pmatrix} \to \begin{pmatrix} 1 & -\frac{2}{3} & 1 & \frac{4}{3} \\ 0 & \frac{1}{3} & 1 & \frac{7}{3} \\ 0 & 1 & 5 & 7 \\ 0 & 1 & 9 & 7 \\ 0 & 1 & 8 & 7 \end{pmatrix} \to$$

$$\begin{pmatrix} 1 & -\frac{2}{3} & 1 & \frac{4}{3} \\ 0 & 1 & 3 & 7 \\ 0 & 1 & 5 & 7 \\ 0 & 1 & 8 & 7 \\ 0 & 1 & 9 & 7 \end{pmatrix} \to \begin{pmatrix} 1 & -\frac{2}{3} & 1 & \frac{4}{3} \\ 0 & 1 & 3 & 7 \\ 0 & 0 & 1 & 0 \\ 0 & 0 & 0 & 0 \\ 0 & 0 & 0 & 0 \end{pmatrix}$$

$$\begin{pmatrix} a_1 \\ a_2 \\ a_3 \\ a_4 \\ a_5 \end{pmatrix} \to \begin{pmatrix} a_1 \\ -2a_1+a_2 \\ -2a_1+a_4 \\ a_3 \\ -a_3+a_5 \end{pmatrix} \to \begin{pmatrix} a_1 \\ -2a_1+a_2 \\ -2a_1+a_4 \\ \frac{a_3}{3} \\ -2a_1-a_3+a_5 \end{pmatrix} \to \begin{pmatrix} \frac{a_3}{3} \\ -\frac{2}{3}a_3+a_1 \\ 2a_1-a_2 \\ a_4-2a_1 \\ a_1+\frac{a_3}{2}-\frac{a_5}{2} \end{pmatrix} \to$$

$$\begin{pmatrix} \frac{a_3}{3} \\ 3a_1-2a_3 \\ 2a_1-a_2 \\ 0 \\ 0 \end{pmatrix} \to \begin{pmatrix} \frac{a_3}{3} \\ 3a_1-2a_3 \\ -a_1-a_2+2a_3 \\ 0 \\ 0 \end{pmatrix}$$

选 a_1, a_2, a_3 为一组基

$$\begin{vmatrix} 2 & -1 & 3 \\ 4 & -3 & 1 \\ 3 & -2 & 3 \end{vmatrix} = \begin{vmatrix} -1 & -1 & 3 \\ 3 & -3 & 1 \\ 0 & -2 & 3 \end{vmatrix} = \begin{vmatrix} -1 & -2 & 3 \\ 3 & 0 & 1 \\ 0 & -2 & 3 \end{vmatrix}$$

$$= \begin{vmatrix} -1 & 1 & 3 \\ 3 & 0 & 1 \\ 0 & 1 & 3 \end{vmatrix} \cdot (-2) = -2 \begin{vmatrix} -1 & 0 & 0 \\ 3 & 0 & 1 \\ 0 & 1 & 3 \end{vmatrix} = -2 \neq 0$$

选 a_2, a_3, a_4 为一组基

$$\begin{vmatrix} 4 & 1 & 3 \\ 3 & 3 & 4 \\ 4 & 15 & 17 \end{vmatrix} = \begin{vmatrix} 4 & 1 & 2 \\ 3 & 3 & 1 \\ 4 & 15 & 2 \end{vmatrix} = \begin{vmatrix} 0 & 1 & 2 \\ 1 & 3 & 1 \\ 0 & 15 & 2 \end{vmatrix} = \begin{vmatrix} 0 & 1 & 2 \\ 1 & 3 & 1 \\ 0 & 14 & 0 \end{vmatrix} = 28 \neq 0$$

选 a_1, a_2, a_4 为一组基

$$\begin{vmatrix} 2 & -1 & 3 \\ 4 & -3 & 1 \\ 4 & -1 & 15 \end{vmatrix} = 2\begin{vmatrix} 1 & -1 & 3 \\ 2 & -3 & 1 \\ 2 & -1 & 15 \end{vmatrix} = 2\begin{vmatrix} 1 & -1 & 3 \\ 0 & -1 & -5 \\ 0 & 2 & 14 \end{vmatrix} = 2(10-14) = -8$$

选 a_1, a_2, a_5 为一组基

$$\begin{vmatrix} 2 & -1 & 3 \\ 4 & -3 & 1 \\ 7 & -6 & -7 \end{vmatrix} = \begin{vmatrix} 1 & -1 & 3 \\ 1 & -3 & 1 \\ 1 & -6 & -7 \end{vmatrix} = \begin{vmatrix} 1 & -1 & 3 \\ 0 & -2 & -2 \\ 0 & -5 & -10 \end{vmatrix} = 20-10 = 10$$

选 a_1, a_3, a_4 为一组基

$$\begin{vmatrix} 2 & -1 & 3 \\ 3 & -2 & 3 \\ 4 & -1 & 15 \end{vmatrix} = \begin{vmatrix} 0 & -1 & 0 \\ -1 & -2 & -3 \\ 2 & -1 & 12 \end{vmatrix} = \begin{vmatrix} -1 & -3 \\ 2 & 12 \end{vmatrix} = -12 + 6 = -6$$

选 a_1, a_3, a_5 为一组基

$$\begin{vmatrix} 2 & -1 & 3 \\ 3 & -2 & 3 \\ 7 & -6 & -7 \end{vmatrix} = \begin{vmatrix} 0 & -1 & 0 \\ -1 & -2 & -3 \\ -5 & -6 & -25 \end{vmatrix} = 25 - 15 = 10$$

选 a_1, a_4, a_5 为一组基

$$\begin{vmatrix} 2 & -1 & 3 \\ 4 & -1 & 15 \\ 7 & -6 & -7 \end{vmatrix} = \begin{vmatrix} 0 & -1 & 0 \\ 2 & -1 & 12 \\ -5 & -6 & -25 \end{vmatrix} = -50 + 60 = 10$$

选 a_2, a_3, a_5 为一组基

$$\begin{vmatrix} 4 & -3 & 1 \\ 3 & -2 & 3 \\ 7 & -6 & -7 \end{vmatrix} = \begin{vmatrix} 4 & -3 & 1 \\ -9 & 7 & 0 \\ 35 & -27 & 0 \end{vmatrix} = 9 \times 27 - 7 \times 35 = 243 - 245 = -2$$

选 a_2, a_4, a_5 为一组基

$$\begin{vmatrix} 4 & -3 & 1 \\ 4 & -1 & 15 \\ 7 & -6 & -7 \end{vmatrix} = \begin{vmatrix} 4 & 1 & 5 \\ 4 & 3 & 19 \\ 7 & 1 & 0 \end{vmatrix} = \begin{vmatrix} 4 & 1 & 5 \\ 0 & 2 & 14 \\ 7 & 1 & 0 \end{vmatrix} = \begin{vmatrix} -3 & 0 & 5 \\ 0 & 2 & 14 \\ 7 & 1 & 0 \end{vmatrix} = 2\begin{vmatrix} -3 & 0 & 5 \\ 0 & 1 & 7 \\ 7 & 1 & 0 \end{vmatrix}$$
$$= 2(-35 + 21) = -28$$

选 a_3, a_4, a_5 为一组基

$$\begin{vmatrix} 3 & -2 & 3 \\ 4 & -1 & 15 \\ 7 & -6 & -7 \end{vmatrix} = \begin{vmatrix} -5 & -2 & -27 \\ 0 & -1 & 0 \\ -17 & -6 & -97 \end{vmatrix} = -(5 \times 97 - 17 \cdot 27) = -26 \neq 0$$

在 a_1, a_2, a_3, a_4, a_5 中任意选取 3 个向量都能成为向量组的一组基底. 总共有 $C_5^3 = \dfrac{5 \times 4 \times 3}{1 \times 2 \times 3} = 10$ 组.

681. $a_1 = (1, 2, 3, -4)$,
 $a_2 = (2, 3, -4, 1)$,
 $a_3 = (2, -5, 8, -3)$,
 $a_4 = (5, 26, -9, -12)$,
 $a_5 = (3, -4, 1, 2)$.

解 先求 a_1, a_2, a_3, a_5 组成的行列式

$$\begin{vmatrix} 1 & 2 & 3 & -4 \\ 2 & 3 & -4 & 1 \\ 2 & -5 & 8 & -3 \\ 3 & -4 & 1 & 2 \end{vmatrix} = \begin{vmatrix} 1 & 2 & 3 & -4 \\ 0 & -1 & -10 & 9 \\ 0 & -9 & 2 & 5 \\ 0 & -10 & -8 & 14 \end{vmatrix} = \begin{vmatrix} 1 & 10 & 9 \\ 9 & -2 & 5 \\ 10 & 8 & 14 \end{vmatrix} = 4\begin{vmatrix} 1 & 5 & 9 \\ 9 & -1 & 5 \\ 5 & 2 & 7 \end{vmatrix}$$

$$= 4\begin{vmatrix} 46 & 0 & 34 \\ 9 & -1 & 5 \\ 23 & 0 & 17 \end{vmatrix} = -4\begin{vmatrix} 46 & 34 \\ 23 & 17 \end{vmatrix} = 0$$

$$\begin{pmatrix} 1 & 2 & 3 & -4 \\ 2 & 3 & -4 & 1 \\ 2 & -5 & 8 & -3 \\ 5 & 26 & -9 & -12 \\ 3 & -4 & 1 & 2 \end{pmatrix} \rightarrow \begin{pmatrix} 1 & 2 & 3 & -4 \\ 0 & -1 & -10 & 9 \\ 0 & -9 & 2 & 5 \\ 0 & 16 & -24 & 8 \\ 0 & -10 & -8 & 14 \end{pmatrix} \rightarrow \begin{pmatrix} 1 & 2 & 3 & -4 \\ 0 & 1 & 10 & -9 \\ 0 & 9 & -2 & -5 \\ 0 & 4 & -6 & 2 \\ 0 & 5 & 4 & -7 \end{pmatrix} \rightarrow$$

$$\begin{pmatrix} 1 & 2 & 3 & -4 \\ 0 & 1 & 10 & -9 \\ 0 & 9 & -2 & -5 \\ 0 & 2 & -3 & 1 \\ 0 & 5 & 4 & -7 \end{pmatrix} \rightarrow \begin{pmatrix} 1 & 2 & 3 & -4 \\ 0 & 1 & 10 & -9 \\ 0 & 0 & -92 & 76 \\ 0 & 0 & -23 & 19 \\ 0 & 0 & -46 & 38 \end{pmatrix} \rightarrow \begin{pmatrix} 1 & 2 & 3 & -4 \\ 0 & 1 & 10 & -9 \\ 0 & 0 & 23 & -19 \\ 0 & 0 & 0 & 0 \\ 0 & 0 & 0 & 0 \end{pmatrix}$$

$$r(\boldsymbol{a}_1, \boldsymbol{a}_2, \boldsymbol{a}_3, \boldsymbol{a}_4, \boldsymbol{a}_5) = 3$$

选 $\boldsymbol{a}_1, \boldsymbol{a}_2, \boldsymbol{a}_3$ 为一组基

$$\begin{vmatrix} 1 & 2 & 3 \\ 2 & 3 & -4 \\ 2 & -5 & 8 \end{vmatrix} = \begin{vmatrix} 1 & 2 & 3 \\ 0 & -1 & -10 \\ 0 & -9 & 2 \end{vmatrix} = -2 - 90 = -92$$

选 $\boldsymbol{a}_1, \boldsymbol{a}_2, \boldsymbol{a}_4$ 为一组基

$$\begin{vmatrix} 1 & 2 & 3 \\ 2 & 3 & -4 \\ 5 & 26 & -9 \end{vmatrix} = \begin{vmatrix} 1 & 2 & 3 \\ 0 & -1 & -10 \\ 0 & 16 & -24 \end{vmatrix} = 24 + 160 = 184$$

选 $\boldsymbol{a}_1, \boldsymbol{a}_2, \boldsymbol{a}_5$ 为一组基

$$\begin{vmatrix} 1 & 2 & 3 \\ 2 & 3 & -4 \\ 3 & -4 & 1 \end{vmatrix} = \begin{vmatrix} 1 & 2 & 3 \\ 0 & -1 & -10 \\ 0 & -10 & -8 \end{vmatrix} = 8 - 100 = -92 \neq 0$$

选 $\boldsymbol{a}_1, \boldsymbol{a}_3, \boldsymbol{a}_4$ 为一组基

$$\begin{vmatrix} 1 & 2 & 3 \\ 2 & -5 & 8 \\ 5 & 26 & -9 \end{vmatrix} = \begin{vmatrix} 1 & 0 & 0 \\ 2 & -9 & 2 \\ 5 & 16 & -24 \end{vmatrix} = 9 \times 24 - 32 = 184$$

选 $\boldsymbol{a}_1, \boldsymbol{a}_3, \boldsymbol{a}_5$ 为一组基

$$\begin{vmatrix} 1 & 2 & 3 \\ 2 & -5 & 8 \\ 3 & -4 & 1 \end{vmatrix} = \begin{vmatrix} 1 & 0 & 0 \\ 2 & -9 & 2 \\ 3 & -10 & -8 \end{vmatrix} = 72 + 20 = 92$$

选 $\boldsymbol{a}_1, \boldsymbol{a}_4, \boldsymbol{a}_5$ 为一组基

$$\begin{vmatrix} 1 & 2 & 3 \\ 5 & 26 & -9 \\ 3 & -4 & 1 \end{vmatrix} = \begin{vmatrix} 1 & 0 & 0 \\ 5 & 16 & -24 \\ 3 & -10 & -8 \end{vmatrix} = -128 - 240 = -368 \neq 0$$

选 a_2, a_3, a_4 为一组基

$$\begin{vmatrix} 2 & 3 & -4 \\ 2 & -5 & 8 \\ 5 & 26 & -9 \end{vmatrix} = \begin{vmatrix} 2 & 1 & 0 \\ 2 & -7 & 12 \\ 5 & 21 & 1 \end{vmatrix} = \begin{vmatrix} 0 & 1 & 0 \\ 16 & -7 & 12 \\ -37 & 21 & 1 \end{vmatrix} = -\begin{vmatrix} 16 & 12 \\ -37 & 1 \end{vmatrix} = -16 - 12 \times 37 = -460$$

选 a_2, a_3, a_5 为一组基

$$\begin{vmatrix} 2 & 3 & -4 \\ 2 & -5 & 8 \\ 3 & -4 & 1 \end{vmatrix} = \begin{vmatrix} 14 & -13 & 0 \\ -22 & 27 & 0 \\ 3 & -4 & 1 \end{vmatrix} = 14 \times 27 - 13 \times 22 = 92$$

选 a_2, a_4, a_5 为一组基

$$\begin{vmatrix} 2 & 3 & -4 \\ 5 & 26 & -9 \\ 3 & -4 & 1 \end{vmatrix} = \begin{vmatrix} 14 & -13 & -4 \\ 32 & -10 & -9 \\ 0 & 0 & 1 \end{vmatrix} = -140 + 13 \times 32 = 276$$

选 a_3, a_4, a_5 为一组基

$$\begin{vmatrix} 2 & -5 & 8 \\ 5 & 26 & -9 \\ 3 & -4 & 1 \end{vmatrix} = \begin{vmatrix} -22 & 27 & 8 \\ 32 & -10 & -9 \\ 0 & 0 & 1 \end{vmatrix} = 220 - 864 = -644$$

共有 10 组基底，即在 a_1, a_2, a_3, a_4, a_5 中任意选取 3 个向量都能成为向量组的一组基底，总共有 $C_5^3 = 10$ 组.

682. 令给定相同维数的向量组 $x_1, x_2, \cdots, x_n$. 称为这向量组的线性关系基本组的，是指形式为

$$\sum_{j=1}^{n} \alpha_{ij} x_j = \mathbf{0} \quad (i = 1, 2, \cdots, s)$$

的关系组且具有以下两个性质：

(a) 这个关系组是线性无关的，其意思是：向量组

$$\boldsymbol{a}_i = (\alpha_{i1}, \alpha_{i2}, \cdots, \alpha_{in}) \quad (i = 1, 2, \cdots, s)$$

是线性无关的.

(b) 向量 $x_1, x_2, \cdots, x_n$ 的任何线性相关性是给定组的关系的推论，即如果

$$\sum_{j=1}^{n} \alpha_j x_j = \mathbf{0}$$

则向量 $\boldsymbol{a} = (\alpha_1, \alpha_2, \cdots, \alpha_n)$ 是向量 $\boldsymbol{a}_1, \boldsymbol{a}_2, \cdots, \boldsymbol{a}_s$ 的线性组合. 试证明：

(1) 如果 $x_1, x_2, \cdots, x_r$ 是给定向量组的基底且

$$x_i = \sum_{j=1}^{r} \lambda_{ij} x_j, \quad i = r+1, r+2, \cdots, n$$

则关系组

$$x_i - \sum_{j=1}^{r} \lambda_{ij} x_j = \mathbf{0}, \quad i = r+1, r+2, \cdots, n$$

是给定向量组线性关系基本组之一；

(2) 所有线性关系基本组包含同样数目个关系；

(3) 如果某一线性关系基本组包含 s 个关系，则同一向量组的 s 个线性无关的线性关系之任何组也是线性关系的基本组；

(4) 如果关系组

$$\sum_{j=1}^{n} \alpha_{ij} x_j = 0 \quad (i = 1, 2, \cdots, s)$$

是线性关系基本组，则关系组

$$\sum_{j=1}^{n} \beta_{ij} x_j = 0 \quad (i = 1, 2, \cdots, s)$$

也是线性关系基本组当且仅当：令

$$\boldsymbol{a}_i = (\alpha_{i1}, \alpha_{i2}, \cdots, \alpha_{in}) \quad (i = 1, 2, \cdots, s)$$
$$\boldsymbol{b}_i = (\beta_{i1}, \beta_{i2}, \cdots, \beta_{in}) \quad (i = 1, 2, \cdots, s)$$

则有

$$\boldsymbol{b}_i = \sum_{j=1}^{s} r_{ij} \boldsymbol{a}_j \quad (i = 1, 2, \cdots, s)$$

其中，系数 r_{ij} 组成 s 阶非零行列式。

利用矩阵的乘法，最后 s 个向量等式可以写为一个矩阵等式的形式：

$$\boldsymbol{B} = \boldsymbol{CA}$$

其中，$\boldsymbol{A} = (\alpha_{ij})_{sn}$，$\boldsymbol{B} = (\beta_{ij})_{sn}$，$\boldsymbol{C} = (r_{ij})_s$。$\boldsymbol{C}$ 是 S 阶非奇异矩阵。

证 (1) 把表达式

$$\boldsymbol{x}_i = \sum_{j=1}^{r} \lambda_{ij} \boldsymbol{x}_j \quad (i = r+1, r+2, \cdots, n)$$

代进等式

$$\sum_{j=1}^{n} \boldsymbol{\alpha}_j \boldsymbol{x}_j = 0$$

即

$$\boldsymbol{x}_{r+1} = \lambda_{r+1,1} \boldsymbol{x}_1 + \lambda_{r+1,2} \boldsymbol{x}_2 + \cdots + \lambda_{r+1,r} \boldsymbol{x}_r$$
$$\boldsymbol{x}_{r+2} = \lambda_{r+2,1} \boldsymbol{x}_1 + \lambda_{r+2,2} \boldsymbol{x}_2 + \cdots + \lambda_{r+2,r} \boldsymbol{x}_r$$
$$\cdots$$
$$\boldsymbol{x}_n = \lambda_{n1} \boldsymbol{x}_1 + \lambda_{n2} \boldsymbol{x}_2 + \cdots + \lambda_{n+2,r} \boldsymbol{x}_r$$

代进等式

$$\boldsymbol{\alpha}_1 \boldsymbol{x}_1 + \boldsymbol{\alpha}_2 \boldsymbol{x}_2 + \cdots + \boldsymbol{\alpha}_n \boldsymbol{x}_n = 0$$

因为 $\boldsymbol{x}_1, \boldsymbol{x}_2, \cdots, \boldsymbol{x}_r$ 是给定向量组的基底，

对于 $\boldsymbol{x}_1$ $\quad \boldsymbol{\alpha}_1 = -\boldsymbol{\alpha}_{r+1} \lambda_{r+1,1} - \boldsymbol{\alpha}_{r+2} \lambda_{r+2,1} - \cdots - \boldsymbol{\alpha}_n \lambda_{n1}$

对于 $\boldsymbol{x}_2$ $\quad \boldsymbol{\alpha}_2 = -\boldsymbol{\alpha}_{r+1} \lambda_{r+1,2} - \boldsymbol{\alpha}_{r+2} \lambda_{r+2,2} - \cdots - \boldsymbol{\alpha}_n \lambda_{n2}$

$\cdots$

对于 $\boldsymbol{x}_r$ $\quad \boldsymbol{\alpha}_r = -\boldsymbol{\alpha}_{r+1} \lambda_{r+1,r} - \boldsymbol{\alpha}_{r+2} \lambda_{r+2,r} - \cdots - \boldsymbol{\alpha}_n \lambda_{nr}$

我们取 $\boldsymbol{a}_1 = (1, 0, \cdots, 0)$

$$a_2 = (0, 1, \cdots, 0)$$
$$\cdots$$
$$a_r = (0, 0, \cdots, 1, 0, \cdots, 0)$$
$$a_{r+1} = (-\lambda_{r+1,1}, -\lambda_{r+1,2}, \cdots, -\lambda_{r+1,r}, 1, 0, \cdots, 0)$$
$$a_{r+2} = (-\lambda_{r+2,1}, -\lambda_{r+2,2}, \cdots, -\lambda_{r+1,r}, 1, 0, \cdots, 0)$$
$$\cdots$$
$$a_n = (-\lambda_{n,1}, -\lambda_{n,2}, \cdots, -\lambda_{n,r}, 0, \cdots, 0, 1)$$
$$\alpha_1 a_1 = (\alpha_1, 0, \cdots)$$
$$\alpha_2 a_2 = (0, \alpha_2, \cdots)$$
$$\cdots$$
$$\alpha_r a_r = (0, 0, \cdots, \alpha_r, 0, \cdots)$$
$$\alpha_{r+1} a_{r+1} = (-\alpha_{r+1}\lambda_{r+1,1}, -\alpha_{r+1}\lambda_{r+1,2}, \cdots, -\alpha_{r+1}\lambda_{r+1,r}, \alpha_{r+1}, 0, \cdots, 0)$$
$$\alpha_{r+2} a_{r+2} = (-\alpha_{r+2}\lambda_{r+2,1}, -\alpha_{r+2}\lambda_{r+2,2}, \cdots, -\alpha_{r+2}\lambda_{r+2,r}, 0, \alpha_{r+2}, \cdots, 0)$$
$$\cdots$$
$$\alpha_n a_n = (-\alpha_n\lambda_{n,1}, -\alpha_n\lambda_{n,2}, \cdots, -\alpha_n\lambda_{n,r}, 0, 0, \cdots, \alpha_n)$$

所以 $a = (\alpha_1, \alpha_2, \cdots, \alpha_r, \alpha_{r+1}, \cdots, \alpha_n)$

则 $a = \alpha_{r+1} a_{r+1} + \alpha_{r+2} a_{r+2} + \cdots + \alpha_n a_n$

$$= \sum_{i=r+1}^{n} \alpha_i a_i$$

(2) 这里与齐次线性方程组基础解系一样的情况, $a_{r+1}, a_{r+2}, \cdots, a_n$ 是解空间的基向量. 在 $n-r$ 维解空间中的基向量包含同样的数目. 在这里就是所有线性关系基本组包含同样数目个关系.

(3) $x_1, x_2, \cdots, x_n$ 是基本组, 要求 $\begin{pmatrix} \alpha_{11} & \alpha_{12} & \cdots & \alpha_{1n} \\ \alpha_{21} & \alpha_{22} & \cdots & \alpha_{2n} \\ \vdots & \vdots & & \vdots \\ \alpha_{s1} & \alpha_{s2} & \cdots & \alpha_{sn} \end{pmatrix}$ 线性无关, 即

$$\sum_{j=1}^{n} \alpha_j x_j = 0$$

$a = (\alpha_1, \alpha_2, \cdots, \alpha_n)$ 是 a_i 的线性组合.

(4) 所谓关系组

$$\sum_{j=1}^{n} \alpha_{ij} x_j = 0 \quad (i = 1, 2, \cdots, s)$$

是线性关系基本组

$$A = \begin{pmatrix} \alpha_{11} & \alpha_{12} & \cdots & \alpha_{1n} \\ \alpha_{21} & \alpha_{22} & \cdots & \alpha_{2n} \\ \vdots & \vdots & & \vdots \\ \alpha_{s1} & \alpha_{s2} & \cdots & \alpha_{sn} \end{pmatrix}$$

行向量线性无关.

又

$$B = \begin{pmatrix} \beta_{11} & \beta_{12} & \cdots & \beta_{1n} \\ \beta_{21} & \beta_{22} & \cdots & \beta_{2n} \\ \vdots & \vdots & & \vdots \\ \beta_{s1} & \beta_{s2} & \cdots & \beta_{sn} \end{pmatrix}$$

行向量也是线性无关.

当且仅当存在

$$C = \begin{pmatrix} \gamma_{11} & \gamma_{12} & \cdots & \gamma_{1s} \\ \gamma_{21} & \gamma_{22} & \cdots & \gamma_{2s} \\ \vdots & \vdots & & \vdots \\ \gamma_{s1} & \gamma_{s2} & \cdots & \gamma_{ss} \end{pmatrix}$$

$$B = CA$$

其中, $|C| \neq 0$.

类似于习题 682 对向量组的情形,对线性型组定义线性关系基本组之后,对下列线性型组,求出线性关系基本组:

683. $\begin{cases} f_1 = 5x_1 - 3x_2 + 2x_3 + 4x_4 \\ f_2 = 2x_1 - x_2 + 3x_3 + 5x_4 \\ f_3 = 4x_1 - 3x_2 - 5x_3 - 7x_4 \\ f_4 = x_1 + 7x_3 + 11x_4 \end{cases}$.

解 设 K_1, K_2, K_3, K_4 为一组不全为零的数,使得 $K_1 f_1 + K_2 f_2 + K_3 f_3 + K_4 f_4 = 0$.

即

$$\begin{cases} 5K_1 + 2K_2 + 4K_3 + K_4 = 0 \\ -3K_1 - K_2 - 3K_3 = 0 \\ 2K_1 + 3K_2 - 5K_3 + 7K_4 = 0 \\ 4K_1 + 5K_2 - 7K_3 + 11K_4 = 0 \end{cases}$$

用初等变换解方程组

$$\begin{pmatrix} 5 & 2 & 4 & 1 \\ -3 & -1 & -3 & 0 \\ 2 & 3 & -5 & 7 \\ 4 & 5 & -7 & 11 \end{pmatrix} \rightarrow \begin{pmatrix} 1 & \frac{2}{5} & \frac{4}{5} & \frac{1}{5} \\ 1 & \frac{1}{3} & 1 & 0 \\ 1 & \frac{3}{2} & -\frac{5}{2} & \frac{7}{2} \\ 1 & \frac{5}{4} & -\frac{7}{4} & \frac{11}{4} \end{pmatrix} \rightarrow \begin{pmatrix} 1 & \frac{2}{5} & \frac{4}{5} & \frac{1}{5} \\ 0 & -\frac{1}{15} & \frac{1}{5} & -\frac{1}{5} \\ 0 & \frac{11}{10} & -\frac{33}{10} & \frac{33}{10} \\ 0 & \frac{17}{20} & -\frac{51}{20} & \frac{51}{20} \end{pmatrix} \rightarrow$$

$$\begin{pmatrix} 1 & \dfrac{2}{5} & \dfrac{4}{5} & \dfrac{1}{5} \\ 0 & 1 & -3 & 3 \\ 0 & 0 & 0 & 0 \\ 0 & 0 & 0 & 0 \end{pmatrix} \rightarrow \begin{pmatrix} 1 & 0 & 2 & -1 \\ 0 & 1 & -3 & 3 \\ 0 & 0 & 0 & 0 \\ 0 & 0 & 0 & 0 \end{pmatrix}$$

$$\begin{cases} k_1 + 2k_3 - k_4 = 0 \\ k_2 - 3k_3 + 3k_4 = 0 \end{cases}$$

$$\begin{pmatrix} -2 \\ 3 \\ 1 \\ 0 \end{pmatrix}, \begin{pmatrix} 1 \\ -3 \\ 0 \\ 1 \end{pmatrix}$$

$$\begin{cases} 2f_1 - 3f_2 - f_3 = 0 \\ f_1 - 3f_2 + f_4 = 0 \end{cases}$$

684. $\begin{cases} f_1 = 8x_1 + 7x_2 + 4x_3 + 5x_4 \\ f_2 = 3x_1 + 2x_2 + x_3 + 4x_4 \\ f_3 = 2x_1 + 3x_2 + 2x_3 - 3x_4. \\ f_4 = x_1 - x_2 - x_3 + 7x_4 \\ f_5 = 5x_2 + 4x_3 - 17x_4 \end{cases}$

解 设 K_1, K_2, K_3, K_4, K_5 为一组不全为零的数. 使得 $K_1 f_1 + K_2 f_2 + K_3 f_3 + K_4 f_4 + K_5 f_5 = 0$, 即

$$\begin{cases} 8K_1 + 3K_2 + 2K_2 + K_4 = 0 \\ 7K_1 + 2K_2 + 3K_3 - K_4 + 5K_5 = 0 \\ 4K_1 + K_2 + 2K_3 - K_4 + 4K_5 = 0 \\ 5K_1 + 4K_2 - 3K_3 + 7K_4 - 17K_5 = 0 \end{cases}$$

用初等变换解方程组

$$\begin{pmatrix} 8 & 3 & 2 & 1 & 0 \\ 7 & 2 & 3 & -1 & 5 \\ 4 & 1 & 2 & -1 & 4 \\ 5 & 4 & -3 & 7 & -17 \end{pmatrix} \rightarrow \begin{pmatrix} 8 & 3 & 2 & 1 & 0 \\ 15 & 5 & 5 & 0 & 5 \\ 12 & 4 & 4 & 0 & 4 \\ -51 & -17 & -17 & 0 & -17 \end{pmatrix} \rightarrow \begin{pmatrix} 8 & 3 & 2 & 1 & 0 \\ 3 & 1 & 1 & 0 & 1 \\ 0 & 0 & 0 & 0 & 0 \\ 0 & 0 & 0 & 0 & 0 \end{pmatrix} \rightarrow$$

$$\begin{pmatrix} 2 & 1 & 0 & 1 & -2 \\ 3 & 1 & 1 & 0 & 1 \\ 0 & 0 & 0 & 0 & 0 \\ 0 & 0 & 0 & 0 & 0 \end{pmatrix}$$

$$\begin{cases} K_4 = -2K_1 - K_2 + 2K_5 \\ K_3 = -3K_1 - K_2 - K_5 \end{cases}$$

$$\begin{pmatrix} 1 \\ 0 \\ -3 \\ -2 \\ 0 \end{pmatrix}, \begin{pmatrix} 0 \\ 1 \\ -1 \\ -1 \\ 0 \end{pmatrix}, \begin{pmatrix} 0 \\ 0 \\ -1 \\ 2 \\ 1 \end{pmatrix}$$

$$\begin{cases} f_1 - 3f_3 - 2f_4 = 0 \\ f_2 - f_3 - f_4 = 0 \\ -f_3 + 2f_4 + f_5 = 0 \end{cases}$$

685. $\begin{cases} f_1 = 5x_1 + 2x_2 - x_3 + 3x_4 + 4x_5 \\ f_2 = 3x_1 + x_2 - 2x_3 + 3x_4 + 5x_5 \\ f_3 = 6x_1 + 3x_2 - 2x_3 + 4x_4 + 7x_5 \\ f_4 = 7x_1 + 4x_2 - 3x_3 + 2x_4 + 4x_5 \end{cases}$.

解 设 K_1, K_2, K_3, K_4 为一组不全为零的数. 使得
$$K_1 f_1 + K_2 f_2 + K_3 f_3 + K_4 f_4 = 0$$

即
$$\begin{cases} 5K_1 + 3K_2 + 6K_3 + 7K_4 = 0 \\ 2K_1 + K_2 + 3K_3 + 4K_4 = 0 \\ -K_1 - 2K_2 - 2K_3 - 3K_4 = 0 \\ 3K_1 + 3K_2 + 4K_3 + 2K_4 = 0 \\ 4K_1 + 5K_2 + 7K_3 + 4K_4 = 0 \end{cases}$$

用初等变换解方程组

$$\begin{pmatrix} 5 & 3 & 6 & 7 \\ 2 & 1 & 3 & 4 \\ -1 & -2 & -2 & -3 \\ 3 & 3 & 4 & 2 \\ 4 & 5 & 7 & 4 \end{pmatrix} \to \begin{pmatrix} 3 & -1 & 2 & 1 \\ 1 & -1 & 1 & 1 \\ -1 & -2 & -2 & -3 \\ 0 & 6 & 1 & -1 \\ 3 & 3 & 5 & 1 \end{pmatrix} \to \begin{pmatrix} 3 & -1 & 2 & 1 \\ 1 & -1 & 1 & 1 \\ 0 & -3 & -1 & -2 \\ 0 & 6 & 1 & -1 \\ 0 & 4 & 3 & 0 \end{pmatrix} \to$$

$$\begin{pmatrix} 1 & -1 & 1 & 1 \\ 0 & 2 & -1 & -2 \\ 0 & -3 & -1 & -2 \\ 0 & 6 & 1 & -1 \\ 0 & 4 & 3 & 0 \end{pmatrix} \to \begin{pmatrix} 1 & -1 & 1 & 1 \\ 0 & 1 & -\frac{1}{2} & -1 \\ 0 & 1 & \frac{1}{3} & \frac{2}{3} \\ 0 & 1 & \frac{1}{6} & -\frac{1}{6} \\ 0 & 1 & \frac{3}{4} & 0 \end{pmatrix} \to \begin{pmatrix} 1 & -1 & 1 & 1 \\ 0 & 1 & -\frac{1}{2} & -1 \\ 0 & 0 & \frac{5}{6} & \frac{5}{3} \\ 0 & 0 & \frac{2}{3} & \frac{5}{6} \\ 0 & 0 & \frac{5}{4} & 1 \end{pmatrix} \to$$

$$\begin{pmatrix} 1 & -1 & 1 & 1 \\ 0 & 1 & -\frac{1}{2} & -1 \\ 0 & 0 & 1 & 2 \\ 0 & 0 & 1 & \frac{5}{4} \\ 0 & 0 & 0 & 0 \end{pmatrix} \rightarrow \begin{pmatrix} 1 & -1 & 1 & 1 \\ 0 & 1 & -\frac{1}{2} & -1 \\ 0 & 0 & 1 & 2 \\ 0 & 0 & 0 & 1 \\ 0 & 0 & 0 & 0 \end{pmatrix}$$

必须

$$K_1 = K_2 = K_3 = K_4 = 0$$

线性无关. 线性关系的基本组不存在.

686. $\begin{cases} f_1 = 2x_1 - 3x_2 + 4x_3 - 5x_4 \\ f_2 = x_1 - 2x_2 + 7x_3 - 8x_4 \\ f_3 = 3x_1 - 4x_2 + x_3 - 2x_4 \\ f_4 = 4x_1 - 5x_2 + 6x_3 - 7x_4 \\ f_5 = 6x_1 - 7x_2 \quad\quad - x_4 \end{cases}$

解 设 K_1, K_2, K_3, K_4, K_5 是一组不全为零的数. 使得

$$K_1 f_1 + K_2 f_2 + K_3 f_3 + K_4 f_4 + K_5 f_5 = 0$$

即 $\begin{cases} 2K_1 + K_2 + 3K_3 + 4K_4 + 6K_5 = 0 \\ -3K_1 - 2K_2 - 4K_3 - 5K_4 - 7K_5 = 0 \\ 4K_1 + 7K_2 + K_3 + 6K_4 \quad\quad = 0 \\ -5K_1 - 8K_2 - 2K_3 - 7K_4 - K_5 = 0 \end{cases}$

用初等变换解线性方程组

$$\begin{pmatrix} 2 & 1 & 3 & 4 & 6 \\ -3 & -2 & -4 & -5 & -7 \\ 4 & 7 & 1 & 6 & 0 \\ -5 & -8 & -2 & -7 & -1 \end{pmatrix} \rightarrow \begin{pmatrix} 4 & 7 & 1 & 6 & 0 \\ -10 & -20 & 0 & -14 & 6 \\ 13 & 26 & 0 & 19 & -7 \\ 3 & 6 & 0 & 5 & -1 \end{pmatrix} \rightarrow \begin{pmatrix} 4 & 7 & 1 & 6 & 0 \\ 5 & 10 & 0 & 7 & -3 \\ -2 & -4 & 0 & -2 & 2 \\ 3 & 6 & 0 & 5 & -1 \end{pmatrix} \rightarrow$$

$$\begin{pmatrix} 4 & 7 & 1 & 6 & 0 \\ 5 & 10 & 0 & 7 & -3 \\ 1 & 2 & 0 & 1 & -1 \\ 1 & 2 & 0 & 3 & 1 \end{pmatrix} \rightarrow \begin{pmatrix} 4 & 7 & 1 & 6 & 0 \\ 1 & 2 & 0 & 1 & -1 \\ 0 & 0 & 0 & 2 & 2 \\ 0 & 0 & 0 & 0 & 0 \end{pmatrix} \rightarrow \begin{pmatrix} 0 & -1 & 1 & 2 & 4 \\ 1 & 2 & 0 & 1 & -1 \\ 0 & 0 & 0 & 1 & 1 \\ 0 & 0 & 0 & 0 & 0 \end{pmatrix} \rightarrow$$

$$\begin{pmatrix} 0 & -1 & 1 & 0 & 2 \\ 1 & 2 & 0 & 2 & 0 \\ 0 & 0 & 0 & 1 & 1 \\ 0 & 0 & 0 & 0 & 0 \end{pmatrix}$$

$$\begin{cases} K_3 = K_2 - 2K_5 \\ K_1 = -2K_2 - 2K_4 \\ K_4 = -K_5 \end{cases}$$

得 $\begin{cases} K_1 = -2K_2 + 2K_5 \\ K_3 = K_2 - 2K_5 \end{cases}$

$$\begin{pmatrix} -2 \\ 1 \\ 1 \\ 0 \\ 0 \end{pmatrix}, \begin{pmatrix} 2 \\ 0 \\ -2 \\ -1 \\ 1 \end{pmatrix}.$$

$$\begin{cases} -2f_1 + f_2 + f_3 = 0 \\ 2f_1 - 2f_3 - f_4 + f_5 = 0 \end{cases}$$

687. $\begin{cases} f_1 = 3x_1 + 2x_2 - 2x_3 - x_4 + 4x_5 \\ f_2 = 6x_1 + 4x_2 - 4x_3 - 2x_4 + 8x_5 \\ f_3 = 7x_1 + 5x_2 - 3x_3 - 2x_4 + x_5. \\ f_4 = 4x_1 + 4x_2 - 4x_3 - 3x_4 + 5x_5 \\ f_5 = 8x_1 + 7x_2 - 5x_3 - 4x_4 + 2x_5 \end{cases}$

解 设 K_1, K_2, K_3, K_4, K_5 是一组不全为零的数. 使得
$$K_1 f_1 + K_2 f_2 + K_3 f_3 + K_4 f_4 + K_5 f_5 = 0$$

即 $\begin{cases} 3K_1 + 6K_2 + 7K_3 + 4K_4 + 8K_5 = 0 \\ 2K_1 + 4K_2 + 5K_3 + 4K_4 + 7K_5 = 0 \\ -2K_1 - 4K_2 - 3K_3 - 4K_4 - 5K_5 = 0 \\ -K_1 - 2K_2 - 2K_3 - 3K_4 - 4K_5 = 0 \\ 4K_1 + 8K_2 + K_3 + 5K_4 + 2K_5 = 0 \end{cases}$

用初等变换解线性方程组

$$\begin{pmatrix} 3 & 6 & 7 & 4 & 8 \\ 2 & 4 & 5 & 4 & 7 \\ -2 & -4 & -3 & -4 & -5 \\ -1 & -2 & -2 & -3 & -4 \\ 4 & 8 & 1 & 5 & 2 \end{pmatrix} \rightarrow \begin{pmatrix} 1 & 2 & 2 & 3 & 4 \\ 0 & 0 & 1 & -5 & -4 \\ 0 & 0 & 1 & -2 & -1 \\ 0 & 0 & 1 & 2 & 3 \\ 0 & 0 & -7 & -7 & -14 \end{pmatrix} \rightarrow \begin{pmatrix} 1 & 2 & 2 & 3 & 4 \\ 0 & 0 & 1 & 1 & 2 \\ 0 & 0 & 0 & 1 & 1 \\ 0 & 0 & 1 & -1 & 0 \\ 0 & 0 & 0 & 0 & 0 \end{pmatrix} \rightarrow$$

$$\begin{pmatrix} 1 & 2 & 0 & 1 & 0 \\ & & 1 & 0 & 1 \\ & & & 1 & 1 \\ & & & & 0 \end{pmatrix} \rightarrow \begin{pmatrix} 1 & 2 & 0 & 0 & -1 \\ & & 1 & 0 & 1 \\ & & & 1 & 1 \\ & & & & 0 \end{pmatrix}$$

即
$$\begin{cases} K_1 + 2K_2 - K_5 = 0 \\ K_3 = -K_5 \\ K_4 = -K_5 \end{cases}$$

$$\begin{cases} K_1 = -2K_2 + K_5 \\ K_3 = -K_5 \\ K_4 = -K_5 \end{cases}$$

$$\begin{pmatrix} -2 \\ 1 \\ 0 \\ 0 \\ 0 \end{pmatrix}, \begin{pmatrix} 1 \\ 0 \\ -1 \\ -1 \\ 1 \end{pmatrix}$$

$$\begin{cases} f_1 - f_3 - f_4 + f_5 = 0 \\ -2f_1 + f_2 = 0 \end{cases}$$

检验:
$$\begin{cases} -2f_1 + f_2 = 0 \\ f_1 - f_3 - f_4 + f_5 = 0 \end{cases}$$

688. 令给定线性型组:
$$f_j = \sum_{k=1}^n a_{jk} x_k \quad (j = 1, 2, \cdots, S) \tag{1}$$
以及线性依赖于(1)中的型的第二个线性型组
$$\varphi_i = \sum_{j=1}^s c_{ij} f_j \quad (i = 1, 2, \cdots, t) \tag{2}$$

证明:型组(2)的秩不大于型组(1)的秩. 如果 $s = t$ 且行列式 $|c_{ij}|_s$ 异于零,则两个线性型组的秩相等.

证 φ_i 相当于657题中的 $\boldsymbol{\alpha}_i$,

f_j 相当于657题中的 $\boldsymbol{b}_j$,根据657题的证明,$\varphi_1, \varphi_2, \cdots, \varphi_t$ 中的秩,就是 $\varphi_1, \varphi_2, \cdots, \varphi_t$ 中的最大线性无关组不大于型组(1),即 $f_1, f_2, \cdots, f_s$ 中的最大线性无关组的个数.

如果 $s = t$,且行列式 $|c_{ij}|_s$ 异于零,则逆阵存在 $C^{-1} = D$.
$$f_j = \sum_{i=1}^s d_{ij} \varphi_i$$
同样根据657题的结论. 型组(1)、型组(2)的秩相等.

证完.

§11 线性方程组

研究下列方程组的相容性并求运算通解和一个特解：

689. $\begin{cases} 2x_1 + 7x_2 + 3x_3 + x_4 = 6 \\ 3x_1 + 5x_2 + 2x_3 + 2x_4 = 4 \\ 9x_1 + 4x_2 + x_3 + 7x_4 = 2 \end{cases}$

解 对增方阵

$$A = \begin{pmatrix} 2 & 7 & 3 & 1 & 6 \\ 3 & 5 & 2 & 2 & 4 \\ 9 & 4 & 1 & 7 & 2 \end{pmatrix}$$

进行初等变换，x_3 的系数最小公倍数最小，因此消去变元 x_3.

$$A \to \begin{pmatrix} 9 & 4 & 1 & 7 & 2 \\ -15 & -3 & 0 & -12 & 0 \\ -25 & -5 & 0 & -20 & 0 \end{pmatrix} \to \begin{pmatrix} 9 & 4 & 1 & 7 & 2 \\ 5 & 1 & 0 & 4 & 0 \\ 0 & 0 & 0 & 0 & 0 \end{pmatrix} \to \begin{pmatrix} -11 & 0 & 1 & -9 & 2 \\ 5 & 1 & 0 & 4 & 0 \\ 0 & 0 & 0 & 0 & 0 \end{pmatrix}$$

原方程组同解于方程组

$$\begin{pmatrix} -11 & 0 & 1 & -9 \\ 5 & 1 & 0 & 4 \\ 0 & 0 & 0 & 0 \end{pmatrix} \begin{pmatrix} x_1 \\ x_2 \\ x_3 \\ x_4 \end{pmatrix} = \begin{pmatrix} 2 \\ 0 \\ 0 \end{pmatrix}$$

或者

$$\begin{pmatrix} 5 & 1 & 0 & 4 \\ -11 & 0 & 1 & -9 \end{pmatrix} \begin{pmatrix} x_1 \\ x_2 \\ x_3 \\ x_4 \end{pmatrix} = \begin{pmatrix} 0 \\ 2 \end{pmatrix}$$

$$\begin{pmatrix} 1 & \\ & 1 \end{pmatrix} \begin{pmatrix} x_2 \\ x_3 \end{pmatrix} = \begin{pmatrix} -5 & -4 \\ 11 & 9 \end{pmatrix} \begin{pmatrix} x_1 \\ x_4 \end{pmatrix} + \begin{pmatrix} 0 \\ 2 \end{pmatrix}$$

$$\begin{pmatrix} x_2 \\ x_3 \end{pmatrix} = \begin{pmatrix} -5x_1 - 4x_4 \\ 11x_1 + 9x_4 + 2 \end{pmatrix}$$

于是原方程组的通解是

$$X = \begin{pmatrix} x_1 \\ -5x_1 - 4x_4 \\ 11x_1 + 9x_1 + 2 \\ x_4 \end{pmatrix} = \begin{pmatrix} 0 \\ 0 \\ 2 \\ 0 \end{pmatrix} + x_1 \begin{pmatrix} 1 \\ -5 \\ 11 \\ 0 \end{pmatrix} + x_4 \begin{pmatrix} 0 \\ -4 \\ 9 \\ 1 \end{pmatrix}$$

690. $\begin{cases} 2x_1 - 3x_2 + 5x_3 + 7x_4 = 1 \\ 4x_1 - 6x_2 + 2x_3 + 3x_4 = 2 \\ 2x_1 - 3x_2 - 11x_3 - 15x_4 = 1 \end{cases}$

解 对增广阵

$$\begin{pmatrix} 2 & -3 & 5 & 7 & 1 \\ 4 & -6 & 2 & 3 & 2 \\ 2 & -3 & -11 & -15 & 1 \end{pmatrix} \to \begin{pmatrix} 2 & -3 & 5 & 7 & 1 \\ 0 & 0 & -8 & -11 & 0 \\ 0 & 0 & -16 & -22 & 0 \end{pmatrix} \to \begin{pmatrix} 2 & -3 & 5 & 7 & 1 \\ 0 & 0 & 8 & 11 & 0 \\ 0 & 0 & 0 & 0 & 0 \end{pmatrix} \to$$

$$\begin{pmatrix} 2 & -3 & 5 & 7 & 1 \\ 0 & 0 & 1 & \frac{11}{8} & 0 \\ 0 & 0 & 0 & 0 & 0 \end{pmatrix} \to \begin{pmatrix} 2 & -3 & 0 & 7-\frac{55}{8} & 1 \\ 0 & 0 & 1 & \frac{11}{8} & 0 \\ 0 & 0 & 0 & 0 & 0 \end{pmatrix} \to \begin{pmatrix} 2 & -3 & 0 & \frac{1}{8} & 1 \\ 0 & 0 & 1 & \frac{11}{8} & 0 \\ 0 & 0 & 0 & 0 & 0 \end{pmatrix}$$

$$\frac{1}{8}x_4 = 1 - 2x_1 + 3x_2, \Rightarrow x_4 = 8 - 16x_1 + 24x_2$$

$$x_3 = -\frac{11}{8}x_4 = -11(1 - 2x_1 + 3x_2) \Rightarrow x_3 = -11 + 22x_1 - 33x_2$$

$$Z = \begin{pmatrix} 0 \\ 0 \\ -11 \\ 8 \end{pmatrix} + x_1 \begin{pmatrix} 0 \\ 0 \\ 22 \\ -16 \end{pmatrix} + x_2 \begin{pmatrix} 0 \\ 0 \\ -33 \\ 24 \end{pmatrix}$$

其中,x_1,x_2 是 **R** 中的任意两个数.

691. $\begin{cases} 3x_1 + 4x_2 + x_3 + 2x_4 = 3 \\ 6x_1 + 8x_2 + 2x_3 + 5x_4 = 7 \\ 9x_1 + 12x_2 + 3x_3 + 10x_4 = 13 \end{cases}$

解 增广矩阵为

$$\begin{pmatrix} 3 & 4 & 1 & 2 & 3 \\ 6 & 8 & 2 & 5 & 7 \\ 9 & 12 & 3 & 10 & 13 \end{pmatrix} \to \begin{pmatrix} 3 & 4 & 1 & 2 & 3 \\ 0 & 0 & 0 & 1 & 1 \\ 0 & 0 & 0 & 4 & 4 \end{pmatrix} \to \begin{pmatrix} 3 & 4 & 1 & 0 & 1 \\ 0 & 0 & 0 & 1 & 1 \\ 0 & 0 & 0 & 0 & 0 \end{pmatrix}$$

$$\begin{cases} x_3 = 1 - 3x_1 - 4x_2 \\ x_4 = 1 \end{cases}$$

特解

$$x_1 = x_2 = 0; x_1 = 1, x_2 = 0; x_1 = 0, x_2 = 1$$

$$\begin{pmatrix} 0 \\ 0 \\ 1 \\ 1 \end{pmatrix}, \begin{pmatrix} 1 \\ 0 \\ -3 \\ 0 \end{pmatrix}, \begin{pmatrix} 0 \\ 1 \\ -4 \\ 0 \end{pmatrix}$$

非齐次方程的通解
$$X = \begin{pmatrix} 0 \\ 0 \\ 1 \\ 1 \end{pmatrix} + \lambda \begin{pmatrix} 1 \\ 0 \\ -3 \\ 0 \end{pmatrix} + \mu \begin{pmatrix} 0 \\ 1 \\ -4 \\ 0 \end{pmatrix}$$

其中，λ, μ 是 **R** 中的任意两个数.

692. $\begin{cases} 3x_1 - 5x_2 + 2x_3 + 4x_4 = 2 \\ 7x_1 - 4x_2 + x_3 + 3x_4 = 5 \\ 5x_1 + 7x_2 - 4x_3 - 6x_4 = 3 \end{cases}$

解 增广矩阵为

$$A = \begin{pmatrix} 3 & -5 & 2 & 4 & 2 \\ 7 & -4 & 1 & 3 & 5 \\ 5 & 7 & -4 & -6 & 3 \end{pmatrix}$$

消去 x_3，系数最小公倍最小

$$A \to \begin{pmatrix} 7 & -4 & 1 & 3 & 5 \\ -11 & 3 & 0 & -2 & -8 \\ 33 & -9 & 0 & 6 & 23 \end{pmatrix} \to \begin{pmatrix} 7 & -4 & 1 & 3 & 5 \\ 11 & -3 & 0 & 2 & 8 \\ 0 & 0 & 0 & 0 & -1 \end{pmatrix}$$

原方程组是矛盾方程组，故无解.

693. $\begin{cases} 2x_1 + 5x_2 - 8x_3 = 8 \\ 4x_1 + 3x_2 - 9x_3 = 9 \\ 2x_1 + 3x_2 - 5x_3 = 7 \\ x_1 + 8x_2 - 7x_3 = 12 \end{cases}$

解 增广矩阵为

$$\begin{pmatrix} 2 & 5 & -8 & 8 \\ 4 & 3 & -9 & 9 \\ 2 & 3 & -5 & 7 \\ 1 & 8 & -7 & 12 \end{pmatrix} \xrightarrow{消去 x_1} \begin{pmatrix} 1 & 8 & -7 & 12 \\ 0 & -13 & 9 & -17 \\ 0 & -29 & 19 & -39 \\ 0 & -11 & 6 & -16 \end{pmatrix} \to \begin{pmatrix} 1 & 8 & -7 & 12 \\ 0 & -11 & 6 & -16 \\ 0 & -2 & 3 & -1 \\ 0 & -16 & 10 & -22 \end{pmatrix} \to$$

$$\begin{pmatrix} 1 & 8 & -7 & 12 \\ 0 & -2 & 3 & 1 \\ 0 & -7 & 0 & -14 \\ 0 & -10 & 1 & -19 \end{pmatrix} \to \begin{pmatrix} 1 & 8 & -7 & 12 \\ 0 & 7 & 0 & 14 \\ 0 & 2 & -3 & -1 \\ 0 & 0 & 1 & 1 \end{pmatrix}$$

有唯一解 $\begin{cases} x_3 = 1 \\ x_2 = 2 \\ x_1 = 3 \end{cases}$

694. $\begin{cases} 3x_1 - 2x_2 + 5x_3 + 4x_4 = 2 \\ 6x_1 - 4x_2 + 4x_3 + 3x_4 = 3. \\ 9x_1 - 6x_2 + 3x_3 + 2x_4 = 4 \end{cases}$

解 增广矩阵为

$$\begin{pmatrix} 3 & -2 & 5 & 4 & 2 \\ 6 & -4 & 4 & 3 & 3 \\ 9 & -6 & 3 & 2 & 4 \end{pmatrix} \to \begin{pmatrix} 3 & -2 & 5 & 4 & 2 \\ 3 & -2 & -1 & -1 & 1 \\ 3 & -2 & -1 & -1 & 1 \end{pmatrix} \to \begin{pmatrix} 0 & 0 & 6 & 5 & 1 \\ 3 & -2 & -1 & -1 & 1 \\ 0 & 0 & 0 & 0 & 0 \end{pmatrix} \to$$

$$\begin{pmatrix} 0 & 0 & 1 & \frac{5}{6} & \frac{1}{6} \\ 3 & -2 & 0 & -\frac{1}{6} & \frac{7}{6} \\ 0 & 0 & 0 & 0 & 0 \end{pmatrix}$$

特解：$\begin{cases} x_1 = x_4 = 0 \\ x_3 = \dfrac{1}{6} \\ x_2 = -\dfrac{7}{12} \end{cases}$

即 $\begin{pmatrix} 0 \\ -\dfrac{7}{12} \\ \dfrac{1}{6} \\ 0 \end{pmatrix}$.

齐次方程的通解：

$$\begin{cases} x_3 = -\dfrac{5}{6}x_4 \\ x_2 = \dfrac{1}{2}\left(3x_1 - \dfrac{1}{6}x_4\right) = \dfrac{3}{2}x_1 - \dfrac{1}{12}x_4 \end{cases}$$

若 $\begin{pmatrix} x_1 \\ x_4 \end{pmatrix} = \begin{pmatrix} 1 \\ 0 \end{pmatrix}$

则 $\begin{pmatrix} 1 \\ \dfrac{3}{2} \\ 0 \\ 0 \end{pmatrix}$

若 $\begin{pmatrix} x_1 \\ x_4 \end{pmatrix} = \begin{pmatrix} 0 \\ 1 \end{pmatrix}$

则
$$\begin{pmatrix} 0 \\ -\dfrac{1}{12} \\ -\dfrac{5}{6} \\ 1 \end{pmatrix}$$

原非齐次方程组的通解:

$$X = \begin{pmatrix} 0 \\ -\dfrac{7}{12} \\ \dfrac{1}{6} \\ 0 \end{pmatrix} + \lambda \begin{pmatrix} 1 \\ \dfrac{3}{2} \\ 0 \\ 0 \end{pmatrix} + \mu \begin{pmatrix} 0 \\ -\dfrac{1}{12} \\ -\dfrac{5}{6} \\ 1 \end{pmatrix}$$

其中,λ,μ 是 **R** 中的任意两个数.

695. $\begin{cases} 2x_1 - x_2 + 3x_3 - 7x_4 = 5 \\ 6x_1 - 3x_2 + x_3 - 4x_4 = 7 \\ 4x_1 - 2x_2 + 14x_3 - 31x_4 = 18 \end{cases}$

解 增广矩阵为

$$\begin{pmatrix} 2 & -1 & 3 & -7 & 5 \\ 6 & -3 & 1 & -4 & 7 \\ 4 & -2 & 14 & -31 & 18 \end{pmatrix} \to \begin{pmatrix} 2 & -1 & 3 & -7 & 5 \\ 0 & 0 & -8 & 17 & -8 \\ 0 & 0 & 8 & -17 & 8 \end{pmatrix} \to \begin{pmatrix} 2 & -1 & 3 & -7 & 5 \\ 0 & 0 & 1 & -\dfrac{17}{8} & 1 \\ 0 & 0 & 0 & 0 & 0 \end{pmatrix} \to$$

$$\begin{pmatrix} 2 & -1 & 0 & -7+\dfrac{51}{8} & 2 \\ 0 & 0 & 1 & -\dfrac{17}{8} & 1 \\ 0 & 0 & 0 & 0 & 0 \end{pmatrix} \to \begin{pmatrix} 2 & -1 & 0 & -\dfrac{5}{8} & 2 \\ 0 & 0 & 1 & -\dfrac{17}{8} & 1 \\ 0 & 0 & 0 & 0 & 0 \end{pmatrix}$$

非齐特解:
$$x_1 = x_4 = 0$$
$$\begin{pmatrix} 0 \\ -2 \\ 1 \\ 0 \end{pmatrix}$$

齐次方程组的通解:
$$\begin{cases} x_2 = 2x_1 - \dfrac{5}{8}x_4 \\ x_3 = \dfrac{17}{8}x_4 \end{cases}$$

若 $\begin{pmatrix} x_1 \\ x_4 \end{pmatrix} = \begin{pmatrix} 1 \\ 0 \end{pmatrix}$

则 $\begin{pmatrix} 1 \\ 2 \\ 0 \\ 0 \end{pmatrix}$

若 $\begin{pmatrix} x_1 \\ x_4 \end{pmatrix} = \begin{pmatrix} 0 \\ 1 \end{pmatrix}$

则 $\begin{pmatrix} 0 \\ -\dfrac{5}{8} \\ -\dfrac{17}{8} \\ 1 \end{pmatrix}$

$$X = \begin{pmatrix} 0 \\ -2 \\ 1 \\ 0 \end{pmatrix} + \lambda \begin{pmatrix} 1 \\ 2 \\ 0 \\ 0 \end{pmatrix} + \mu \begin{pmatrix} 0 \\ -\dfrac{5}{8} \\ \dfrac{17}{8} \\ 1 \end{pmatrix}$$

其中, λ, μ 是 **R** 中的任意两个数.

696. $\begin{cases} 9x_1 - 3x_2 + 5x_3 + 6x_4 = 4 \\ 6x_1 - 2x_2 + 3x_3 + x_4 = 5. \\ 3x_1 - x_2 + 3x_3 + 14x_4 = -8 \end{cases}$

解 增广矩阵为

$$\begin{pmatrix} 9 & -3 & 5 & 6 & 4 \\ 6 & -2 & 3 & 1 & 5 \\ 3 & -1 & 3 & 14 & -8 \end{pmatrix} \rightarrow \begin{pmatrix} 3 & -1 & 3 & 14 & -8 \\ 0 & 0 & -3 & -27 & 21 \\ 0 & 0 & -4 & -36 & 28 \end{pmatrix} \rightarrow \begin{pmatrix} 3 & -1 & 3 & 14 & -8 \\ 0 & 0 & 1 & 9 & -7 \\ 0 & 0 & 0 & 0 & 0 \end{pmatrix} \rightarrow$$

$$\begin{pmatrix} 3 & -1 & 0 & -13 & 13 \\ 0 & 0 & 1 & 9 & -7 \\ 0 & 0 & 0 & 0 & 0 \end{pmatrix}$$

非齐特解 $\begin{cases} x_1 = x_4 = 0 \\ x_2 = -13 \\ x_3 = -7 \end{cases}$. 即 $\begin{pmatrix} -13 \\ -7 \\ 0 \end{pmatrix}$. 对应齐次方程组 $\begin{cases} x_2 = x_1 - 13x_4 \\ x_3 = -9x_4 \end{cases}$. 若 $\begin{pmatrix} x_1 \\ x_4 \end{pmatrix} = \begin{pmatrix} 1 \\ 0 \end{pmatrix}$,

则 $\begin{pmatrix} 1 \\ 1 \\ 0 \\ 0 \end{pmatrix}$; 若 $\begin{pmatrix} x_1 \\ x_4 \end{pmatrix} = \begin{pmatrix} 0 \\ 1 \end{pmatrix}$, 则 $\begin{pmatrix} 0 \\ -13 \\ -9 \\ 1 \end{pmatrix}$.

$$X = \begin{pmatrix} 0 \\ -13 \\ -7 \\ 0 \end{pmatrix} + \lambda \begin{pmatrix} 1 \\ 1 \\ 0 \\ 0 \end{pmatrix} + \mu \begin{pmatrix} 0 \\ -13 \\ -9 \\ 1 \end{pmatrix}$$

其中, λ, μ 是 **R** 中的任意两个数.

697. $\begin{cases} 3x_1 + 2x_2 + 2x_3 + 2x_4 = 2 \\ 2x_1 + 3x_2 + 2x_3 + 5x_4 = 3 \\ 9x_1 + x_2 + 4x_3 - 5x_4 = 1 \\ 2x_1 + 2x_2 + 3x_3 + 4x_4 = 5 \\ 7x_1 + x_2 + 6x_3 - x_4 = 7 \end{cases}$.

解 增广矩阵为

$$\begin{pmatrix} 3 & 2 & 2 & 2 & 2 \\ 2 & 3 & 2 & 5 & 3 \\ 9 & 1 & 4 & -5 & 1 \\ 2 & 2 & 3 & 4 & 5 \\ 7 & 1 & 6 & -1 & 7 \end{pmatrix} \to \begin{pmatrix} 7 & 1 & 6 & -1 & 7 \\ 2 & 0 & -2 & -4 & -6 \\ -12 & 0 & -9 & 6 & -9 \\ 1 & 0 & -1 & -2 & -3 \\ -19 & 0 & -16 & 8 & -18 \end{pmatrix} \to \begin{pmatrix} 7 & 1 & 6 & -1 & 7 \\ 1 & 0 & -1 & -2 & -3 \\ -4 & 0 & -3 & 2 & -3 \\ -7 & 0 & -7 & 2 & -9 \end{pmatrix} \to$$

$$\begin{pmatrix} 7 & 1 & 6 & -1 & 7 \\ 1 & 0 & -1 & -2 & -3 \\ 0 & 0 & -7 & -6 & -15 \\ 0 & 0 & -14 & -12 & -30 \end{pmatrix} \to \begin{pmatrix} 7 & 1 & 6 & -1 & 7 \\ 1 & 0 & -1 & -2 & -3 \\ 0 & 0 & 7 & 6 & 15 \\ 0 & 0 & 0 & 0 & 0 \end{pmatrix} \to \begin{pmatrix} 0 & 1 & 13 & 13 & 28 \\ 1 & 0 & -1 & -2 & -3 \\ 0 & 0 & 7 & 6 & 15 \\ 0 & 0 & 0 & 0 & 0 \end{pmatrix} \to$$

$$\begin{pmatrix} 0 & 1 & -1 & 1 & -2 \\ 1 & 0 & -1 & -2 & -3 \\ 0 & 0 & 7 & 6 & 15 \\ 0 & 0 & 0 & 0 & 0 \end{pmatrix} \to \begin{pmatrix} 0 & 1 & 0 & \dfrac{13}{7} & \dfrac{1}{7} \\ 1 & 0 & 0 & -\dfrac{8}{7} & -\dfrac{6}{7} \\ 0 & 0 & 1 & \dfrac{6}{7} & \dfrac{15}{7} \\ 0 & 0 & 0 & 0 & 0 \end{pmatrix}$$

非齐特解 $\begin{pmatrix} -\frac{6}{7} \\ \frac{1}{7} \\ \frac{15}{7} \\ 0 \end{pmatrix}$. 齐次方程的通解：当 $x_4 = 1$ 时为 $\begin{pmatrix} \frac{8}{7} \\ -\frac{13}{7} \\ -\frac{6}{7} \\ 1 \end{pmatrix}$.

$$X = \begin{pmatrix} -\frac{6}{7} \\ \frac{1}{7} \\ \frac{15}{7} \\ 0 \end{pmatrix} + \lambda \begin{pmatrix} \frac{8}{7} \\ -\frac{13}{7} \\ -\frac{6}{7} \\ 1 \end{pmatrix}$$

其中，λ 是 **R** 中的任意数.

698. $\begin{cases} x_1 + x_2 + 3x_3 - 2x_4 + 3x_5 = 1 \\ 2x_1 + 2x_2 + 4x_3 - x_4 + 3x_5 = 2 \\ 3x_1 + 3x_2 + 5x_3 - 2x_4 + 3x_5 = 1 \\ 2x_1 + 2x_2 + 8x_3 - 3x_4 + 9x_5 = 2 \end{cases}$

解 增广矩阵为

$$\begin{pmatrix} 1 & 1 & 3 & -2 & 3 & 1 \\ 2 & 2 & 4 & -1 & 3 & 2 \\ 3 & 3 & 5 & -2 & 3 & 1 \\ 2 & 2 & 8 & -3 & 9 & 2 \end{pmatrix} \rightarrow \begin{pmatrix} 1 & 1 & 3 & -2 & 3 & 1 \\ 0 & 0 & -2 & 3 & -3 & 0 \\ 0 & 0 & -4 & 4 & -6 & -2 \\ 0 & 0 & 2 & 1 & 3 & 0 \end{pmatrix} \rightarrow \begin{pmatrix} 1 & 1 & 3 & -2 & 3 & 1 \\ 0 & 0 & 2 & -3 & 3 & 0 \\ 0 & 0 & 0 & 1 & 0 & 0 \\ 0 & 0 & 2 & -2 & 3 & 1 \end{pmatrix} \rightarrow$$

$$\begin{pmatrix} 1 & 1 & 1 & 0 & 0 & 0 \\ 0 & 0 & 2 & 0 & 3 & 0 \\ 0 & 0 & 2 & 0 & 3 & 1 \\ 0 & 0 & 0 & 1 & 0 & 0 \end{pmatrix}$$

矛盾的，故无解.

699. $\begin{cases} 2x_1 - x_2 + x_3 + 2x_4 + 3x_5 = 2 \\ 6x_1 - 3x_2 + 2x_3 + 4x_4 + 5x_5 = 3 \\ 6x_1 - 3x_2 + 4x_3 + 8x_4 + 13x_5 = 9 \\ 4x_1 - 2x_2 + x_3 + x_4 + 2x_5 = 1 \end{cases}$

解 增广矩阵为

$$\begin{pmatrix} 2 & -1 & 1 & 2 & 3 & 2 \\ 6 & -3 & 2 & 4 & 5 & 3 \\ 6 & -3 & 4 & 8 & 13 & 9 \\ 4 & -2 & 1 & 1 & 2 & 1 \end{pmatrix} \rightarrow \begin{pmatrix} 2 & -1 & 1 & 2 & 3 & 2 \\ 0 & 0 & -1 & -2 & -4 & -3 \\ 0 & 0 & 1 & 2 & 4 & 3 \\ 0 & 0 & -1 & -3 & -4 & -3 \end{pmatrix} \rightarrow \begin{pmatrix} 2 & -1 & 0 & 0 & -1 & -1 \\ 0 & 0 & 1 & 2 & 4 & 3 \\ 0 & 0 & 0 & 1 & 0 & 0 \\ 0 & 0 & 0 & 0 & 0 & 0 \end{pmatrix}$$

非齐次方程的特解:

$$\begin{cases} x_2 = 0 \\ x_5 = 0 \\ x_1 = -\dfrac{1}{2} \\ x_3 = 3 - 4x_5 = 3 \end{cases}$$

即

$$\begin{pmatrix} -\dfrac{1}{2} \\ 0 \\ 3 \\ 0 \\ 0 \end{pmatrix}$$

齐次方程的通解:

$$\begin{cases} x_4 = 0 \\ x_3 = -4x_5 \\ x_2 = 2x_1 - x_5 \end{cases}$$

即

$$X = \begin{pmatrix} -\dfrac{1}{2} \\ 0 \\ 3 \\ 0 \\ 0 \end{pmatrix} + \begin{pmatrix} x_1 \\ 2x_1 - x_5 \\ -4x_5 \\ 0 \\ x_5 \end{pmatrix} = \begin{pmatrix} -\dfrac{1}{2} \\ 0 \\ 3 \\ 0 \\ 0 \end{pmatrix} + x_1 \begin{pmatrix} 1 \\ 2 \\ 0 \\ 0 \\ 0 \end{pmatrix} + x_5 \begin{pmatrix} 0 \\ -1 \\ -4 \\ 0 \\ 1 \end{pmatrix}$$

700. $\begin{cases} 6x_1 + 4x_2 + 5x_3 + 2x_4 + 3x_5 = 1 \\ 3x_1 + 2x_2 + 4x_3 + x_4 + 2x_5 = 3 \\ 3x_1 + 2x_2 - 2x_3 + x_4 \quad\quad = -7 \\ 9x_1 + 6x_2 + x_3 + 3x_4 + 2x_5 = 2 \end{cases}$

解 增广矩阵为

$$\begin{pmatrix} 6 & 4 & 5 & 2 & 3 & 1 \\ 3 & 2 & 4 & 1 & 2 & 3 \\ 3 & 2 & -2 & 1 & 0 & -7 \\ 9 & 6 & 1 & 3 & 2 & 2 \end{pmatrix} \rightarrow \begin{pmatrix} 3 & 2 & 4 & 1 & 2 & 3 \\ 3 & 2 & -2 & 1 & 0 & 7 \\ 6 & 4 & 5 & 2 & 3 & 1 \\ 9 & 6 & 1 & 3 & 2 & 2 \end{pmatrix} \rightarrow \begin{pmatrix} 3 & 2 & 4 & 1 & 2 & 3 \\ 0 & 0 & -6 & 0 & -2 & -10 \\ 0 & 0 & -3 & 0 & -1 & -5 \\ 0 & 0 & -11 & 0 & -4 & -7 \end{pmatrix} \rightarrow$$

$$\begin{pmatrix} 3 & 2 & 4 & 1 & 2 & 3 \\ 0 & 0 & 3 & 0 & 1 & 5 \\ 0 & 0 & 11 & 0 & 4 & 7 \\ 0 & 0 & 0 & 0 & 0 & 0 \end{pmatrix} \rightarrow \begin{pmatrix} 3 & 2 & 4 & 1 & 2 & 3 \\ 0 & 0 & 3 & 0 & 1 & 5 \\ 0 & 0 & 2 & 0 & 1 & -8 \\ 0 & 0 & 0 & 0 & 0 & 0 \end{pmatrix} \rightarrow \begin{pmatrix} 3 & 2 & 4 & 1 & 2 & 3 \\ 0 & 0 & 2 & 0 & 1 & -8 \\ 0 & 0 & 1 & 0 & 0 & 13 \\ 0 & 0 & 0 & 0 & 0 & 0 \end{pmatrix}$$

$$\begin{cases} x_3 = 13 \\ x_5 = -34 \\ 3x_1 + 2x_2 + x_4 = 19 \end{cases}$$

特解：

$$\begin{cases} x_1 = x_2 = 0 \\ x_3 = 13, x_4 = 19, x_5 = -34 \end{cases}$$

即

$$\begin{pmatrix} 0 \\ 0 \\ 13 \\ 19 \\ -34 \end{pmatrix}$$

通解：

$$x_3 = 13, x_4 = 19 - 3x_1 - 2x_2, x_5 = -34$$

若 $\begin{pmatrix} x_1 \\ x_2 \end{pmatrix} = \begin{pmatrix} 1 \\ 0 \end{pmatrix}$，则 $\begin{pmatrix} 1 \\ 0 \\ 13 \\ 16 \\ -34 \end{pmatrix}$；若 $\begin{pmatrix} x_1 \\ x_2 \end{pmatrix} = \begin{pmatrix} 0 \\ 1 \end{pmatrix}$，则 $\begin{pmatrix} 0 \\ 1 \\ 13 \\ 17 \\ -34 \end{pmatrix}$.

$$X = \begin{pmatrix} 0 \\ 0 \\ 13 \\ 19 \\ -34 \end{pmatrix} + \lambda \begin{pmatrix} 1 \\ 0 \\ 13 \\ 16 \\ -34 \end{pmatrix} + \mu \begin{pmatrix} 0 \\ 1 \\ 13 \\ 17 \\ -34 \end{pmatrix}$$

其中，λ, μ 是 **R** 中的任意两个数.

701. $\begin{cases} x_1 + 2x_2 + 3x_3 - 2x_4 + x_5 = 4 \\ 3x_1 + 6x_2 + 5x_3 - 4x_4 + 3x_5 = 5 \\ x_1 + 2x_2 + 7x_3 - 4x_4 + x_5 = 1 \\ 2x_1 + 4x_2 + 2x_3 - 3x_4 + 3x_5 = 6 \end{cases}$

解 增广矩阵为

$\begin{pmatrix} 1 & 2 & 3 & -2 & 1 & 4 \\ 3 & 6 & 5 & -4 & 3 & 5 \\ 1 & 2 & 7 & -4 & 1 & 11 \\ 2 & 4 & 2 & -3 & 3 & 6 \end{pmatrix} \rightarrow \begin{pmatrix} 1 & 2 & 3 & -2 & 1 & 4 \\ 1 & 2 & 7 & -4 & 1 & 11 \\ 2 & 4 & 2 & -3 & 3 & 6 \\ 3 & 6 & 5 & -4 & 3 & 5 \end{pmatrix} \rightarrow \begin{pmatrix} 1 & 2 & 3 & -2 & 1 & 4 \\ 0 & 0 & 4 & -2 & 0 & 7 \\ 0 & 0 & -4 & 1 & 1 & -2 \\ 0 & 0 & -4 & 2 & 0 & -7 \end{pmatrix} \rightarrow$

$\begin{pmatrix} 1 & 2 & 3 & -2 & 1 & 4 \\ 0 & 0 & 4 & -2 & 0 & 7 \\ 0 & 0 & 0 & -1 & 1 & 5 \end{pmatrix} \rightarrow \begin{pmatrix} 1 & 2 & -1 & 0 & 1 & -3 \\ 0 & 0 & 4 & 0 & -2 & -3 \\ 0 & 0 & 0 & 0 & 0 & 0 \end{pmatrix} \rightarrow \begin{pmatrix} 1 & 2 & -1 & 0 & 1 & -3 \\ 0 & 0 & 2 & 0 & -1 & -\frac{3}{2} \\ 0 & 0 & 0 & 0 & 0 & 0 \end{pmatrix} \rightarrow$

$\begin{pmatrix} 1 & 2 & 1 & 0 & 0 & -\frac{9}{2} \\ 0 & 0 & 2 & 0 & -1 & -\frac{3}{2} \\ 0 & 0 & 0 & -1 & 1 & 5 \end{pmatrix} \rightarrow \begin{pmatrix} 1 & 2 & 1 & 0 & 0 & -\frac{9}{2} \\ 0 & 0 & 1 & 0 & -\frac{1}{2} & -\frac{3}{4} \\ 0 & 0 & 0 & -1 & 1 & 5 \end{pmatrix} \rightarrow \begin{pmatrix} 1 & 2 & 0 & 0 & \frac{1}{2} & -\frac{15}{4} \\ 0 & 0 & 1 & 0 & -\frac{1}{2} & -\frac{3}{4} \\ 0 & 0 & 0 & 1 & -1 & -5 \end{pmatrix}$

非齐次方程特解：

$x_2 = 0, x_5 = 0,$ 即 $\begin{pmatrix} -\frac{15}{4} \\ 0 \\ -\frac{3}{4} \\ -5 \\ 0 \end{pmatrix}$.

齐次方程的通解：

$\begin{cases} 2x_2 = -\frac{1}{2}x_5 - x_1 \\ x_3 = \frac{1}{2}x_5 \\ x_4 = x_5 - 5 \end{cases} \Rightarrow \begin{cases} x_2 = -\frac{1}{4}x_5 - \frac{1}{2}x_1 \\ x_3 = \frac{1}{2}x_5 \\ x_4 = x_5 - 5 \end{cases}$

即 $X = \begin{pmatrix} x_1 \\ -\frac{1}{4}x_5 - \frac{1}{2}x_1 \\ \frac{1}{2}x_5 \\ x_5 - 5 \\ x_5 \end{pmatrix}$

其中，x_1, x_5 为任意实数.

702. $\begin{cases} 6x_1 + 3x_2 + 2x_3 + 3x_4 + 4x_5 = 5 \\ 4x_1 + 2x_2 + x_3 + 2x_4 + 3x_5 = 4 \\ 4x_1 + 2x_2 + 3x_3 + 2x_4 + x_5 = 0 \\ 2x_1 + x_2 + 7x_3 + 3x_4 + 2x_5 = 1 \end{cases}$

解 增广矩阵为

$$\begin{pmatrix} 6 & 3 & 2 & 3 & 4 & 5 \\ 4 & 2 & 1 & 2 & 3 & 4 \\ 4 & 2 & 3 & 2 & 1 & 0 \\ 2 & 1 & 7 & 3 & 2 & 1 \end{pmatrix} \rightarrow \begin{pmatrix} 2 & 1 & 7 & 3 & 2 & 1 \\ 4 & 2 & 1 & 2 & 3 & 4 \\ 4 & 2 & 3 & 2 & 1 & 0 \\ 6 & 3 & 2 & 3 & 4 & 5 \end{pmatrix} \rightarrow \begin{pmatrix} 2 & 1 & 7 & 3 & 2 & 1 \\ 0 & 0 & -13 & -4 & -1 & 2 \\ 0 & 0 & -11 & -4 & -3 & -2 \\ 0 & 0 & -19 & -6 & -2 & 2 \end{pmatrix} \rightarrow$$

$$\begin{pmatrix} 2 & 1 & 7 & 3 & 2 & 1 \\ 0 & 0 & -2 & 0 & 2 & 4 \\ 0 & 0 & -6 & -2 & -1 & 0 \\ 0 & 0 & 11 & 4 & 3 & 2 \end{pmatrix} \rightarrow \begin{pmatrix} 2 & 1 & 7 & 3 & 2 & 1 \\ 0 & 0 & 1 & 0 & -1 & -2 \\ 0 & 0 & 6 & 2 & 1 & 0 \\ 0 & 0 & 14 & 4 & 0 & -4 \end{pmatrix} \rightarrow \begin{pmatrix} 2 & 1 & 7 & 3 & 2 & 1 \\ 0 & 0 & 1 & 0 & -1 & -2 \\ 0 & 0 & 7 & 2 & 0 & -2 \\ 0 & 0 & 7 & 2 & 0 & -2 \end{pmatrix} \rightarrow$$

$$\begin{pmatrix} 2 & 1 & 0 & 1 & 2 & 3 \\ 0 & 0 & 1 & 0 & -1 & -2 \\ 0 & 0 & 0 & 2 & 7 & 12 \\ 0 & 0 & 0 & 0 & 0 & 0 \end{pmatrix} \rightarrow \begin{pmatrix} 2 & 1 & 0 & 1 & 2 & 3 \\ 0 & 0 & 1 & 0 & -1 & -2 \\ 0 & 0 & 0 & 1 & \frac{7}{2} & 6 \\ 0 & 0 & 0 & 0 & 0 & 0 \end{pmatrix} \rightarrow \begin{pmatrix} 2 & 1 & 0 & 0 & -\frac{3}{2} & -3 \\ 0 & 0 & 1 & 0 & -1 & -2 \\ 0 & 0 & 0 & 1 & \frac{7}{2} & 6 \\ 0 & 0 & 0 & 0 & 0 & 0 \end{pmatrix}$$

非齐次方程组特解：$x_1 = 0, x_5 = 0$. 即 $\begin{pmatrix} 0 \\ -3 \\ -2 \\ 6 \\ 0 \end{pmatrix}$.

齐次方程组通解：

$$\begin{cases} x_2 = \frac{3}{2}x_5 - 2x_1 \\ x_3 = x_5 \\ x_4 = -\frac{7}{2}x_5 \end{cases}$$

即 $X = \begin{pmatrix} x_1 \\ \frac{3}{2}x_5 - 2x_1 \\ x_5 \\ -\frac{7}{2}x_5 \\ x_5 \end{pmatrix}$

其中，x_1, x_5 为任意实数.

检验：特解 $\begin{pmatrix} 0 \\ -3 \\ -2 \\ 6 \\ 0 \end{pmatrix}$ 适合.

齐次通解：

左 $= 6x_1 + \dfrac{9}{2}x_5 - 6x_1 + 2x_5 - \dfrac{21}{2}x_5 + 4x_5 = 0$

左 $= 4x_1 + 3x_5 \quad - 4x_1 + 4x_5 - \ 7x_5 = 0$

左 $= 4x_1 + 3x_5 - 4x_1 + 3x_5 - 7x_5 + x_5 = 0$

左 $= 2x_1 + \dfrac{3}{2}x_5 - 2x_1 + 9x_5 - \dfrac{21}{2}x_5 = 0$

所求特解、通解代入非齐次方程组、齐次方程组都适合，是原方程组的解.

703. $\begin{cases} 8x_1 + 6x_2 + 5x_3 + 2x_4 = 21 \\ 3x_1 + 3x_2 + 2x_3 + \ x_4 = 10 \\ 4x_1 + 2x_2 + 3x_3 + \ x_4 = 8 \\ 3x_1 + 5x_2 + \ x_3 + \ x_4 = 15 \\ 7x_1 + 4x_2 + 5x_3 + 2x_4 = 18 \end{cases}$

解 增广矩阵为

$\begin{pmatrix} 8 & 6 & 5 & 2 & 21 \\ 3 & 3 & 2 & 1 & 10 \\ 4 & 2 & 3 & 1 & 8 \\ 3 & 5 & 1 & 1 & 15 \\ 7 & 4 & 5 & 2 & 18 \end{pmatrix} \rightarrow \begin{pmatrix} 3 & 3 & 2 & 1 & 10 \\ 3 & 5 & 1 & 1 & 15 \\ 4 & 2 & 3 & 1 & 8 \\ 7 & 4 & 5 & 2 & 18 \\ 8 & 6 & 5 & 2 & 21 \end{pmatrix} \rightarrow \begin{pmatrix} 3 & 3 & 2 & 1 & 10 \\ 0 & 2 & -1 & 0 & 5 \\ 1 & -3 & 2 & 0 & -7 \\ 7 & 4 & 5 & 2 & 18 \\ 1 & 2 & 0 & 0 & 3 \end{pmatrix} \rightarrow$

$\begin{pmatrix} 3 & 3 & 2 & 1 & 10 \\ 0 & 2 & -1 & 0 & 5 \\ 1 & -3 & 2 & 0 & -7 \\ 1 & -2 & 1 & 0 & -2 \\ 1 & 2 & 0 & 0 & 3 \end{pmatrix} \rightarrow \begin{pmatrix} 3 & 3 & 2 & 1 & 10 \\ 0 & 2 & -1 & 0 & 5 \\ 1 & -3 & 2 & 0 & -7 \\ 1 & 0 & 0 & 0 & 3 \\ 0 & 2 & 0 & 0 & 0 \end{pmatrix} \rightarrow \begin{pmatrix} 0 & 0 & 2 & 1 & 1 \\ 0 & 0 & -1 & 0 & 5 \\ 0 & 0 & 2 & 0 & -10 \\ 0 & 0 & 0 & 0 & 0 \\ 0 & 0 & 0 & 0 & 0 \end{pmatrix}$

特解： $\begin{cases} x_1 = 3 \\ x_2 = 0 \\ x_3 = -5 \\ x_4 = 11 \end{cases}$

检验： $\begin{cases} 左 = 24 - 25 + 22 = 21 \\ 左 = 9 - 10 + 11 = 10 \\ 左 = 9 - 5 + 11 = 15 \\ 左 = 21 - 25 + 22 = 18 \end{cases}$

$$X = \begin{pmatrix} 3 \\ 0 \\ -5 \\ 11 \end{pmatrix} \text{ 是原方程组的解.}$$

704. $\begin{cases} 2x_1 + 3x_2 + x_3 + 2x_4 = 4 \\ 4x_1 + 3x_2 + x_3 + x_4 = 5 \\ 5x_1 + 11x_2 + 3x_3 + 2x_4 = 2 \\ 2x_1 + 5x_2 + x_3 + x_4 = 1 \\ x_1 - 7x_2 - x_3 + 2x_4 = 7 \end{cases}.$

解 增广矩阵为

$$\begin{pmatrix} 2 & 3 & 1 & 2 & 4 \\ 4 & 3 & 1 & 1 & 5 \\ 5 & 11 & 3 & 2 & 2 \\ 2 & 5 & 1 & 1 & 1 \\ 1 & -7 & -1 & 2 & 7 \end{pmatrix} \to \begin{pmatrix} 3 & -4 & 0 & 4 & 11 \\ 5 & -4 & 0 & 3 & 12 \\ 3 & -2 & 0 & 3 & 8 \\ 8 & -10 & 0 & 8 & 23 \\ 1 & -7 & -1 & 2 & 7 \end{pmatrix} \to \begin{pmatrix} 0 & 0 & 0 & 0 & 0 \\ 0 & 0 & 0 & 0 & 0 \\ -2 & 2 & 0 & 0 & -4 \\ 2 & -2 & 0 & 0 & 1 \\ 0 & 0 & 0 & 0 & 0 \end{pmatrix}.$$

矛盾. 无解.

705. 证明：

(a) 任一 n 个未知量 S 个线性方程的方程组, 若其未知量系数的矩阵有秩 r, 则用改变方程和未知量的编号的方法可以把该方程组化到以下形式

$$\sum_{j=1}^{n} a_{ij} x_j = b_i \quad (i = 1, 2, \cdots, S) \tag{1}$$

它具有性质

$$m_0 = 1, m_1 \neq 0, m_2 \neq 0, \cdots, m_r \neq 0 \tag{2}$$

其中, m_k 是位于组(1)未知量系数矩阵左上角的 k 阶子式.

(b) 用将上面方程乘以适当数并从下面的方程减去的一系列减法, 可以把具有性质(2)的方程组化到等价组

$$\sum_{j=1}^{n} c_{ij} x_j = d_i \quad (i = 1, 2, \cdots, S) \tag{3}$$

后者具有性质：

$$\left. \begin{array}{l} c_{ii} \neq 0, \text{当 } i = 1, 2, \cdots, r \text{ 时;} \\ c_{ij} = 0, \text{当 } j < i \leq r \text{ 时, 以及} \\ \text{当 } i > r \text{ 而 } j = 1, 2, \cdots, n \text{ 时} \end{array} \right\} \tag{4}$$

如果当 $i = r+1, r+2, \cdots, S$ 时, $d_i = 0$, 则组(3)和组(1)是相容的, 而当 $r = n$ 时有唯一解; 当 $r < n$ 时有无穷多解.

在后一情形, $x_{r+1}, \cdots, x_n$ 是自由未知量. 从第 r 个方程可用自由未知量表示出 x_r, 将 x_r 的这

个表达式代进第 $r-1$ 个方程,我们求出 x_{r-1} 用自由未知量表示的表达式,等等.

最后,从第一个方程求出 x_1 用自由未知量表示的表达式.

所得到的用自由未知量 $x_{r+1},\cdots,x_n$ 表示 $x_1,x_2,\cdots,x_r$ 的表达式是组(3)和组(1)的通解,这意味着:给自由未知量的任何值,从所求得的表达式我们得到组(3)和组(1)的一个解,并且,这两个组的任一解可以用此种方法适当选取自由未知量的值而得到.

如果,对一个或多个 $i>r$,使 $d_i \neq 0$,则组(3)和组(1)是不相容的.

所述研究和解线性方程组的方法称为消元法.

复旦大学《线性代数》课本在 Gauss 消元法中,完全用矩阵形式描写了整个的消元过程,并最终化到了上述矩阵.

使用习题 705 指出的消元法,研究下列方程组的相容性并求通解(如果原方程组有整系数,则在消元过程中可以避免分数):

706. $\begin{cases} x_1 + 2x_2 + 3x_3 + x_4 = 3 \\ x_1 + 4x_2 + 5x_3 + 2x_4 = 2 \\ 2x_1 + 9x_2 + 8x_3 + 3x_4 = 7 \\ 3x_1 + 7x_2 + 7x_3 + 2x_4 = 12 \\ 5x_1 + 7x_2 + 9x_3 + 2x_4 = 20 \end{cases}$.

解 增广矩阵为

$$\begin{pmatrix} 1 & 2 & 3 & 1 & 3 \\ 1 & 4 & 5 & 2 & 2 \\ 2 & 9 & 8 & 3 & 7 \\ 3 & 7 & 7 & 2 & 12 \\ 5 & 7 & 9 & 2 & 20 \end{pmatrix} \rightarrow \begin{pmatrix} 1 & 2 & 3 & 1 & 3 \\ 0 & 2 & 2 & 1 & -1 \\ 0 & 5 & 2 & 1 & 1 \\ 0 & 1 & -2 & -1 & 3 \\ 0 & -3 & -6 & -3 & 5 \end{pmatrix} \rightarrow \begin{pmatrix} 1 & 2 & 3 & 1 & 3 \\ 0 & 2 & 2 & 1 & -1 \\ 0 & 3 & 0 & 0 & 2 \\ 0 & 0 & 6 & 3 & -7 \\ 0 & 0 & -12 & -6 & 14 \end{pmatrix} \rightarrow$$

$$\begin{pmatrix} 1 & 0 & 1 & 0 & 4 \\ 0 & 2 & 2 & 1 & -1 \\ 0 & 3 & 0 & 0 & 2 \\ 0 & 0 & 6 & 3 & -7 \end{pmatrix} \rightarrow \begin{pmatrix} 1 & 0 & 1 & 0 & 4 \\ 0 & 2 & 2 & 1 & -1 \\ 0 & 3 & 0 & 0 & 2 \\ 0 & -6 & 0 & 0 & 4 \end{pmatrix} \rightarrow \begin{pmatrix} 1 & 0 & 1 & 0 & 4 \\ 0 & 6 & 6 & 3 & -3 \\ 0 & 6 & 0 & 0 & 4 \\ 0 & 0 & 0 & 0 & 0 \end{pmatrix} \rightarrow \begin{pmatrix} 1 & 0 & 1 & 0 & 4 \\ 0 & 2 & 2 & 1 & -1 \\ 0 & 0 & 6 & 3 & -7 \\ 0 & 0 & 0 & 0 & 0 \end{pmatrix} \rightarrow$$

$$\begin{pmatrix} 1 & 0 & 1 & 0 & 4 \\ 0 & 2 & 0 & 0 & \dfrac{4}{3} \\ 0 & 0 & 2 & 1 & -\dfrac{7}{3} \\ 0 & 0 & 0 & 0 & 0 \end{pmatrix}$$

$$\begin{cases} x_2 = \dfrac{2}{3} \\ x_1 = 4 - x_3 \\ x_4 = -\dfrac{7}{3} - 2x_3 \end{cases}$$

通解: $X = \begin{pmatrix} 4 - x_3 \\ \dfrac{2}{3} \\ x_3 \\ -\dfrac{7}{3} - 2x_3 \end{pmatrix}$.

其中, x_3 为任意实数.

707. $\begin{cases} 12x_1 + 14x_2 - 15x_3 + 23x_4 + 27x_5 = 5 \\ 16x_1 + 18x_2 - 22x_3 + 29x_4 + 37x_5 = 8 \\ 18x_1 + 20x_2 - 21x_3 + 32x_4 + 41x_5 = 9 \\ 10x_1 + 12x_2 - 16x_3 + 20x_4 + 23x_5 = 4 \end{cases}$.

解 增广矩阵为

$\begin{pmatrix} 12 & 14 & -15 & 23 & 27 & 5 \\ 16 & 18 & -22 & 29 & 37 & 8 \\ 18 & 20 & -21 & 32 & 41 & 9 \\ 10 & 12 & -16 & 20 & 23 & 4 \end{pmatrix} \to \begin{pmatrix} 10 & 12 & -16 & 20 & 23 & 4 \\ 2 & 2 & 1 & 3 & 4 & 1 \\ 4 & 4 & -7 & 6 & 10 & 3 \\ 2 & 2 & 1 & 3 & 4 & 1 \end{pmatrix} \to \begin{pmatrix} 2 & 2 & 1 & 3 & 4 & 1 \\ 0 & 2 & -21 & 5 & 3 & -1 \\ 0 & 0 & -9 & 0 & 2 & 1 \end{pmatrix} \to$

$\begin{pmatrix} 2 & 0 & 22 & -2 & 1 & 2 \\ 0 & 2 & -3 & 5 & -1 & -3 \\ 0 & 0 & 9 & 0 & -2 & -1 \end{pmatrix} \to \begin{pmatrix} 2 & 0 & 4 & -2 & 5 & 4 \\ 0 & 2 & 0 & 5 & -\dfrac{5}{3} & -\dfrac{10}{3} \\ 0 & 0 & 3 & 0 & -\dfrac{2}{3} & -\dfrac{1}{3} \end{pmatrix} \to \begin{pmatrix} 2 & 0 & 4 & -2 & 5 & 4 \\ 0 & 2 & 0 & 5 & -\dfrac{5}{3} & -\dfrac{10}{3} \\ 0 & 0 & 1 & 0 & -\dfrac{2}{9} & -\dfrac{1}{9} \end{pmatrix} \to$

$\begin{pmatrix} 2 & 0 & 0 & -2 & 5\dfrac{8}{9} & 4\dfrac{4}{9} \\ 0 & 2 & 0 & 5 & -\dfrac{5}{3} & -\dfrac{10}{3} \\ 0 & 0 & 1 & 0 & -\dfrac{2}{9} & -\dfrac{1}{9} \end{pmatrix} \to \begin{pmatrix} 2 & 0 & 0 & -2 & \dfrac{53}{9} & \dfrac{40}{7} \\ 0 & 2 & 0 & 5 & -\dfrac{5}{3} & -\dfrac{10}{3} \\ 0 & 0 & 1 & 0 & -\dfrac{2}{9} & -\dfrac{1}{9} \end{pmatrix}$

通解:

$$\begin{cases} x_1 = \dfrac{20}{9} + x_4 - \dfrac{53}{18}x_5 \\ x_2 = -\dfrac{5}{3} - \dfrac{5}{2}x_4 + \dfrac{5}{6}x_5 \\ x_3 = -\dfrac{1}{9} + \dfrac{2}{9}x_5 \end{cases}$$

$$X = \begin{pmatrix} \dfrac{20}{9} + x_4 - \dfrac{53}{18}x_5 \\ -\dfrac{5}{3} - \dfrac{5}{2}x_4 + \dfrac{5}{6}x_5 \\ -\dfrac{1}{9} + \dfrac{2}{9}x_5 \\ x_4 \\ x_5 \end{pmatrix}$$

其中,x_4, x_5 取 **R** 中任意两个数.

708. $\begin{cases} 10x_1 + 23x_2 + 17x_3 + 44x_4 = 25 \\ 15x_1 + 35x_2 + 26x_3 + 69x_4 = 40 \\ 25x_1 + 57x_2 + 42x_3 + 108x_4 = 65 \\ 30x_1 + 69x_2 + 51x_3 + 133x_4 = 95 \end{cases}$.

解 增广矩阵为

$$\begin{pmatrix} 10 & 23 & 17 & 44 & 25 \\ 15 & 35 & 26 & 69 & 40 \\ 25 & 57 & 42 & 108 & 65 \\ 30 & 69 & 51 & 133 & 95 \end{pmatrix} \to \begin{pmatrix} 10 & 23 & 17 & 44 & 25 \\ 5 & 12 & 9 & 25 & 15 \\ 10 & 22 & 16 & 39 & 25 \\ 5 & 12 & 9 & 25 & 30 \end{pmatrix}$$

矛盾,无解.

709. $\begin{cases} 45x_1 - 28x_2 + 34x_3 - 52x_4 = 9 \\ 36x_1 - 23x_2 + 29x_3 - 43x_4 = 3 \\ 35x_1 - 21x_2 + 28x_3 - 45x_4 = 16 \\ 47x_1 - 32x_2 + 36x_3 - 48x_4 = -17 \\ 27x_1 - 49x_2 + 22x_3 - 35x_4 = 6 \end{cases}$.

解 增广矩阵为

$$\begin{pmatrix} 45 & -28 & 34 & -52 & 9 \\ 36 & -23 & 29 & -43 & 3 \\ 35 & -21 & 28 & -45 & 16 \\ 47 & -32 & 36 & -48 & -17 \\ 27 & -49 & 22 & -35 & 6 \end{pmatrix} \to \begin{pmatrix} 27 & -19 & 22 & -35 & 6 \\ 35 & -21 & 28 & -45 & 16 \\ 36 & -23 & 29 & -43 & 3 \\ 45 & -28 & 34 & -52 & 9 \\ 47 & -32 & 36 & -48 & -17 \end{pmatrix} \to \begin{pmatrix} 27 & -19 & 22 & -35 & 6 \\ 8 & -2 & 6 & -10 & 10 \\ 1 & -2 & 1 & 2 & -13 \\ 9 & -5 & 5 & -9 & 6 \\ 2 & -4 & 2 & 4 & -26 \end{pmatrix} \to$$

$$\begin{pmatrix} 1 & -2 & 1 & 2 & -13 \\ 8 & -2 & 6 & -10 & 10 \\ 1 & -3 & -1 & 1 & -4 \\ 0 & -4 & 7 & -8 & -12 \end{pmatrix} \to \begin{pmatrix} 1 & -2 & 1 & 2 & -13 \\ 0 & -1 & -2 & -1 & 9 \\ 0 & 22 & 14 & -18 & 42 \\ 0 & 4 & -7 & 8 & 12 \end{pmatrix} \to \begin{pmatrix} 1 & 0 & 5 & 4 & -31 \\ 0 & 1 & 2 & -1 & -9 \\ 0 & 11 & 7 & -9 & 21 \\ 0 & 4 & -7 & 8 & 12 \end{pmatrix} \to$$

$$\begin{pmatrix} 1 & 0 & 5 & 4 & -31 \\ 0 & 1 & 2 & 1 & -9 \\ 0 & 0 & -15 & -20 & 120 \\ 0 & 0 & -15 & 4 & 48 \end{pmatrix} \rightarrow \begin{pmatrix} 1 & 0 & 5 & 4 & -31 \\ 0 & 1 & 2 & 1 & -9 \\ 0 & 0 & 3 & 4 & -24 \\ 0 & 0 & 15 & -4 & -48 \end{pmatrix} \rightarrow \begin{pmatrix} 1 & 0 & 5 & 4 & -31 \\ 0 & 1 & 2 & 1 & -9 \\ 0 & 0 & 3 & 4 & -24 \\ 0 & 0 & 1 & 0 & -4 \end{pmatrix} \rightarrow$$

$$\begin{pmatrix} 1 & 0 & 0 & 0 & 1 \\ 0 & 1 & 0 & 0 & 2 \\ 0 & 0 & 0 & 1 & -3 \\ 0 & 0 & 1 & 0 & -4 \end{pmatrix} \cdot X = \begin{pmatrix} 1 \\ 2 \\ -4 \\ -3 \end{pmatrix}.$$

检验：$\begin{cases} 左 = 45 - 56 + 34 \times (-4) - 52 \times (-3) = -11 - 136 + 156 = 9 \\ 左 = 36 - 46 + 29 \times (-4) - 43 \times (-3) = -10 - 116 + 129 = 3 \\ 左 = 35 - 42 + 28 \times (-4) - 45 \times (-3) = -7 - 112 + 135 = 16 \\ 左 = 47 - 64 + 36 \times (-4) - 48 \times (-3) = -17 - 144 + 144 = -17 \\ 左 = 27 - 38 - 88 + 105 = 6 \end{cases}$

所以 $X = \begin{pmatrix} 1 \\ 2 \\ -4 \\ -3 \end{pmatrix}$ 是原方程组的解.

710. $\begin{cases} 12x_2 - 16x_3 + 25x_4 = 29 \\ 27x_1 + 24x_2 - 32x_3 + 47x_4 = 55 \\ 50x_1 + 51x_2 - 68x_3 + 95x_4 = 115 \\ 31x_1 + 21x_2 - 28x_3 + 46x_4 = 50 \end{cases}.$

解 增广矩阵为

$$\begin{pmatrix} 0 & 12 & -16 & 25 & 29 \\ 27 & 24 & -32 & 47 & 55 \\ 50 & 51 & -68 & 95 & 115 \\ 31 & 21 & -28 & 46 & 50 \end{pmatrix} \rightarrow \begin{pmatrix} 0 & 12 & -16 & 25 & 29 \\ 27 & 0 & 0 & -3 & -3 \\ -4 & 3 & -4 & 1 & 5 \\ 4 & -3 & 4 & -1 & -5 \end{pmatrix} \rightarrow \begin{pmatrix} 0 & 12 & -16 & 25 & 29 \\ 9 & 0 & 0 & -1 & -1 \\ 4 & -3 & -4 & -1 & -5 \\ 0 & 0 & 0 & 0 & 0 \end{pmatrix} \rightarrow$$

$$\begin{pmatrix} 9 & 0 & 0 & -1 & -1 \\ 16 & 0 & 0 & 21 & 9 \\ 0 & 12 & -16 & 25 & 29 \\ 0 & 0 & 0 & 0 & 0 \end{pmatrix} \rightarrow \begin{pmatrix} 1 & 0 & 0 & 0 & -\dfrac{12}{205} \\ 0 & 0 & 0 & 1 & \dfrac{97}{205} \\ 0 & 0 & 0 & 0 & 0 \\ 0 & 0 & 0 & 0 & 0 \end{pmatrix}$$

$\begin{cases} 12x_2 - 16x_3 + 25 \times \dfrac{97}{205} = 29 \\ -\dfrac{48}{205} - 3x_2 + 4x_3 - \dfrac{97}{205} = -5 \end{cases} \Rightarrow$

$$\begin{cases} 12x_2 - 16x_3 = 29 - \dfrac{2\,425}{205} \\ -3x_2 + 4x_3 = -5 + \dfrac{145}{205} \end{cases} \Rightarrow$$

$$\begin{cases} 12x_2 - 16x_3 = \dfrac{3\,520}{205} \\ -3x_2 + 4x_3 = -\dfrac{880}{205} \end{cases} \Rightarrow$$

$$\begin{cases} 3x_2 - 4x_3 = \dfrac{880}{205} \\ 3x_2 - 4x_3 = \dfrac{880}{205} = \dfrac{176}{41} \end{cases} \Rightarrow$$

$$\Rightarrow x_2 = \left(\dfrac{176}{41} + 4x_3\right) \cdot \dfrac{1}{3}$$

$$\Rightarrow x_2 = \dfrac{176}{123} + \dfrac{4}{3}x_3$$

$$\boldsymbol{X} = \begin{pmatrix} -\dfrac{12}{205} \\ \dfrac{176}{123} + \dfrac{4}{3}x_3 \\ x_3 \\ \dfrac{97}{205} \end{pmatrix}$$

检验: 左 $= \dfrac{4 \times 176}{41} + 16x_3 - 16x_3 + 25 \times \dfrac{97}{205} = \dfrac{176 \times 20 + 25 \times 97}{205} = 29$

左 $= -\dfrac{12 \times 27}{205} + 24\left(\dfrac{176}{123} + \dfrac{2}{3}x_3\right) - 32x_3 + 47 \times \dfrac{97}{205} = -\dfrac{324}{205} + \dfrac{1\,448}{41} + \dfrac{4\,559}{205} = 55$

左 $= 50\left(-\dfrac{12}{205}\right) + 51\left(\dfrac{176}{123} + \dfrac{4}{3}x_3\right) - 68x_3 + 95 \times \dfrac{97}{205} = -\dfrac{600}{205} + \dfrac{8\,976}{123} + \dfrac{9\,215}{205}$

$= -\dfrac{120}{41} + \dfrac{2\,992}{41} + \dfrac{1\,843}{41} = 115$

左 $= 31\left(-\dfrac{12}{205}\right) + 7 \times \left(\dfrac{176}{41} + 4x_3\right) - 28x_3 + 46 \times \dfrac{97}{205} = -\dfrac{372}{205} + \dfrac{1\,232}{41} + \dfrac{4\,697}{205}$

$= \dfrac{4\,090}{205} + \dfrac{6\,160}{205} = \dfrac{10\,250}{205} = 50$

所以 $\boldsymbol{X} = \begin{pmatrix} -\dfrac{12}{205} \\ -\dfrac{176}{143} + \dfrac{4}{3}x_3 \\ x_3 \\ \dfrac{97}{205} \end{pmatrix}$, 其中, x_3 取任意实数, 是原方程组的解.

711. $\begin{cases} 24x_1 + 14x_2 + 30x_3 + 40x_4 + 41x_5 = 28 \\ 36x_1 + 21x_2 + 45x_3 + 61x_4 + 62x_5 = 43 \\ 48x_1 + 28x_2 + 60x_3 + 82x_4 + 83x_5 = 58 \\ 60x_1 + 35x_2 + 75x_3 + 99x_4 + 102x_5 = 69 \end{cases}$

解

令
$$12x_1 = X_1, 7x_2 = X_2, 15x_2 = X_3$$

$$\begin{cases} 2X_1 + 2X_2 + 2X_3 + 40x_4 + 41x_5 = 28 \\ 3X_1 + 3X_2 + 3X_3 + 61x_4 + 62x_5 = 43 \\ 4X_1 + 4X_2 + 4X_3 + 82x_4 + 83x_5 = 58 \\ 5X_1 + 5X_2 + 5X_3 + 99x_4 + 102x_5 = 69 \end{cases}$$

$$\begin{cases} 2(X_1 + X_2 + X_3) + 40x_4 + 41x_5 = 28 \\ 3(X_1 + X_2 + X_3) + 61x_4 + 62x_5 = 43 \\ 4(X_1 + X_2 + X_3) + 82x_4 + 83x_5 = 58 \\ 5(X_1 + X_2 + X_3) + 99x_4 + 102x_5 = 69 \end{cases}$$

增广矩阵为

$$\begin{pmatrix} 2 & 40 & 41 & 28 \\ 3 & 61 & 62 & 43 \\ 4 & 82 & 83 & 58 \\ 5 & 99 & 102 & 69 \end{pmatrix} \rightarrow \begin{pmatrix} 2 & 40 & 41 & 28 \\ 1 & 21 & 21 & 15 \\ 1 & 21 & 21 & 15 \\ 1 & 17 & 19 & 11 \end{pmatrix} \rightarrow \begin{pmatrix} 2 & 40 & 41 & 28 \\ 1 & 17 & 19 & 11 \\ 0 & 4 & 2 & 4 \\ 0 & 0 & 0 & 0 \end{pmatrix} \rightarrow$$

$$\begin{pmatrix} 2 & 40 & 41 & 28 \\ 1 & 17 & 19 & 11 \\ 0 & 2 & 1 & 2 \\ 0 & 0 & 0 & 0 \end{pmatrix} \rightarrow \begin{pmatrix} 1 & 17 & 19 & 11 \\ 0 & 6 & 3 & 6 \\ 2 & 0 & 21 & -12 \\ 0 & 0 & 0 & 0 \end{pmatrix} \rightarrow \begin{pmatrix} 1 & 17 & 19 & 11 \\ 0 & 2 & 1 & 2 \\ 0 & -34 & -17 & -34 \\ 0 & 0 & 0 & 0 \end{pmatrix} \rightarrow$$

$$\begin{pmatrix} 1 & 17 & 19 & 11 \\ 0 & 1 & \frac{1}{2} & 1 \\ 0 & 0 & 0 & 0 \\ 0 & 0 & 0 & 0 \end{pmatrix} \rightarrow \begin{pmatrix} 1 & 0 & 19-\frac{17}{2} & -6 \\ 0 & 1 & \frac{1}{2} & 1 \\ 0 & 0 & 0 & 0 \\ 0 & 0 & 0 & 0 \end{pmatrix} \rightarrow \begin{pmatrix} 1 & 0 & \frac{21}{2} & -6 \\ 0 & 1 & \frac{1}{2} & 1 \\ 0 & 0 & 0 & 0 \\ 0 & 0 & 0 & 0 \end{pmatrix}$$

$$\begin{cases} X_1 + X_2 + X_3 = -6 - \frac{21}{2}x_5 \\ x_4 = 1 - \frac{1}{2}x_5 \\ 15x_3 = -6 - \frac{21}{2}x_5 - 12x_1 - 7x_2 \\ x_4 = 1 - \frac{1}{2}x_5 \end{cases}$$

$$X = \begin{pmatrix} x_1 \\ x_2 \\ -\dfrac{2}{5} - \dfrac{7}{10}x_5 - \dfrac{4}{5}x_1 - \dfrac{7}{15}x_2 \\ 1 - \dfrac{1}{2}x_5 \\ x_5 \end{pmatrix}$$

是所求的通解.

其中, x_1, x_2, x_5 是自由未知量.

研究下列方程组并求依赖于参数的通解:

712. $\begin{cases} 5x_1 - 3x_2 + 2x_3 + 4x_4 = 3 \\ 4x_1 - 2x_2 + 3x_3 + 7x_4 = 1 \\ 8x_1 - 6x_2 - x_3 - 5x_4 = 9 \\ 7x_1 - 3x_2 + 7x_3 + 17x_4 = \lambda \end{cases}$

解 增广矩阵为

$$\begin{pmatrix} 5 & -3 & 2 & 4 & 3 \\ 4 & -2 & 3 & 7 & 1 \\ 8 & -6 & -1 & -5 & 9 \\ 7 & -3 & 7 & 17 & \lambda \end{pmatrix} \to \begin{pmatrix} -2 & 0 & -5 & -13 & 3 \\ -4 & 0 & -10 & -26 & 6 \\ 8 & -6 & -1 & -5 & 9 \\ 2 & 0 & 5 & 13 & \lambda-3 \end{pmatrix} \to \begin{pmatrix} 2 & 0 & 5 & 13 & -3 \\ 8 & -6 & -1 & -5 & 9 \\ 2 & 0 & 5 & 13 & \lambda-3 \\ 0 & 0 & 0 & 0 & 0 \end{pmatrix}$$

只有 $\lambda = 0$ 才相容.

上式 $\to \begin{pmatrix} 2 & 0 & 5 & 13 & -3 \\ 0 & -6 & -21 & -57 & 21 \\ 0 & 0 & 0 & 0 & 0 \\ 0 & 0 & 0 & 0 & 0 \end{pmatrix} \to \begin{pmatrix} 2 & 0 & 5 & 13 & -3 \\ 0 & 2 & 7 & 19 & -7 \\ 0 & 0 & 0 & 0 & 0 \\ 0 & 0 & 0 & 0 & 0 \end{pmatrix}$

$$\begin{cases} x_1 = \dfrac{-3 - 5x_3 - 13x_4}{2} \\ x_2 = \dfrac{-7 - 7x_3 - 19x_4}{2} \end{cases}$$

其中, x_3, x_4 是自由未知量,取 **R** 中任意两个数.

$$X = \begin{pmatrix} \dfrac{-3 - 5x_3 - 13x_4}{2} \\ \dfrac{-7 - 7x_3 - 19x_4}{2} \\ x_3 \\ x_4 \end{pmatrix}$$

检验:

$$\begin{cases} 左 = \dfrac{5}{2}(-3 - 5x_3 - 13x_4) - \dfrac{3}{2}(-7 - 7x_3 - 19x_4) + 2x_3 + 4x_4 = 3 \\ 左 = 2(-3 - 5x_3 - 13x_4) + 7 + 7x_3 + 19x_4 + 3x_3 + 7x_4 = 1 \\ 左 = 4(-3 - 5x_3 - 13x_4) + 21 + 21x_3 + 57x_4 - x_3 - 5x_4 = 9 \\ 左 = \dfrac{7}{2}(-3 - 5x_3 - 13x_4) + \dfrac{3}{2}(7 + 3x_3 + 19x_4) + 7x_3 + 17x_4 = 0 \end{cases}$$

所以 $\begin{cases} x_1 = -\dfrac{3}{2} - \dfrac{5}{2}x_3 - \dfrac{13}{2}x_4 \\ x_2 = -\dfrac{7}{2} - \dfrac{7}{2}x_3 - \dfrac{19}{2}x_4 \end{cases}$ (x_3, x_4 是任意一个实数)

是原方程组所求的通解. 必须 $\lambda = 0$, 方程才相容.

713. $\begin{cases} 3x_1 + 2x_2 + 5x_3 + 4x_4 = 3 \\ 2x_1 + 3x_2 + 6x_3 + 8x_4 = 5 \\ x_1 - 6x_2 - 9x_3 - 20x_4 = -11 \\ 4x_1 + x_2 + 4x_3 + \lambda x_4 = 2 \end{cases}$

解 增广矩阵为

$$A = \begin{pmatrix} 3 & 2 & 5 & 4 & 3 \\ 2 & 3 & 6 & 8 & 5 \\ 1 & -6 & -9 & -20 & -11 \\ 4 & 1 & 4 & \lambda & 2 \end{pmatrix} \to \begin{pmatrix} 1 & -6 & -9 & -20 & -11 \\ 2 & 3 & 6 & 8 & 5 \\ 3 & 2 & 5 & 4 & 3 \\ 4 & 1 & 4 & \lambda & 2 \end{pmatrix} \to \begin{pmatrix} 1 & -6 & -9 & -20 & -11 \\ 0 & 15 & 24 & 48 & 27 \\ 0 & 20 & 32 & 64 & 36 \\ 0 & 25 & 40 & 80+\lambda & 46 \end{pmatrix} \to$$

$$\begin{pmatrix} 1 & -6 & -9 & -20 & -11 \\ 0 & 5 & 8 & 16 & 9 \\ 0 & 5 & 8 & 16 & 9 \\ 0 & 25 & 40 & 80+\lambda & 46 \end{pmatrix} \to \begin{pmatrix} 1 & -6 & -9 & -20 & -11 \\ 0 & 5 & 8 & 16 & 9 \\ 0 & 25 & 40 & 80+\lambda & 46 \\ 0 & 0 & 0 & 0 & 0 \end{pmatrix} \to \begin{pmatrix} 1 & -6 & -9 & -20 & -11 \\ 0 & 5 & 8 & 16 & 9 \\ 0 & 0 & 0 & \lambda & 1 \\ 0 & 0 & 0 & 0 & 0 \end{pmatrix}$$

当 $\lambda = 0$ 时, 方程组不相容.

$$A \to \begin{pmatrix} 1 & -1 & -1 & -4 & -2 \\ 0 & 5 & 8 & 16 & 9 \\ 0 & 0 & 0 & \lambda & 1 \\ 0 & 0 & 0 & 0 & 0 \end{pmatrix} \to \begin{pmatrix} 1 & -1 & -1 & -4 & -2 \\ 0 & 1 & \dfrac{8}{5} & \dfrac{16}{5} & \dfrac{9}{5} \\ 0 & 0 & 0 & \lambda & 1 \\ 0 & 0 & 0 & 0 & 0 \end{pmatrix} \to \begin{pmatrix} 1 & 0 & \dfrac{3}{5} & -\dfrac{4}{5} & -\dfrac{1}{5} \\ 0 & 1 & \dfrac{8}{5} & \dfrac{16}{5} & \dfrac{9}{5} \\ 0 & 0 & 0 & \lambda & 1 \\ 0 & 0 & 0 & 0 & 0 \end{pmatrix}$$

$$\lambda x_4 = 1 \Rightarrow x_4 = \dfrac{1}{\lambda}$$

$$\begin{cases} x_1 = -\dfrac{1}{5} - \dfrac{3}{5}x_3 + \dfrac{4}{5} \cdot \dfrac{1}{\lambda} \\ x_2 = \dfrac{9}{5} - \dfrac{8}{5}x_3 - \dfrac{16}{5} \cdot \dfrac{1}{\lambda}, x_3 \text{ 取任意实数}. \\ x_4 = \dfrac{1}{\lambda} \end{cases}$$

714. $\begin{cases} 2x_1 + 5x_2 + x_3 + 3x_4 = 2 \\ 4x_1 + 6x_2 + 3x_3 + 5x_4 = 4 \\ 4x_1 + 14x_2 + x_3 + 7x_4 = 4 \\ 2x_1 - 3x_2 + 3x_3 + \lambda x_4 = 7 \end{cases}.$

解 增广矩阵为

$$\begin{pmatrix} 2 & 5 & 1 & 3 & 2 \\ 4 & 6 & 3 & 5 & 4 \\ 4 & 14 & 1 & 7 & 4 \\ 2 & -3 & 3 & \lambda & 7 \end{pmatrix} \to \begin{pmatrix} 2 & 5 & 1 & 3 & 2 \\ & -4 & 1 & -1 & 0 \\ & 4 & -1 & 1 & 0 \\ & -8 & 2 & \lambda-3 & 5 \end{pmatrix} \to \begin{pmatrix} 2 & 1 & 2 & 2 & 2 \\ 0 & 4 & -1 & 1 & 0 \\ 0 & 0 & 0 & \lambda-1 & 5 \\ 0 & 0 & 0 & 0 & 0 \end{pmatrix} \to$$

$$\begin{pmatrix} 2 & 1 & 2 & 2 & 2 \\ 0 & 1 & -\dfrac{1}{4} & \dfrac{1}{4} & 0 \\ 0 & 0 & 0 & \lambda-1 & 5 \\ 0 & 0 & 0 & 0 & 0 \end{pmatrix} \to \begin{pmatrix} 2 & 0 & \dfrac{9}{4} & \dfrac{7}{4} & 2 \\ 0 & 1 & -\dfrac{1}{4} & \dfrac{1}{4} & 0 \\ 0 & 0 & 0 & \lambda-1 & 5 \\ 0 & 0 & 0 & 0 & 0 \end{pmatrix}$$

当 $\lambda = 1$ 时，不相容；当 $\lambda \neq 1$ 时，通解 $\begin{cases} x_4 = \dfrac{5}{\lambda-1} \\ x_2 = \dfrac{1}{4}x_3 - \dfrac{1}{4} \cdot \dfrac{5}{\lambda-1} \\ x_1 = 1 - \dfrac{9}{8}x_3 - \dfrac{7}{8} \cdot \dfrac{5}{\lambda-1} \end{cases}$，$x_3$ 取任意实数．

715. $\begin{cases} 2x_1 - x_2 + 3x_3 + 4x_4 = 5 \\ 4x_1 - 2x_2 + 5x_3 + 6x_4 = 7 \\ 6x_1 - 3x_2 + 7x_3 + 8x_4 = 9 \\ \lambda x_1 - 4x_2 + 9x_3 + 10x_4 = 11 \end{cases}.$

解 增广矩阵为

$$\begin{pmatrix} 2 & -1 & 3 & 4 & 5 \\ 4 & -2 & 5 & 6 & 7 \\ 6 & -3 & 7 & 8 & 9 \\ \lambda & -4 & 9 & 10 & 11 \end{pmatrix} \to \begin{pmatrix} 2 & -1 & 3 & 4 & 5 \\ 2 & -1 & 2 & 2 & 2 \\ 2 & -1 & 2 & 2 & 2 \\ \lambda-6 & -1 & 2 & 2 & 2 \end{pmatrix} \to \begin{pmatrix} 2 & -1 & 3 & 4 & 5 \\ 0 & 0 & 1 & 2 & 3 \\ \lambda-8 & 0 & 0 & 0 & 0 \\ 0 & 0 & 0 & 0 & 0 \end{pmatrix} \to$$

$$\begin{pmatrix} 2 & -1 & 0 & -2 & -4 \\ 0 & 0 & 1 & 2 & 3 \\ \lambda-8 & 0 & 0 & 0 & 0 \\ 0 & 0 & 0 & 0 & 0 \end{pmatrix}$$

当 $\lambda = 8$ 时, $\begin{cases} 2x_1 = -4 + x_2 + 2x_4 \\ x_3 = 3 - 2x_4 \end{cases} \Rightarrow \begin{cases} x_1 = -2 + \dfrac{x_2}{2} + x_4 \\ x_3 = 3 - 2x_4 \end{cases}$.

其中, x_2, x_4 为任意实数.

当 $\lambda \neq 8$ 时

令 $x_1 = 0$, 得 $\begin{cases} x_2 = -2x_4 + 4 \\ x_3 = 3 - 2x_4 \end{cases}$.

通解

$$X = \begin{pmatrix} 0 \\ 4 - 2x_4 \\ 3 - 2x_4 \\ x_4 \end{pmatrix}$$

其中, x_4 是 **R** 中的任意一个数.

716. $\begin{cases} 2x_1 + 3x_2 + x_3 + 2x_4 = 3 \\ 4x_1 + 6x_2 + 3x_3 + 4x_4 = 5 \\ 6x_1 + 9x_2 + 5x_3 + 6x_4 = 7 \\ 8x_1 + 12x_2 + 7x_3 + \lambda x_4 = 9 \end{cases}$.

解 增广矩阵为

$$\begin{pmatrix} 2 & 3 & 1 & 2 & 3 \\ 4 & 6 & 3 & 4 & 5 \\ 6 & 9 & 5 & 6 & 7 \\ 8 & 12 & 7 & \lambda & 9 \end{pmatrix} \rightarrow \begin{pmatrix} 2 & 3 & 1 & 2 & 3 \\ 2 & 3 & 2 & 2 & 2 \\ 2 & 3 & 2 & 2 & 2 \\ 2 & 3 & 2 & \lambda-6 & 2 \end{pmatrix} \rightarrow \begin{pmatrix} 2 & 3 & 0 & 2 & 4 \\ 0 & 0 & 1 & 0 & -1 \\ 0 & 0 & 0 & \lambda-8 & 0 \\ 0 & 0 & 0 & 0 & 0 \end{pmatrix}$$

当 $\lambda = 8$ 时

通解:

$$\begin{cases} x_3 = -1 \\ x_4 = 2 - x_1 - \dfrac{3}{2}x_2 \\ x_1, x_2 \in \mathbf{R} \end{cases}$$

当 $\lambda \neq 8$ 时

$$\begin{cases} x_1 = 2 - \dfrac{3}{2}x_2 \\ x_3 - 1 \\ x_4 = 0 \end{cases}$$

$$X = \begin{pmatrix} 2 - \dfrac{3}{2}x_2 \\ x_2 \\ -1 \\ 0 \end{pmatrix}$$

其中,$x_2 \in \mathbf{R}$.

717. $\begin{cases} \lambda x_1 + x_2 + x_3 = 1 \\ x_1 + \lambda x_2 + x_3 = 1 \\ x_1 + x_2 + \lambda x_3 = 1 \end{cases}$.

解 增广矩阵为

$$\begin{pmatrix} \lambda & 1 & 1 & 1 \\ 1 & \lambda & 1 & 1 \\ 1 & 1 & \lambda & 1 \end{pmatrix} \to \begin{pmatrix} 1 & 1 & 1 & \dfrac{3}{2+\lambda} \\ 1 & \lambda & 1 & 1 \\ 1 & 1 & \lambda & 1 \end{pmatrix} \to \begin{pmatrix} 1 & 1 & 1 & \dfrac{3}{2+\lambda} \\ 0 & \lambda-1 & 0 & 1-\dfrac{3}{2+\lambda} \\ 0 & 0 & \lambda-1 & 1-\dfrac{3}{2+\lambda} \end{pmatrix}$$

$\lambda = -2$ 时不相容.

当 $\lambda = 1$ 时

$$\begin{cases} x_1 = 1 - x_2 - x_3 \\ x_2, x_3 \in \mathbf{R} \end{cases}$$

当 $\lambda \neq -2$ 且 $\lambda \neq 1$ 时

$$x_1 = x_2 = x_3 = \dfrac{1}{2+\lambda}$$

其中,$\lambda \in \mathbf{R}$ 但除 $-2, 1$ 外.

718. $\begin{cases} \lambda x_1 + x_2 + x_3 + x_4 = 1 \\ x_1 + \lambda x_2 + x_3 + x_4 = 1 \\ x_1 + x_2 + \lambda x_3 + x_4 = 1 \\ x_1 + x_2 + x_3 + \lambda x_4 = 1 \end{cases}$.

解 增广矩阵为

$$\begin{pmatrix} \lambda & 1 & 1 & 1 & 1 \\ 1 & \lambda & 1 & 1 & 1 \\ 1 & 1 & \lambda & 1 & 1 \\ 1 & 1 & 1 & \lambda & 1 \end{pmatrix} \to \begin{pmatrix} 1 & 1 & 1 & 1 & \dfrac{4}{\lambda+3} \\ 1 & \lambda & 1 & 1 & 1 \\ 1 & 1 & \lambda & 1 & 1 \\ 1 & 1 & 1 & \lambda & 1 \end{pmatrix} \to \begin{pmatrix} 1 & 1 & 1 & 1 & \dfrac{4}{\lambda+3} \\ 0 & \lambda-1 & 0 & 0 & \dfrac{\lambda-1}{\lambda+3} \\ 0 & 0 & \lambda-1 & 0 & \dfrac{\lambda-1}{\lambda+3} \\ 0 & 0 & 0 & \lambda-1 & \dfrac{\lambda-1}{\lambda+3} \end{pmatrix}$$

$\lambda = -3$ 时不相容.

当 $\lambda \neq 3, \lambda = 1$ 时

$$\begin{cases} x_1 = 1 - x_2 - x_3 - x_4 \\ x_2, x_3, x_4 \in \mathbf{R} \end{cases}$$

当 $\lambda \neq 3$ 且 $\lambda \neq 1$ 时

$$\begin{pmatrix} 1 & 1 & 1 & 1 & \frac{4}{\lambda+3} \\ & 1 & & & \frac{1}{\lambda+3} \\ & & 1 & & \frac{1}{\lambda+3} \\ & & & 1 & \frac{1}{\lambda+3} \end{pmatrix} \text{有唯一解 } x_1 = x_2 = x_3 = x_4 = \frac{1}{\lambda+3}, \lambda \in \mathbf{R}, \text{除} -3, 1 \text{ 外}.$$

719. $\begin{cases} (1+\lambda)x_1 + x_2 + x_3 = 1 \\ x_1 + (1+\lambda)x_2 + x_3 = \lambda \\ x_1 + x_2 + (1+\lambda)x_3 = \lambda^2 \end{cases}$

解 增广矩阵为

$$A = \begin{pmatrix} 1+\lambda & 1 & 1 & 1 \\ 1 & 1+\lambda & 1 & \lambda \\ 1 & 1 & 1+\lambda & \lambda^2 \end{pmatrix} \to \begin{pmatrix} \lambda+3 & \lambda+3 & \lambda+3 & \lambda+1+\lambda^2 \\ 1 & 1+\lambda & 1 & \lambda \\ 1 & 1 & 1+\lambda & \lambda^2 \end{pmatrix}$$

$\lambda + 3 \neq 0$.

$$A \to \begin{pmatrix} 1 & 1 & 1 & \frac{1+\lambda+\lambda^2}{\lambda+3} \\ 1 & 1+\lambda & 1 & \lambda \\ 1 & 1 & 1+\lambda & \lambda^2 \end{pmatrix} \to \begin{pmatrix} 1 & 1 & 1 & \frac{1+\lambda+\lambda^2}{\lambda+3} \\ 0 & \lambda & 0 & \frac{2\lambda-1}{\lambda+3} \\ 0 & 0 & \lambda & \frac{\lambda^3+2\lambda^2-\lambda-1}{\lambda+3} \end{pmatrix}$$

$\lambda = 0$ 时,不相容.

$$x_2 = \frac{2\lambda - 1}{\lambda(\lambda+3)}$$

$$x_3 = \frac{\lambda^3 + 2\lambda^2 - \lambda - 1}{\lambda(\lambda+3)}$$

$$x_1 = \frac{1+\lambda+\lambda^2}{\lambda+3} - \frac{2\lambda-2}{\lambda(\lambda+3)} - \frac{\lambda^3+2\lambda^2-\lambda-1}{\lambda(\lambda+3)}$$

$$= \frac{\lambda^3 + \lambda^2 + \lambda - 2\lambda + 1 - \lambda^3 - 2\lambda^2 + \lambda + 1}{\lambda(\lambda+3)} = \frac{-\lambda^2 + 2}{\lambda(\lambda+3)}$$

当 $\lambda \neq 0, -3$ 时,都有唯一的通解.

$$X = \begin{pmatrix} \dfrac{-\lambda^2+2}{\lambda(1+3)} \\ \dfrac{2\lambda-1}{\lambda(1+3)} \\ \dfrac{\lambda^3+2\lambda^2-\lambda-1}{\lambda(\lambda+3)} \end{pmatrix}$$

720. $\begin{cases} (\lambda+1)x_1 + x_2 + x_3 = \lambda^2+3\lambda \\ x_1 + (\lambda+1)x_2 + x_3 = \lambda^3+3\lambda^2 \\ x_1 + x_2 + (\lambda+1)x_3 = \lambda^4+3\lambda^3 \end{cases}$

解 增广矩阵为

$$\begin{pmatrix} \lambda+1 & 1 & 1 & \lambda^2+3\lambda \\ 1 & \lambda+1 & 1 & \lambda^3+3\lambda^2 \\ 1 & 1 & \lambda+1 & \lambda^4+3\lambda^3 \end{pmatrix} \to \begin{pmatrix} \lambda+3 & \lambda+3 & \lambda+3 & \lambda^4+4\lambda^3+4\lambda^2+3\lambda \\ 1 & \lambda+1 & 1 & \lambda^3+2\lambda^2 \\ 1 & 1 & \lambda+1 & \lambda^4+3\lambda^3 \end{pmatrix} \xrightarrow{\lambda \ne -3}$$

$$\begin{pmatrix} 1 & 1 & 1 & \lambda^3+\lambda^2+\lambda \\ 0 & \lambda & 0 & 2\lambda^2-\lambda \\ 0 & 0 & \lambda & \lambda^4+2\lambda^3-\lambda^2-\lambda \end{pmatrix} \xrightarrow{\lambda \ne 0} \begin{pmatrix} 1 & 1 & 1 & \lambda^3+\lambda^2+\lambda \\ 0 & 1 & 0 & 2\lambda^2-\lambda \\ 0 & 0 & 1 & \lambda^3+2\lambda^2-\lambda-1 \end{pmatrix} \to \begin{pmatrix} 1 & 0 & 0 & -\lambda^2+2 \\ 0 & 1 & 0 & 2\lambda-1 \\ 0 & 0 & 1 & \lambda^3+2\lambda^2-\lambda-1 \end{pmatrix}.$$

$\lambda \in \mathbf{R}$ 剔除 $-3,0$ 两个元素.

$$X = \begin{pmatrix} -\lambda^2+2 \\ 2\lambda-1 \\ \lambda^3+2\lambda^2-\lambda-1 \end{pmatrix}$$

当 $\lambda = -3$ 时

$$\begin{pmatrix} -2 & 1 & 1 & 0 \\ 1 & -2 & 1 & 0 \\ 1 & 1 & -2 & 0 \end{pmatrix} \to \begin{pmatrix} 1 & -2 & 1 & 0 \\ 0 & -3 & 3 & 0 \\ 0 & 0 & 0 & 0 \end{pmatrix} \to \begin{pmatrix} 1 & -2 & 1 & 0 \\ 0 & 1 & -1 & 0 \\ 0 & 0 & 0 & 0 \end{pmatrix} \to \begin{pmatrix} 1 & 0 & -1 & 0 \\ 0 & 1 & -1 & 0 \\ 0 & 0 & 0 & 0 \end{pmatrix}$$

$$X = \begin{pmatrix} x_3 \\ x_3 \\ x_3 \end{pmatrix}, \quad x_3 \in \mathbf{R}$$

当 $\lambda = 0$ 时

$\begin{cases} x_1 = -x_2 - x_3 \\ x_2, x_3 \in \mathbf{R} \end{cases}$

研究下列方程组并求依赖于包含在系数中的参数值的通解：

721. $\begin{cases} x + y + z = 1 \\ ax + by + cz = d \\ a^2x + b^2y + c^2z = d^2 \end{cases}$

解

$$D = \begin{vmatrix} 1 & 1 & 1 \\ a & b & c \\ a^2 & b^2 & c^2 \end{vmatrix} = (b-a)(c-a)(c-b)$$

$$D_1 = \begin{vmatrix} 1 & 1 & 1 \\ d & b & c \\ d^2 & b^2 & c^2 \end{vmatrix} = (b-d)(c-d)(c-b)$$

$$D_2 = \begin{vmatrix} 1 & 1 & 1 \\ a & d & c \\ a^2 & d^2 & c^2 \end{vmatrix} = (d-a)(c-a)(c-d)$$

$$D_3 = \begin{vmatrix} 1 & 1 & 1 \\ a & b & d \\ a^2 & b^2 & d^2 \end{vmatrix} = (b-a)(d-a)(d-b)$$

$$x = \frac{(b-d)(c-d)}{(b-a)(c-a)}$$

$$y = \frac{(d-a)(c-d)}{(b-a)(c-b)}$$

$$z = \frac{(d-a)(d-b)}{(c-a)(c-b)}$$

722. $\begin{cases} ax + y + z = 1 \\ x + by + z = 1 \\ x + y + cz = 1 \end{cases}$

解

$$D = \begin{vmatrix} a & 1 & 1 \\ 1 & b & 1 \\ 1 & 1 & c \end{vmatrix} = abc + 2 - a - b - c$$

$$D_1 = \begin{vmatrix} 1 & 1 & 1 \\ 1 & b & 1 \\ 1 & 1 & c \end{vmatrix} = bc + 2 - 1 - b - c = bc - b - c + 1$$

$$D_2 = \begin{vmatrix} a & 1 & 1 \\ 1 & 1 & 1 \\ 1 & 1 & c \end{vmatrix} = ac + 2 - 1 - a - c = ac - a - c + 1$$

$$D_3 = \begin{vmatrix} a & 1 & 1 \\ 1 & b & 1 \\ 1 & 1 & 1 \end{vmatrix} = ab - a - b + 1$$

$$x = \frac{bc + 1 - b - c}{ab + 2 - a - b - c}$$

$$y = \frac{ac - a - c + 1}{abc + 2 - a - b - c}$$

$$z = \frac{ab - a - b + 1}{abc + 2 - a - b - c}$$

在怎样的情形,某些未知量的零值是可能的?

723. $\begin{cases} ax + y + z = a \\ x + by + z = b \\ x + y + cz = c \end{cases}$.

解 $D = \begin{vmatrix} a & 1 & 1 \\ 1 & b & 1 \\ 1 & 1 & c \end{vmatrix} = abc + 2 - a - b - c$

$D_1 = \begin{vmatrix} a & 1 & 1 \\ b & b & 1 \\ c & 1 & c \end{vmatrix} = \begin{vmatrix} a - b & -b & 1 \\ 0 & 0 & 1 \\ c - bc & -bc & c \end{vmatrix} = -[-bc(a-b) + b(c-bc)]$

$\qquad = bc(a - b + b - 1) = bc(a - 1)$

$D_2 = \begin{vmatrix} a & a & 1 \\ 1 & b & 1 \\ 1 & c & c \end{vmatrix} = \begin{vmatrix} a-1 & a-b & 1 \\ 0 & 0 & 1 \\ 1-c & c-bc & c \end{vmatrix} = -[(a-1)(c-bc) - (1-c)(a-b)]$

$\qquad = -(ac + bc - c - abc - a - bc + ac + b) = abc - 2ac + a + c - b$

$D_3 = \begin{vmatrix} a & 1 & a \\ 1 & b & b \\ 1 & 1 & c \end{vmatrix} = abc + a + b - 2ab - c$

由 $x = 0$,得 $a = 1$;

由 $y = 0$,得 $bc - 2c + 1 + c - b = bc - c - b + 1 = c(b-1) - (b-1) = (c-1)(b-1)$;

由 $z = 0$,得 $abc - 2ab + a + b - c = bc - b - c + 1 = b(c-1) - (c-1) = (b-1)(c-1)$.

检验: $\begin{cases} a = 1 \to x = 0 \\ b = 1 \to y = 0 \\ c = 1 \to z = 0 \end{cases}$.

求下列方程组的通解和基础解系:

724. $\begin{cases} x_1 + 2x_2 + 4x_3 - 3x_4 = 0 \\ 3x_1 + 5x_2 + 6x_3 - 4x_4 = 0 \\ 4x_1 + 5x_2 - 2x_3 + 3x_4 = 0 \\ 3x_1 + 8x_2 + 24x_3 - 19x_4 = 0 \end{cases}$.

解

$$\begin{pmatrix} 1 & 2 & 4 & -3 \\ 3 & 5 & 6 & -4 \\ 4 & 5 & -2 & 3 \\ 3 & 8 & 24 & -9 \end{pmatrix} \rightarrow \begin{pmatrix} 1 & 2 & 4 & -3 \\ 0 & -1 & -6 & 5 \\ 0 & -3 & -18 & 15 \\ 0 & 3 & 18 & -5 \end{pmatrix} \rightarrow \begin{pmatrix} 1 & 2 & 4 & -3 \\ 0 & 3 & 18 & -5 \\ 0 & 0 & 0 & 1 \\ 0 & 0 & 0 & 0 \end{pmatrix} \rightarrow \begin{pmatrix} 1 & 0 & -8 & 0 \\ 0 & 1 & 6 & 0 \\ 0 & 0 & 0 & 1 \\ 0 & 0 & 0 & 0 \end{pmatrix}$$

通解 $\begin{cases} x_4 = 0 \\ x_2 = -6x_3 \\ x_1 = 8x_3 \end{cases}$.

基础解系: $X = x_3 \begin{pmatrix} 8 \\ -6 \\ 1 \\ 0 \end{pmatrix}$,其中,$x_3$ 为任意实数.

725. $\begin{cases} 2x_1 - 4x_2 + 5x_3 + 3x_4 = 0 \\ 3x_1 - 6x_2 + 4x_3 + 2x_4 = 0 \\ 4x_1 - 8x_2 + 17x_3 + 11x_4 = 0 \end{cases}$.

解

$$\begin{pmatrix} 2 & -4 & 5 & 3 \\ 3 & -6 & 4 & 2 \\ 4 & -8 & 17 & 11 \end{pmatrix} \rightarrow \begin{pmatrix} 2 & -4 & 5 & 3 \\ 1 & -2 & -1 & -1 \\ 1 & -2 & 13 & 9 \end{pmatrix} \rightarrow \begin{pmatrix} 0 & 0 & 7 & 5 \\ 1 & -2 & -1 & -1 \\ 0 & 0 & 14 & 10 \end{pmatrix} \rightarrow$$

$$\begin{pmatrix} 1 & -2 & -1 & -1 \\ 0 & 0 & 7 & 5 \\ 0 & 0 & 0 & 0 \end{pmatrix} \rightarrow \begin{pmatrix} 1 & -2 & -1 & -1 \\ 0 & 0 & 1 & \frac{5}{7} \\ 0 & 0 & 0 & 0 \end{pmatrix} \rightarrow \begin{pmatrix} 1 & -2 & 0 & -\frac{2}{7} \\ 0 & 0 & 1 & \frac{5}{7} \\ 0 & 0 & 0 & 0 \end{pmatrix}$$

通解: $\begin{cases} x_1 = 2x_2 + \dfrac{2}{7}x_4 \\ x_3 = -\dfrac{5}{7}x_4 \end{cases}$

当 $\begin{pmatrix} x_2 \\ x_4 \end{pmatrix} = \begin{pmatrix} 1 \\ 0 \end{pmatrix}$, $\begin{pmatrix} x_2 \\ x_4 \end{pmatrix} = \begin{pmatrix} 0 \\ 1 \end{pmatrix}$ 时
对应的基础解系

$$X = \alpha \begin{pmatrix} 2 \\ 1 \\ 0 \\ 0 \end{pmatrix} + \beta \begin{pmatrix} \dfrac{2}{7} \\ 0 \\ -\dfrac{5}{7} \\ 1 \end{pmatrix}$$

α, β 为 **R** 中的任意两个数.

726. $\begin{cases} 3x_1 + 2x_2 + x_3 + 3x_4 + 5x_5 = 0 \\ 6x_1 + 4x_2 + 3x_3 + 5x_4 + 7x_5 = 0 \\ 9x_1 + 6x_2 + 5x_3 + 7x_4 + 9x_5 = 0 \\ 3x_1 + 2x_2 + 4x_4 + 8x_5 = 0 \end{cases}$.

解

$$\begin{pmatrix} 3 & 2 & 1 & 3 & 5 \\ 6 & 4 & 3 & 5 & 7 \\ 9 & 6 & 5 & 7 & 9 \\ 3 & 2 & 0 & 4 & 8 \end{pmatrix} \rightarrow \begin{pmatrix} 3 & 2 & 1 & 3 & 5 \\ 0 & 0 & 1 & -1 & -3 \\ 0 & 0 & 2 & -2 & -6 \\ 0 & 0 & -1 & 1 & 3 \end{pmatrix} \rightarrow \begin{pmatrix} 3 & 2 & 1 & 3 & 5 \\ 0 & 0 & 1 & -1 & -3 \\ 0 & 0 & 0 & 0 & 0 \\ 0 & 0 & 0 & 0 & 0 \end{pmatrix} \rightarrow$$

$$\begin{pmatrix} 3 & 2 & 0 & 4 & 8 \\ 0 & 0 & 1 & -1 & -3 \\ 0 & 0 & 0 & 0 & 0 \\ 0 & 0 & 0 & 0 & 0 \end{pmatrix}$$

通解: $\begin{cases} x_1 = -2x_2 - 4x_4 - 8x_5 \\ x_3 = x_4 + 3x_5 \end{cases}$

由 $\begin{pmatrix} x_2 \\ x_4 \\ x_5 \end{pmatrix} = \begin{pmatrix} 1 \\ 0 \\ 0 \end{pmatrix}$, $\begin{pmatrix} x_2 \\ x_4 \\ x_5 \end{pmatrix} = \begin{pmatrix} 0 \\ 1 \\ 0 \end{pmatrix}$, $\begin{pmatrix} x_2 \\ x_4 \\ x_5 \end{pmatrix} = \begin{pmatrix} 0 \\ 0 \\ 1 \end{pmatrix}$

得 $\begin{pmatrix} -2 \\ 1 \\ 0 \\ 0 \\ 0 \end{pmatrix}$, $\begin{pmatrix} -4 \\ 0 \\ 1 \\ 1 \\ 0 \end{pmatrix}$, $\begin{pmatrix} -8 \\ 0 \\ 3 \\ 0 \\ 1 \end{pmatrix}$

基础解系为

$$X = \alpha \begin{pmatrix} -2 \\ 1 \\ 0 \\ 0 \\ 0 \end{pmatrix} + \beta \begin{pmatrix} -4 \\ 0 \\ 1 \\ 1 \\ 0 \end{pmatrix} + \gamma \begin{pmatrix} -8 \\ 0 \\ 3 \\ 0 \\ 1 \end{pmatrix}$$

其中, x, β, γ 是任意实数.

727. $\begin{cases} 3x_1 + 5x_2 + 2x_3 = 0 \\ 4x_1 + 7x_2 + 5x_3 = 0 \\ x_1 + x_2 - 4x_3 = 0 \\ 2x_1 + 9x_2 + 6x_3 = 0 \end{cases}$.

解

$$\begin{pmatrix} 3 & 5 & 2 \\ 4 & 7 & 5 \\ 1 & 1 & -4 \\ 2 & 9 & 6 \end{pmatrix} \to \begin{pmatrix} 1 & 1 & -4 \\ 0 & 7 & 14 \\ 0 & 2 & 14 \\ 0 & 3 & 21 \end{pmatrix} \to \begin{pmatrix} 1 & 1 & -4 \\ 0 & 1 & 2 \\ 0 & 1 & 7 \end{pmatrix} \to \begin{pmatrix} 1 & 0 & -6 \\ 0 & 1 & 2 \\ 0 & 0 & 5 \end{pmatrix}$$

因 $D \neq 0$，故只有零解.

$$x_1 = x_2 = x_3 = 0$$

728. $\begin{cases} 6x_1 - 2x_2 + 2x_3 + 5x_4 + 7x_5 = 0 \\ 9x_1 - 3x_2 + 4x_3 + 8x_4 + 9x_5 = 0 \\ 6x_1 - 2x_2 + 6x_3 + 7x_4 + x_5 = 0 \\ 3x_1 - x_2 + 4x_3 + 4x_4 - x_5 = 0 \end{cases}$

解

$$\begin{pmatrix} 6 & -2 & 2 & 5 & 7 \\ 9 & -3 & 4 & 8 & 9 \\ 6 & -2 & 6 & 7 & 1 \\ 3 & -1 & 4 & 4 & -1 \end{pmatrix} \to \begin{pmatrix} 3 & -1 & 4 & 4 & -1 \\ 0 & 0 & -6 & -3 & 9 \\ 0 & 0 & -8 & -4 & 12 \\ 0 & 0 & -2 & -1 & 3 \end{pmatrix} \to \begin{pmatrix} 3 & -1 & 4 & 4 & -1 \\ 0 & 0 & 2 & 1 & -3 \\ 0 & 0 & 0 & 0 & 0 \\ 0 & 0 & 0 & 0 & 0 \end{pmatrix} \to$$

$$\begin{pmatrix} 3 & -1 & 0 & 2 & 5 \\ 0 & 0 & 2 & 1 & -3 \\ 0 & 0 & 0 & 0 & 0 \\ 0 & 0 & 0 & 0 & 0 \end{pmatrix}$$

通解：$\begin{cases} x_2 = 3x_1 + 2x_4 + 5x_5 \\ x_3 = \dfrac{1}{2}(3x_5 - x_4) \end{cases}$

由 $\begin{pmatrix} x_1 \\ x_4 \\ x_5 \end{pmatrix} = \begin{pmatrix} 1 \\ 0 \\ 0 \end{pmatrix}$，$\begin{pmatrix} x_1 \\ x_4 \\ x_5 \end{pmatrix} = \begin{pmatrix} 0 \\ 1 \\ 0 \end{pmatrix}$，$\begin{pmatrix} x_1 \\ x_4 \\ x_5 \end{pmatrix} = \begin{pmatrix} 0 \\ 0 \\ 1 \end{pmatrix}$，

得 $\begin{pmatrix} 1 \\ 3 \\ 0 \\ 0 \\ 0 \end{pmatrix}$，$\begin{pmatrix} 0 \\ 2 \\ -\dfrac{1}{2} \\ 1 \\ 0 \end{pmatrix}$，$\begin{pmatrix} 0 \\ 5 \\ \dfrac{3}{2} \\ 0 \\ 1 \end{pmatrix}$

通解：
$$X = \alpha \begin{pmatrix} 1 \\ 3 \\ 0 \\ 0 \\ 0 \end{pmatrix} + \beta \begin{pmatrix} 0 \\ 2 \\ -\dfrac{1}{2} \\ 1 \\ 0 \end{pmatrix} + \gamma \begin{pmatrix} 0 \\ 5 \\ \dfrac{3}{2} \\ 0 \\ 1 \end{pmatrix}$$

其中, α, β, γ 是 **R** 中任意三个数.

729. $\begin{cases} x_1 \quad\ \ - x_3 \quad\quad\quad\quad\quad\quad\quad = 0 \\ \quad\quad x_2 \quad\ \ - x_4 \quad\quad\quad\quad = 0 \\ -x_1 \quad\ \ + x_3 \quad\ \ - x_5 \quad\quad = 0 \\ \quad\ \ -x_2 \quad\ \ + x_4 \quad\ \ - x_6 = 0 \\ \quad\quad\quad\quad\ \ - x_3 \quad\ \ + x_5 \quad\quad = 0 \\ \quad\quad\quad\quad\quad\ \ - x_4 \quad\ \ + x_6 = 0 \end{cases}$.

解 按 Cramer 方法

$$D = \begin{vmatrix} 1 & 0 & -1 & 0 & 0 & 0 \\ 0 & 1 & 0 & -1 & 0 & 0 \\ -1 & 0 & 1 & 0 & -1 & 0 \\ 0 & -1 & 0 & 1 & 0 & -1 \\ 0 & 0 & -1 & 0 & 1 & 0 \\ 0 & 0 & 0 & -1 & 0 & 1 \end{vmatrix} \xrightarrow[\text{第 1 行}]{\text{各行加到}} \begin{vmatrix} 0 & 0 & -1 & -1 & 0 & 0 \\ 0 & 1 & 0 & -1 & 0 & 0 \\ -1 & 0 & 1 & 0 & -1 & 0 \\ 0 & -1 & 0 & 1 & 0 & -1 \\ 0 & 0 & -1 & 0 & 1 & 0 \\ 0 & 0 & 0 & -1 & 0 & 1 \end{vmatrix}$$

$$= - \begin{vmatrix} 0 & -1 & -1 & 0 & 0 \\ 1 & 0 & -1 & 0 & 0 \\ -1 & 0 & 1 & 0 & -1 \\ 0 & -1 & 0 & 1 & 0 \\ 0 & 0 & -1 & 0 & 1 \end{vmatrix} = - \begin{vmatrix} 0 & 1 & 1 & 0 & 0 \\ 1 & 0 & -1 & 0 & 0 \\ -1 & 0 & 1 & 0 & -1 \\ 0 & -1 & 0 & 1 & 0 \\ 0 & 0 & -1 & 0 & 1 \end{vmatrix} = - \begin{vmatrix} 1 & 0 & -1 & 0 \\ -1 & 0 & 1 & -1 \\ 0 & -1 & 0 & 0 \\ 0 & 0 & -1 & 1 \end{vmatrix}$$

$$= - \begin{vmatrix} 1 & -1 & 0 \\ -1 & 1 & -1 \\ 0 & -1 & 1 \end{vmatrix} = - \begin{vmatrix} 1 & -1 & 0 \\ 0 & 0 & -1 \\ 0 & -1 & 1 \end{vmatrix} = 1.$$

$D \neq 0$.

只有零解
$$x_1 = x_2 = x_3 = x_4 = x_5 = x_6 = 0$$

另解
$$x_1 = x_3 \rightarrow x_5 = 0 \rightarrow x_3 = x_1 = 0$$
$$x_2 = x_4 \rightarrow x_6 = 0 \rightarrow x_4 = x_2 = 0$$

殊途同归.

730. $\begin{cases} x_1 & - x_3 & + x_5 & = 0 \\ & x_2 & - x_4 & + x_6 = 0 \\ x_1 - x_2 & & + x_5 - x_6 = 0 \\ & x_2 - x_3 & & + x_6 = 0 \\ x_1 & & - x_4 + x_5 & = 0 \end{cases}$

解

$$\begin{pmatrix} 1 & 0 & -1 & 0 & 1 & 0 \\ 0 & 1 & 0 & -1 & 0 & 1 \\ 1 & -1 & 0 & 0 & 1 & -1 \\ 0 & 1 & -1 & 0 & 0 & 1 \\ 1 & 0 & 0 & -1 & 1 & 0 \end{pmatrix} \to \begin{pmatrix} 1 & 0 & -1 & 0 & 1 & 0 \\ 0 & 1 & 0 & -1 & 0 & 1 \\ 0 & -1 & 1 & 0 & 0 & -1 \\ 0 & 1 & -1 & 0 & 0 & 1 \\ 0 & 0 & 1 & -1 & 0 & 0 \end{pmatrix} \to \begin{pmatrix} 1 & 0 & -1 & 0 & 1 & 0 \\ 0 & 1 & 0 & -1 & 0 & 1 \\ 0 & 1 & -1 & 0 & 0 & 1 \\ 0 & 0 & 1 & -1 & 0 & 0 \\ 0 & 0 & 0 & 0 & 0 & 0 \end{pmatrix} \to$$

$$\begin{pmatrix} 1 & 0 & -1 & 0 & 1 & 0 \\ 0 & 1 & 0 & -1 & 0 & 1 \\ 0 & 0 & 1 & -1 & 0 & 0 \\ 0 & 0 & 0 & 0 & 0 & 0 \\ 0 & 0 & 0 & 0 & 0 & 0 \end{pmatrix}$$

$$\begin{cases} x_3 = x_4 \\ x_2 = x_4 - x_6 \\ x_1 = x_3 - x_5 = x_4 - x_5 \end{cases}$$

$$X = \begin{pmatrix} x_4 - x_5 \\ x_4 - x_6 \\ x_4 \\ x_4 \\ x_5 \\ x_6 \end{pmatrix} = x_4 \begin{pmatrix} 1 \\ 1 \\ 1 \\ 1 \\ 0 \\ 0 \end{pmatrix} + x_5 \begin{pmatrix} -1 \\ 0 \\ 0 \\ 0 \\ 1 \\ 0 \end{pmatrix} + x_6 \begin{pmatrix} 0 \\ -1 \\ 0 \\ 0 \\ 0 \\ 1 \end{pmatrix}$$

其中, x_4, x_5, x_6 为任意实数.

731. $\begin{cases} 5x_1 + 6x_2 - 2x_3 + 7x_4 + 4x_5 = 0 \\ 2x_1 + 3x_2 - x_3 + 4x_4 + 2x_5 = 0 \\ 7x_1 + 9x_2 - 3x_3 + 5x_4 + 6x_5 = 0 \\ 5x_1 + 9x_2 - 3x_3 + x_4 + 6x_5 = 0 \end{cases}$

解 $\begin{pmatrix} 5 & 6 & -2 & 7 & 4 \\ 2 & 3 & -1 & 4 & 2 \\ 7 & 9 & -3 & 5 & 6 \\ 5 & 9 & -3 & 1 & 6 \end{pmatrix} \to \begin{pmatrix} 5 & 6 & -2 & 7 & 4 \\ 2 & 3 & -1 & 4 & 2 \\ 1 & 0 & 0 & -7 & 0 \\ -1 & 0 & 0 & -11 & 0 \end{pmatrix} \to \begin{pmatrix} 1 & 0 & 0 & -1 & 0 \\ 2 & 3 & -1 & 4 & 2 \\ 1 & 0 & 0 & -7 & 0 \\ 0 & 0 & 0 & 1 & 0 \end{pmatrix}$

$$\begin{cases} x_4 = x_1 = 0 \\ x_3 = 3x_2 + 2x_5 \end{cases}$$

由 $\begin{pmatrix} x_2 \\ x_5 \end{pmatrix} = \begin{pmatrix} 1 \\ 0 \end{pmatrix}, \begin{pmatrix} x_2 \\ x_5 \end{pmatrix} = \begin{pmatrix} 2 \\ 1 \end{pmatrix}$

得 $\begin{pmatrix} 0 \\ 1 \\ 3 \\ 0 \\ 0 \end{pmatrix}, \begin{pmatrix} 0 \\ 0 \\ 2 \\ 0 \\ 1 \end{pmatrix}$

$$X = \alpha \begin{pmatrix} 0 \\ 1 \\ 3 \\ 0 \\ 0 \end{pmatrix} + \beta \begin{pmatrix} 0 \\ 0 \\ 2 \\ 0 \\ 1 \end{pmatrix}$$

其中, $\alpha, \beta \in \mathbf{R}$.

732. $\begin{cases} 3x_1 + 4x_2 + x_3 + 2x_4 + 3x_5 = 0 \\ 5x_1 + 7x_2 + x_3 + 3x_4 + 4x_5 = 0 \\ 4x_1 + 5x_2 + 2x_3 + x_4 + 5x_5 = 0 \\ 7x_1 + 10x_2 + x_3 + 6x_4 + 5x_5 = 0 \end{cases}$.

解

$$A = \begin{pmatrix} 3 & 4 & 1 & 2 & 3 \\ 5 & 7 & 1 & 3 & 4 \\ 4 & 5 & 2 & 1 & 5 \\ 7 & 10 & 1 & 6 & 5 \end{pmatrix} \rightarrow \begin{pmatrix} 3 & 4 & 1 & 2 & 3 \\ 2 & 3 & 0 & 1 & 1 \\ 4 & 6 & 0 & 4 & 2 \\ -2 & -3 & 0 & -3 & -1 \end{pmatrix} \rightarrow \begin{pmatrix} 3 & 4 & 1 & 2 & 3 \\ 2 & 3 & 0 & 1 & 1 \\ 0 & 0 & 0 & 2 & 0 \\ 2 & 3 & 0 & 2 & 1 \end{pmatrix} \rightarrow \begin{pmatrix} 1 & 1 & 1 & 0 & 2 \\ 2 & 3 & 0 & 0 & 1 \\ 0 & 0 & 0 & 1 & 0 \\ 0 & 0 & 0 & 0 & 0 \end{pmatrix}$$

$x_4 = 0$.

$$A \rightarrow \begin{pmatrix} 1 & 1 & 1 & 0 & 2 \\ 1 & \frac{3}{2} & 0 & 0 & \frac{1}{2} \\ 0 & 0 & 0 & 1 & 0 \\ 0 & 0 & 0 & 0 & 0 \end{pmatrix} \rightarrow \begin{pmatrix} 0 & -\frac{1}{2} & 1 & 0 & \frac{3}{2} \\ 1 & \frac{3}{2} & 0 & 0 & \frac{1}{2} \\ 0 & 0 & 0 & 1 & 0 \\ 0 & 0 & 0 & 0 & 0 \end{pmatrix} \rightarrow \begin{pmatrix} 0 & -1 & 2 & 0 & 3 \\ 2 & 3 & 0 & 0 & 1 \\ 0 & 0 & 0 & 1 & 0 \\ 0 & 0 & 0 & 0 & 0 \end{pmatrix}$$

得 $\begin{cases} 2x_3 = x_2 - 3x_5 \\ 2x_1 = -3x_2 - x_5 \end{cases} \Rightarrow \begin{cases} x_3 = \dfrac{1}{2}x_2 - \dfrac{3}{2}x_5 \\ x_1 = -\dfrac{3}{2}x_2 - \dfrac{1}{2}x_5 \end{cases}$

由

$$\begin{pmatrix} x_2 \\ x_5 \end{pmatrix} = \begin{pmatrix} 1 \\ 0 \end{pmatrix}, \quad \begin{pmatrix} x_2 \\ x_5 \end{pmatrix} = \begin{pmatrix} 0 \\ 1 \end{pmatrix}$$

得

$$\begin{pmatrix} -\frac{3}{2} \\ 1 \\ \frac{1}{2} \\ 0 \\ 0 \end{pmatrix}, \quad \begin{pmatrix} -\frac{1}{2} \\ 0 \\ -\frac{3}{2} \\ 0 \\ 1 \end{pmatrix}$$

$$X = \alpha \begin{pmatrix} -\frac{3}{2} \\ 1 \\ \frac{1}{2} \\ 0 \\ 0 \end{pmatrix} = \beta \begin{pmatrix} -\frac{1}{2} \\ 0 \\ -\frac{3}{2} \\ 0 \\ 1 \end{pmatrix}$$

其中,$\alpha,\beta \in \mathbf{R}$.

733. 证明:对于有理系数(别说求,整系数)的一齐次线性方程组,用以构造出整数的基础解系在系数矩阵的秩小于未知量个数时.

证 对于整系数的齐次线性方程组,无论是求通矩阵还是消元都是进行数的加、减、乘、除,当我们把自由未知量用单位的量 $\begin{pmatrix} 1 \\ 0 \\ 0 \end{pmatrix}$ 代入后可能产生有理系数,因为通解前的实数 λ,μ 可是任意数,所以总可以把解向量化到整数. 这时得到的整数解向量就是要构造出整数的基础解系.

734. 证明:对于秩为 $r < n$ 的方程组:

$$\sum_{j=1}^{n} \alpha_{ij} x_j = 0 \quad (i = 1, 2, \cdots, S) \tag{1}$$

任何 $n-r$ 个线性无关的解

$$\alpha_{11}, \alpha_{12}, \cdots, \alpha_{1n}$$
$$\alpha_{21}, \alpha_{22}, \cdots, \alpha_{2n}$$
$$\cdots$$
$$\alpha_{n-r,1}, \alpha_{n-r,2}, \cdots, \alpha_{n-r,n}$$

组成基础解系,而通解可以表为形式

$$x_j = \sum_{k=1}^{n-r} C_K \alpha_{kj} \quad (j = 1, 2, \cdots, n) \tag{2}$$

其中, $C_1, C_2, \cdots, C_{n-r}$ 为任意参数. 换言之, 证明: 对参数 $C_1, C_2, \cdots, C_{n-r}$ 的任何值, 方程组(2)给出方程组(1)的解, 并且方程组(1)的任一解可以从方程组(2)适当选择参数 $C_1, C_2, \cdots, C_{n-r}$ 的值而得到.

证 基础解系是解空间的一组基, 方程组(1)的每一个解都有一组参数 $C_1, C_2, \cdots, C_{n-r}$ 相对应, 它们就是这组基的坐标. 这是 $n-r$ 维子空间的具体例子.

对下列方程组求出前题中方程组(2)的通解, 其中每一个未知量要用系数是整数的关于参数的齐次线性表达式表出:

735. $\begin{cases} 2x_1 + x_2 - 4x_3 = 0 \\ 3x_1 + 5x_2 - 7x_3 = 0 \\ 4x_1 - 5x_2 - 6x_3 = 0 \end{cases}$.

解 $\begin{pmatrix} 2 & 1 & -4 \\ 3 & 5 & -7 \\ 4 & -5 & -6 \end{pmatrix} \to \begin{pmatrix} 2 & 1 & -4 \\ 1 & 4 & -3 \\ 1 & -10 & 1 \end{pmatrix} \to \begin{pmatrix} 2 & 1 & -4 \\ 0 & -7 & 2 \\ 0 & 14 & -4 \end{pmatrix} \to \begin{pmatrix} 2 & 1 & -4 \\ 0 & 1 & -\frac{2}{7} \\ 0 & 0 & 0 \end{pmatrix} \to \begin{pmatrix} 2 & 0 & -\frac{26}{7} \\ 0 & 1 & -\frac{2}{7} \\ 0 & 0 & 0 \end{pmatrix}$

$\begin{cases} 2x_1 = \frac{26}{7}x_3 \\ x_2 = \frac{2}{7}x_3 \end{cases} \Rightarrow \begin{cases} x_1 = \frac{13}{7}x_3 \\ x_2 = \frac{2}{7}x_3 \end{cases}$

基础解系 $\begin{pmatrix} 13 \\ 2 \\ 7 \end{pmatrix}$

$$X = C \begin{pmatrix} 13 \\ 2 \\ 7 \end{pmatrix}$$

其中, $C \in \mathbf{R}$.

736. $\begin{cases} 2x_1 - x_2 + 5x_3 + 7x_4 = 0 \\ 4x_1 - 2x_2 + 7x_3 + 5x_4 = 0 \\ 2x_1 - x_2 + x_3 - 5x_4 = 0 \end{cases}$.

解

$\begin{pmatrix} 2 & -1 & 5 & 7 \\ 4 & -2 & 7 & 5 \\ 2 & -1 & 1 & -5 \end{pmatrix} \to \begin{pmatrix} 2 & -1 & 1 & -5 \\ 0 & 0 & 4 & 12 \\ 0 & 0 & 5 & 15 \end{pmatrix} \to \begin{pmatrix} 2 & -1 & 1 & -5 \\ 0 & 0 & 1 & 3 \\ 0 & 0 & 0 & 0 \end{pmatrix} \to \begin{pmatrix} 2 & -1 & 0 & -8 \\ 0 & 0 & 1 & 3 \\ 0 & 0 & 0 & 0 \end{pmatrix}$

得 $\begin{cases} x_2 = 2x_1 - 8x_4 \\ x_3 = -3x_4 \end{cases}$

由 $\begin{pmatrix} x_1 \\ x_4 \end{pmatrix} = \begin{pmatrix} 1 \\ 0 \end{pmatrix}, \begin{pmatrix} x_1 \\ x_4 \end{pmatrix} = \begin{pmatrix} 0 \\ 1 \end{pmatrix}$

得 $\begin{pmatrix} 1 \\ 2 \\ 0 \\ 0 \end{pmatrix}, \begin{pmatrix} 0 \\ -8 \\ -3 \\ 1 \end{pmatrix}$

$$X = C_1 \begin{pmatrix} 1 \\ 2 \\ 0 \\ 0 \end{pmatrix} + C_2 \begin{pmatrix} 0 \\ -8 \\ -3 \\ 1 \end{pmatrix}$$

其中,C_1, C_2 为任意实数.

737. $\begin{cases} 3x_1 + 2x_2 + 5x_3 + 2x_4 + 7x_5 = 0 \\ 6x_1 + 4x_2 + 7x_3 + 4x_4 + 5x_5 = 0 \\ 3x_1 + 2x_2 - x_3 + 2x_4 - 11x_5 = 0 \\ 6x_1 + 4x_2 + x_3 + 4x_4 - 13x_5 = 0 \end{cases}$

解 $\begin{pmatrix} 3 & 2 & 5 & 2 & 7 \\ 6 & 4 & 7 & 4 & 5 \\ 3 & 2 & -1 & 2 & -11 \\ 6 & 4 & 1 & 4 & -13 \end{pmatrix} \rightarrow \begin{pmatrix} 3 & 2 & -1 & 2 & -11 \\ 0 & 0 & 6 & 0 & 18 \\ 0 & 0 & 9 & 0 & 27 \\ 0 & 0 & 0 & 0 & 0 \end{pmatrix} \rightarrow \begin{pmatrix} 3 & 2 & -1 & 2 & -11 \\ 0 & 0 & 1 & 0 & 3 \\ 0 & 0 & 0 & 0 & 0 \\ 0 & 0 & 0 & 0 & 0 \end{pmatrix} \rightarrow$

$\begin{pmatrix} 3 & 2 & 0 & 2 & -8 \\ 0 & 0 & 1 & 0 & 3 \\ 0 & 0 & 0 & 0 & 0 \\ 0 & 0 & 0 & 0 & 0 \end{pmatrix}$

得 $\begin{cases} 2x_4 = 8x_5 - 3x_1 - 2x_2 \\ x_3 = -3x_5 \end{cases} \Rightarrow \begin{cases} x_4 = -\dfrac{3}{2}x_1 - x_2 + 4x_5 \\ x_3 = -3x_5 \end{cases}$

由 $\begin{pmatrix} x_1 \\ x_2 \\ x_5 \end{pmatrix} = \begin{pmatrix} 1 \\ 0 \\ 0 \end{pmatrix}, \begin{pmatrix} x_1 \\ x_2 \\ x_5 \end{pmatrix} = \begin{pmatrix} 0 \\ 1 \\ 0 \end{pmatrix}, \begin{pmatrix} x_1 \\ x_2 \\ x_5 \end{pmatrix} = \begin{pmatrix} 0 \\ 0 \\ 1 \end{pmatrix}$

得
$$\begin{pmatrix} 1 \\ 0 \\ 0 \\ -\frac{3}{2} \\ 0 \end{pmatrix}, \begin{pmatrix} 0 \\ 1 \\ 0 \\ -1 \\ 0 \end{pmatrix}, \begin{pmatrix} 0 \\ 0 \\ -3 \\ 4 \\ 1 \end{pmatrix}$$

系数整数化 $\begin{pmatrix} 2 \\ 0 \\ 0 \\ -3 \\ 0 \end{pmatrix}$.

用基础解系表示通解：
$$X = C_1 \begin{pmatrix} 2 \\ 0 \\ 0 \\ -3 \\ 0 \end{pmatrix} + C_2 \begin{pmatrix} 0 \\ 1 \\ 0 \\ -1 \\ 0 \end{pmatrix} + C_3 \begin{pmatrix} 0 \\ 0 \\ -3 \\ 4 \\ 1 \end{pmatrix}$$

其中, C_1, C_2, C_3 为任意实数.

738. $\begin{cases} 6x_1 - 2x_2 + 3x_3 + 4x_4 + 9x_5 = 0 \\ 3x_1 - x_2 + 2x_3 + 6x_4 + 3x_5 = 0 \\ 6x_1 - 2x_2 + 5x_3 + 20x_4 + 3x_5 = 0 \\ 9x_1 - 3x_2 + 4x_3 + 2x_4 + 15x_5 = 0 \end{cases}.$

解
$$\begin{pmatrix} 6 & -2 & 3 & 4 & 9 \\ 3 & -1 & 2 & 6 & 3 \\ 6 & -2 & 5 & 20 & 3 \\ 9 & -3 & 4 & 2 & 15 \end{pmatrix} \to \begin{pmatrix} 3 & -1 & 2 & 6 & 3 \\ 0 & 0 & -1 & -8 & 3 \\ 0 & 0 & 2 & 16 & -6 \\ 0 & 0 & -2 & -16 & 6 \end{pmatrix} \to \begin{pmatrix} 3 & -1 & 0 & -10 & 9 \\ 0 & 0 & 1 & 8 & -3 \\ 0 & 0 & 0 & 0 & 0 \\ 0 & 0 & 0 & 0 & 0 \end{pmatrix}$$

得 $\begin{cases} x_2 = 3x_1 - 10x_4 + 9x_5 \\ x_3 = -8x_4 + 3x_5 \end{cases}$

由 $\begin{pmatrix} x_1 \\ x_4 \\ x_5 \end{pmatrix} = \begin{pmatrix} 1 \\ 0 \\ 0 \end{pmatrix}, \begin{pmatrix} x_1 \\ x_4 \\ x_5 \end{pmatrix} = \begin{pmatrix} 0 \\ 1 \\ 0 \end{pmatrix}, \begin{pmatrix} x_1 \\ x_4 \\ x_5 \end{pmatrix} = \begin{pmatrix} 0 \\ 0 \\ 1 \end{pmatrix}$

得 $\begin{pmatrix} 1 \\ 3 \\ 0 \\ 0 \\ 0 \end{pmatrix}, \begin{pmatrix} 0 \\ -10 \\ -8 \\ 1 \\ 0 \end{pmatrix}, \begin{pmatrix} 0 \\ 9 \\ 3 \\ 0 \\ 1 \end{pmatrix}$

通解：
$$X = C_1\begin{pmatrix}1\\3\\0\\0\\0\end{pmatrix} + C_2\begin{pmatrix}0\\-10\\-8\\1\\0\end{pmatrix} + C_3\begin{pmatrix}0\\9\\3\\0\\1\end{pmatrix}$$

其中,C_1, C_2, C_3 为任意实数.

739. $\begin{cases} 2x_1 + 7x_2 + 4x_3 + 5x_4 + 8x_5 = 0 \\ 4x_1 + 4x_2 + 8x_3 + 5x_4 + 4x_5 = 0 \\ x_1 - 9x_2 - 3x_3 - 5x_4 - 14x_5 = 0 \\ 3x_1 - 5x_2 + 7x_3 + 5x_4 + 6x_5 = 0 \end{cases}.$

解

$$\begin{pmatrix}2 & 7 & 4 & 5 & 8\\4 & 4 & 8 & 5 & 4\\1 & -9 & -3 & -5 & -14\\3 & -5 & 7 & 5 & 6\end{pmatrix} \rightarrow \begin{pmatrix}2 & 7 & 4 & 5 & 8\\2 & -3 & 4 & 0 & -4\\3 & -2 & 1 & 0 & -6\\4 & -14 & 4 & 0 & -8\end{pmatrix} \rightarrow \begin{pmatrix}0 & 10 & 0 & 5 & 12\\2 & -3 & 4 & 0 & -4\\-10 & 5 & 0 & 0 & 20\\2 & -11 & 0 & 0 & -4\end{pmatrix} \rightarrow$$

$$\begin{pmatrix}0 & 10 & 0 & 5 & 12\\2 & -3 & 4 & 0 & -4\\-2 & 1 & 0 & 0 & 4\\2 & -11 & 0 & 0 & -4\end{pmatrix} \rightarrow \begin{pmatrix}0 & 10 & 0 & 5 & 12\\2 & -3 & 4 & 0 & -4\\1 & 0 & 0 & 0 & -2\\0 & 1 & 0 & 0 & 0\end{pmatrix} \rightarrow \begin{pmatrix}0 & 0 & 0 & 5 & 12\\0 & 1 & 0 & 0 & 0\\0 & 0 & 1 & 0 & 0\\1 & 0 & 0 & 0 & -2\end{pmatrix}$$

得 $\begin{cases} x_2 = x_3 = 0 \\ x_1 = 2x_5 \\ x_4 = -\dfrac{12}{5}x_5 \end{cases}$

通解：
$$X = C\begin{pmatrix}10\\0\\0\\-12\\5\end{pmatrix}$$

其中,C 为任意实数.

740. $\begin{cases} 3x_1 + 4x_2 + 3x_3 + 9x_4 + 6x_5 = 0 \\ 9x_1 + 8x_2 + 5x_3 + 6x_4 + 9x_5 = 0 \\ 3x_1 + 8x_2 + 7x_3 + 30x_4 + 15x_5 = 0 \\ 6x_1 + 6x_2 + 4x_3 + 7x_4 + 5x_5 = 0 \end{cases}.$

解
$$\begin{pmatrix} 3 & 4 & 3 & 9 & 6 \\ 9 & 8 & 5 & 6 & 9 \\ 3 & 8 & 7 & 30 & 15 \\ 6 & 6 & 4 & 7 & 5 \end{pmatrix} \rightarrow \begin{pmatrix} 3 & 4 & 3 & 9 & 6 \\ 3 & 8 & 7 & 30 & 15 \\ 6 & 6 & 4 & 7 & 5 \\ 9 & 8 & 5 & 6 & 9 \end{pmatrix} \rightarrow \begin{pmatrix} 3 & 4 & 3 & 9 & 6 \\ 0 & 4 & 4 & 21 & 9 \\ 0 & -2 & -2 & -11 & -7 \\ 0 & -4 & -4 & -21 & -9 \end{pmatrix} \rightarrow$$

$$\begin{pmatrix} 3 & 0 & -1 & -12 & -3 \\ 0 & 4 & 4 & 21 & 9 \\ 0 & 0 & 0 & -1 & -5 \\ 0 & 0 & 0 & 0 & 0 \end{pmatrix} \rightarrow \begin{pmatrix} 3 & 0 & -1 & -12 & -3 \\ 0 & 4 & 4 & 20 & 4 \\ 0 & 0 & 0 & 1 & 5 \\ 0 & 0 & 0 & 0 & 0 \end{pmatrix} \rightarrow \begin{pmatrix} 3 & 0 & -1 & -12 & -3 \\ 0 & 1 & 1 & 5 & 1 \\ 0 & 0 & 0 & 1 & 5 \\ 0 & 0 & 0 & 0 & 0 \end{pmatrix} \rightarrow$$

$$\begin{pmatrix} 3 & 0 & -1 & 0 & 57 \\ 0 & 1 & 1 & 0 & -24 \\ 0 & 0 & 0 & 1 & 5 \\ 0 & 0 & 0 & 0 & 0 \end{pmatrix}$$

得 $\begin{cases} x_4 = -5x_5 \\ 3x_1 = x_3 - 57x_5 \\ x_2 = -x_3 + 24x_5 \end{cases} \Rightarrow \begin{cases} x_4 = -5x_5 \\ x_1 = \dfrac{1}{3}x_3 - 19x_5 \\ x_2 = -x_3 + 24x_5 \end{cases}$

由 $\begin{pmatrix} x_3 \\ x_5 \end{pmatrix} = \begin{pmatrix} 1 \\ 0 \end{pmatrix}, \quad \begin{pmatrix} x_3 \\ x_5 \end{pmatrix} = \begin{pmatrix} 0 \\ 1 \end{pmatrix}$

得 $\begin{pmatrix} \dfrac{1}{3} \\ -1 \\ 1 \\ 0 \\ 0 \end{pmatrix}, \quad \begin{pmatrix} -19 \\ 24 \\ 0 \\ -5 \\ 1 \end{pmatrix}$

通解：
$$X = C_1 \begin{pmatrix} 1 \\ -3 \\ 3 \\ 0 \\ 0 \end{pmatrix} + C_2 \begin{pmatrix} -19 \\ 24 \\ 0 \\ -5 \\ 1 \end{pmatrix}$$

其中，C_1, C_2 为任意实数.

741. 对方程组
$$\begin{cases} 3x_1 + 4x_2 + 2x_3 + x_4 + 6x_5 = 0 \\ 5x_1 + 9x_2 + 7x_3 + 4x_4 + 7x_5 = 0 \\ 4x_1 + 3x_2 - x_3 - x_4 + 11x_5 = 0 \\ x_1 + 6x_2 + 8x_3 + 5x_4 - 4x_5 = 0 \end{cases}$$

而言，以下两矩阵的行是否分别组成基础解系？

$$A = \begin{pmatrix} 30 & -24 & 43 & -50 & -5 \\ 9 & -15 & 8 & 5 & 2 \\ 4 & 2 & 9 & -20 & -3 \end{pmatrix}$$

$$B = \begin{pmatrix} 4 & 2 & 9 & -20 & -3 \\ 1 & -11 & 2 & 13 & 4 \\ 9 & -15 & 8 & 5 & 2 \end{pmatrix}$$

解

$$\begin{pmatrix} 3 & 4 & 2 & 1 & 6 \\ 5 & 9 & 7 & 4 & 7 \\ 4 & 3 & -1 & -1 & 11 \\ 1 & 6 & 8 & 5 & -4 \end{pmatrix} \rightarrow \begin{pmatrix} 1 & 6 & 8 & 5 & -4 \\ 3 & 4 & 2 & 1 & 6 \\ 4 & 3 & -1 & -1 & 11 \\ 5 & 9 & 7 & 4 & 7 \end{pmatrix} \rightarrow \begin{pmatrix} 1 & 6 & 8 & 5 & -4 \\ 0 & -14 & -22 & -14 & 18 \\ 0 & -21 & -33 & -21 & 27 \\ 0 & -21 & -33 & -21 & 27 \end{pmatrix} \rightarrow$$

$$\begin{pmatrix} 1 & 6 & 8 & 5 & -4 \\ 0 & 7 & 11 & 7 & -9 \\ 0 & 7 & 11 & 7 & -9 \\ 0 & 0 & 0 & 0 & 9 \end{pmatrix} \rightarrow \begin{pmatrix} 1 & 6 & 8 & 5 & -4 \\ 0 & 7 & 11 & 7 & -9 \\ 0 & 0 & 0 & 0 & 0 \\ 0 & 0 & 0 & 0 & 0 \end{pmatrix} \rightarrow \begin{pmatrix} 7 & 42 & 56 & 35 & -28 \\ 0 & 42 & 66 & 42 & -54 \\ 0 & 0 & 0 & 0 & 0 \\ 0 & 0 & 0 & 0 & 0 \end{pmatrix} \rightarrow$$

$$\begin{pmatrix} 7 & 0 & -10 & -7 & 26 \\ 0 & 7 & 11 & 7 & -9 \\ 0 & 0 & 0 & 0 & 0 \\ 0 & 0 & 0 & 0 & 0 \end{pmatrix}$$

得 $\begin{cases} 7x_1 = 10x_3 + 7x_4 - 26x_5 \\ 7x_2 = -11x_3 - 7x_4 + 9x_5 \end{cases}$

由 $\begin{pmatrix} x_3 \\ x_4 \\ x_5 \end{pmatrix} = \begin{pmatrix} 1 \\ 0 \\ 0 \end{pmatrix}, \begin{pmatrix} x_3 \\ x_4 \\ x_5 \end{pmatrix} = \begin{pmatrix} 0 \\ 1 \\ 0 \end{pmatrix}, \begin{pmatrix} x_3 \\ x_4 \\ x_5 \end{pmatrix} = \begin{pmatrix} 0 \\ 0 \\ 1 \end{pmatrix}$

得 $\begin{pmatrix} \frac{10}{7} \\ -\frac{11}{7} \\ 1 \\ 0 \\ 0 \end{pmatrix}, \begin{pmatrix} 1 \\ -1 \\ 0 \\ 1 \\ 0 \end{pmatrix}, \begin{pmatrix} -\frac{26}{7} \\ \frac{9}{7} \\ 0 \\ 0 \\ 1 \end{pmatrix}$

向量分量整数化

$$\begin{pmatrix} 10 \\ -11 \\ 7 \\ 0 \\ 0 \end{pmatrix}, \begin{pmatrix} 1 \\ -1 \\ 0 \\ 1 \\ 0 \end{pmatrix}, \begin{pmatrix} -26 \\ 9 \\ 0 \\ 0 \\ 7 \end{pmatrix}$$

$$A: \begin{pmatrix} 30 & -24 & 43 & -50 & -5 \\ 9 & -15 & 8 & 5 & 2 \\ 4 & 2 & 9 & -20 & -3 \end{pmatrix} \rightarrow \begin{pmatrix} 120 & -174 & 123 & 0 & 15 \\ 9 & -15 & 8 & 5 & 2 \\ 40 & -58 & 41 & 0 & 5 \end{pmatrix} \rightarrow \begin{pmatrix} 9 & -15 & 8 & 5 & 2 \\ 40 & -58 & 41 & 0 & 5 \\ 0 & 0 & 0 & 0 & 0 \end{pmatrix}$$

不能组成基础解系.

$$B: \begin{pmatrix} 4 & 2 & 9 & -20 & -3 \\ 1 & -11 & 2 & 13 & 4 \\ 9 & -15 & 8 & 5 & 2 \end{pmatrix} \rightarrow \begin{pmatrix} 0 & 46 & 1 & -72 & -19 \\ 1 & -11 & 2 & 13 & 4 \\ 0 & 84 & -10 & -112 & -34 \end{pmatrix} \rightarrow \begin{pmatrix} 0 & 46 & 1 & -72 & -19 \\ 1 & -11 & 2 & 13 & 4 \\ 0 & -8 & -12 & 32 & 4 \end{pmatrix} \rightarrow$$

$$\begin{pmatrix} 0 & 30 & -23 & -8 & -11 \\ 1 & -11 & 2 & 13 & 4 \\ 0 & -8 & -12 & 32 & 4 \end{pmatrix} \rightarrow \begin{pmatrix} 0 & 30 & -23 & -8 & -11 \\ 1 & -11 & 2 & 13 & 4 \\ 0 & -2 & -3 & 8 & 1 \end{pmatrix} \rightarrow \begin{pmatrix} 0 & 28 & -26 & 0 & -10 \\ 1 & -11 & 2 & 13 & 4 \\ 0 & -2 & -3 & 8 & 1 \end{pmatrix} \rightarrow$$

$$\begin{pmatrix} 0 & 14 & -13 & 0 & -5 \\ 1 & -11 & 2 & 13 & 4 \\ 0 & -2 & -3 & 8 & 1 \end{pmatrix} \rightarrow \begin{pmatrix} 0 & 14 & -13 & 0 & -5 \\ 1 & -11 & 2 & 13 & 4 \\ 0 & 12 & -16 & 8 & -4 \end{pmatrix} \rightarrow \begin{pmatrix} 0 & 14 & -13 & 0 & -5 \\ 1 & -11 & 2 & 13 & 4 \\ 0 & 3 & -4 & 2 & -1 \end{pmatrix} \rightarrow$$

$$\begin{pmatrix} 0 & 2 & 3 & -8 & -1 \\ 1 & -11 & 2 & 13 & 4 \\ 0 & 3 & -4 & 2 & -1 \end{pmatrix} \rightarrow \begin{pmatrix} 0 & 2 & 3 & -8 & -1 \\ 1 & -9 & 5 & 50 & 3 \\ 0 & 5 & -1 & -6 & -2 \end{pmatrix} \rightarrow \begin{pmatrix} 0 & -3 & 4 & -2 & 1 \\ 1 & -4 & 4 & -1 & 1 \\ 0 & 5 & -1 & -6 & -2 \end{pmatrix}$$

$$\begin{vmatrix} 4 & 2 & 9 \\ 1 & -11 & 2 \\ 9 & -15 & 8 \end{vmatrix} = \begin{vmatrix} 4 & 2 & 5 \\ 1 & -11 & 1 \\ 9 & -15 & -1 \end{vmatrix} = \begin{vmatrix} 4 & 2 & 5 \\ 1 & -11 & 1 \\ 10 & -26 & 0 \end{vmatrix} = \begin{vmatrix} 4 & 57 & 5 \\ 1 & 0 & 1 \\ 10 & -26 & 0 \end{vmatrix}$$

$= 26 \times 5 + 570 + 4 \times 26 = -130 + 570 + 104 \neq 0.$

(4,2,9,-20,-3)代入

$$3 \times 4 + 4 \times 2 + 9 \times 2 - 20 - 18 = 0$$
$$5 \times 4 + 9 \times 2 + 9 \times 7 - 20 \times 4 - 21 = 20 + 18 + 63 - 80 - 21 = 0$$
$$4 \times 4 + 3 \times 2 - 9 + 20 - 33 = 42 - 42 = 0$$
$$4 + 12 + 72 - 100 + 12 = 0$$

是方程组的解.

(1,-11,2,13,4)代入

$$3 \times 1 + 4 \times (-11) + 4 + 13 + 24 = 3 - 44 + 17 + 24 = 0$$
$$5 - 99 + 14 + 52 + 28 = 0$$
$$4 - 33 - 15 + 44 = 0$$
$$1 - 66 + 16 + 65 - 16 = 0$$

是方程组的解.

(9,-15,8,5,2)代入

$$27 - 60 + 16 + 5 + 12 = 0$$
$$45 - 135 + 56 + 20 + 14 = -90 + 76 + 14 = 0$$
$$36 - 45 - 13 + 22 = 58 - 58 = 0$$
$$9 - 90 + 64 + 25 - 8 = 0$$

均适合.

$$\begin{vmatrix} 9 & -20 & -3 \\ 2 & 13 & 4 \\ 8 & 5 & 2 \end{vmatrix} = \begin{vmatrix} 11 & -7 & 1 \\ 2 & 13 & 4 \\ 8 & 5 & 2 \end{vmatrix} = \begin{vmatrix} 11 & 4 & 1 \\ 2 & 15 & 4 \\ 8 & 13 & 2 \end{vmatrix} = \begin{vmatrix} 11 & 4 & 1 \\ 2 & 15 & 4 \\ -14 & 5 & 0 \end{vmatrix} = \begin{vmatrix} 11 & 4 & 1 \\ 44 & 0 & 4 \\ -14 & 5 & 0 \end{vmatrix}$$
$$= 220 - 14 \times 16 - 220 = -220 \neq 0$$

所以 **B** 组成方程组的基础解系.

742. 矩阵

$$\begin{pmatrix} 6 & 2 & 3 & -2 & -7 \\ 5 & 3 & 7 & -6 & -4 \\ 8 & 0 & -5 & 6 & -13 \\ 4 & -2 & -7 & 5 & -7 \end{pmatrix}$$

的哪些行组成方程组

$$\begin{cases} 2x_1 - 5x_2 + 3x_3 + 2x_4 + x_5 = 0 \\ 5x_1 - 8x_2 + 5x_3 + 4x_4 + 3x_5 = 0 \\ x_1 - 7x_2 + 4x_3 + 2x_4 = 0 \\ 4x_1 - x_2 + x_3 + 2x_4 + 3x_5 = 0 \end{cases}$$

的基础解系?

解
$$\begin{pmatrix} 2 & -5 & 3 & 2 & 1 \\ 5 & -8 & 5 & 4 & 3 \\ 1 & -7 & 4 & 2 & 0 \\ 4 & -1 & 1 & 2 & 3 \end{pmatrix} \rightarrow \begin{pmatrix} 1 & -7 & 4 & 2 & 0 \\ 2 & -5 & 3 & 2 & 1 \\ 4 & -1 & 1 & 2 & 3 \\ 5 & -8 & 5 & 4 & 3 \end{pmatrix} \rightarrow \begin{pmatrix} 1 & -7 & 4 & 2 & 0 \\ 0 & 9 & -5 & -2 & 1 \\ 0 & 27 & -15 & -6 & 3 \\ 0 & 27 & -15 & -6 & 3 \end{pmatrix} \rightarrow$$

$$\begin{pmatrix} 1 & -7 & 4 & 2 & 0 \\ 0 & 9 & -5 & -2 & 1 \\ 0 & 0 & 0 & 0 & 0 \\ 0 & 0 & 0 & 0 & 0 \end{pmatrix}$$

得
$$\begin{cases} x_1 = 7x_2 - 4x_3 - 2x_4 \\ x_5 = -9x_2 + 5x_3 + 2x_4 \end{cases}$$

由 $\begin{pmatrix} x_2 \\ x_3 \\ x_4 \end{pmatrix} = \begin{pmatrix} 1 \\ 0 \\ 0 \end{pmatrix}, \begin{pmatrix} x_2 \\ x_3 \\ x_4 \end{pmatrix} = \begin{pmatrix} 0 \\ 1 \\ 0 \end{pmatrix}, \begin{pmatrix} x_2 \\ x_3 \\ x_4 \end{pmatrix} = \begin{pmatrix} 0 \\ 0 \\ 1 \end{pmatrix}$

得 $\begin{pmatrix} 7 \\ 1 \\ 0 \\ 0 \\ -9 \end{pmatrix}, \begin{pmatrix} -4 \\ 0 \\ 1 \\ 0 \\ 5 \end{pmatrix}, \begin{pmatrix} -2 \\ 0 \\ 0 \\ 1 \\ 2 \end{pmatrix}$

$$\begin{vmatrix} 2 & 3 & -2 \\ 3 & 7 & -6 \\ 0 & -5 & 6 \end{vmatrix} = 84 + 30 - 60 - 54 = 0$$

$$\begin{vmatrix} 3 & 7 & -6 \\ 0 & -5 & 6 \\ -2 & -7 & 5 \end{vmatrix} = \begin{vmatrix} 3 & 2 & 0 \\ 0 & -5 & 6 \\ -2 & -7 & 5 \end{vmatrix} = -75 - 24 + 126 = 126 - 99 = 27$$

由第 2,3,4 行组成方程组的基础解系.

1,2,4 行

$$\begin{vmatrix} 2 & 3 & -2 \\ 3 & 7 & -6 \\ -2 & -7 & 5 \end{vmatrix} = \begin{vmatrix} 2 & 3 & -2 \\ 3 & 7 & -6 \\ 1 & 0 & -1 \end{vmatrix} = \begin{vmatrix} 2 & 3 & 0 \\ 3 & 7 & -3 \\ 1 & 0 & 0 \end{vmatrix} = -9 \neq 0$$

1,3,4 行

$$\begin{vmatrix} 2 & 3 & -2 \\ 0 & -5 & 6 \\ -2 & -7 & 5 \end{vmatrix} = \begin{vmatrix} 2 & 3 & -2 \\ 0 & -5 & 6 \\ 0 & -4 & 3 \end{vmatrix} = 2(-15 + 24) = 18$$

由第 1,2,4 行和第 1,3,4 行, 也能组成方程组的基础解系.

743. 证明: 如果在 n 个未知量的秩为 r (此处 $r < n$) 的齐次线性方程组的通解中, 用 $n-r$ 阶不为零的行列式的每行的数按顺序代替自由未知量, 并求出其余未知量的对应值, 就得到一个基础解系, 反之, 该方程组的任一基础解系可以用此种方法适当地选取 $n-r$ 阶不为零的行列式而得到.

证 n 个未知量的秩为 r (此处 $r < n$) 的齐次线性方程组中得到的基础解系, 因为有某 $n-r$ 阶不为零的行列式, 所以它们彼此是线性无关的. 齐次线性方程组的任何解都可由这 $n-r$ 个解线性表示, 而且不是唯一的. 即有参数 $C_1, C_2, \cdots, C_{n-r}$ 相对应. 这样得到的一组解组成齐次线性方程组的基础解系.

746. 证明: 如果齐次线性方程组的秩比未知量小 1, 则该方程组的任何两个解成比例, 即只差一个数值因子 (可以等于零).

证 秩为 3 的四个未知量的方程组.

$$\begin{cases} a_{11}x_1 + a_{12}x_2 + a_{13}x_3 + a_{14}x_4 = 0 \\ a_{21}x_1 + a_{22}x_2 + a_{23}x_3 + a_{24}x_4 = 0 \\ a_{31}x_1 + a_{32}x_2 + a_{33}x_3 + a_{34}x_4 = 0 \end{cases}$$

因 $r(\boldsymbol{A}) = 3$.

$$D = \begin{vmatrix} a_{11} & a_{12} & a_{13} \\ a_{21} & a_{22} & a_{23} \\ a_{31} & a_{32} & a_{33} \end{vmatrix} \neq 0$$

$$\begin{cases} a_{11}x_1 + a_{12}x_2 + a_{13}x_3 = -a_{14}x_4 \\ a_{21}x_1 + a_{22}x_2 + a_{23}x_3 = -a_{24}x_4 \\ a_{31}x_1 + a_{32}x_2 + a_{33}x_3 = -a_{34}x_4 \end{cases}$$

$$x_1 = \frac{1}{D}\begin{vmatrix} -a_{14}x_4 & a_{12} & a_{13} \\ -a_{24}x_4 & a_{22} & a_{23} \\ -a_{34}x_4 & a_{32} & a_{33} \end{vmatrix} = \frac{1}{D}\begin{vmatrix} a_{12} & a_{13} & -a_{14} \\ a_{22} & a_{23} & -a_{24} \\ a_{32} & a_{33} & -a_{34} \end{vmatrix} x_4$$

$$x_2 = \frac{1}{D}\begin{vmatrix} a_{11} & -a_{14}x_4 & a_{13} \\ a_{21} & -a_{24}x_4 & a_{23} \\ a_{31} & -a_{34}x_4 & a_{33} \end{vmatrix} = -\frac{1}{D}\begin{vmatrix} a_{11} & a_{13} & -a_{14} \\ a_{21} & a_{23} & -a_{24} \\ a_{31} & a_{33} & -a_{34} \end{vmatrix} x_4$$

$$x_3 = \frac{1}{D}\begin{vmatrix} a_{11} & a_{12} & -a_{14}x_4 \\ a_{21} & a_{22} & -a_{24}x_4 \\ a_{31} & a_{32} & -a_{34}x_4 \end{vmatrix} = \frac{1}{D}\begin{vmatrix} a_{11} & a_{12} & -a_{14} \\ a_{21} & a_{22} & -a_{24} \\ a_{31} & a_{32} & -a_{34} \end{vmatrix} x_4$$

通解：

$$X = \begin{pmatrix} x_1 \\ x_2 \\ x_3 \\ x_4 \end{pmatrix} = -\frac{x_4}{D} \begin{pmatrix} \begin{vmatrix} a_{12} & a_{13} & a_{14} \\ a_{22} & a_{23} & a_{24} \\ a_{32} & a_{33} & a_{34} \end{vmatrix} \\ -\begin{vmatrix} a_{11} & a_{13} & a_{14} \\ a_{21} & a_{23} & a_{24} \\ a_{31} & a_{33} & a_{34} \end{vmatrix} \\ \begin{vmatrix} a_{11} & a_{12} & a_{14} \\ a_{21} & a_{22} & a_{24} \\ a_{31} & a_{32} & a_{34} \end{vmatrix} \\ -D \end{pmatrix}$$

由此证明了任何两个解成比例.

748. 证明：如果在齐次线性方程组中，方程个数比未知量个数小 1，则可以把从系数矩阵中按次序去掉第 1 列，第 2 列等所得到的一组子式，并且给这些式子以交错的正负号作为解.

其次证明：如果这个解不是零解，则任何解可由它乘以某数而得到.

本题实际上是两行相同行列式按第 1 行展开的延伸.

$$\begin{vmatrix} a_{31} & a_{32} & a_{33} & a_{34} \\ a_{21} & a_{22} & a_{23} & a_{24} \\ a_{31} & a_{32} & a_{33} & a_{34} \\ a_{41} & a_{42} & a_{43} & a_{44} \end{vmatrix} = a_{31}A_{11} + a_{32}A_{12} + a_{33}A_{13} + a_{34}A_{14} = 0$$

利用前题结果,求下列方程组的特解和通解:

749. $\begin{cases} 5x_1 + 3x_2 + 4x_3 = 0 \\ 6x_1 + 5x_2 + 6x_3 = 0 \end{cases}.$

解 $x_1 = \begin{vmatrix} 3 & 4 \\ 5 & 6 \end{vmatrix} = -2, \quad x_2 = -\begin{vmatrix} 5 & 4 \\ 6 & 6 \end{vmatrix} = -6, \quad x_3 = \begin{vmatrix} 5 & 3 \\ 6 & 5 \end{vmatrix} = 7$

特解: $x = \begin{pmatrix} -2 \\ -6 \\ 7 \end{pmatrix}$

通解: $X = C\begin{pmatrix} -2 \\ -6 \\ 7 \end{pmatrix}.$

750. $\begin{cases} 4x_1 - 6x_2 + 5x_3 = 0 \\ 6x_1 - 9x_2 + 10x_3 = 0 \end{cases}.$

解 $x_1 = \begin{vmatrix} -6 & 5 \\ -9 & 10 \end{vmatrix} = -15, \quad x_2 = -\begin{vmatrix} 4 & 5 \\ 6 & 10 \end{vmatrix} = -10$

$x_3 = \begin{vmatrix} 4 & -6 \\ 6 & -9 \end{vmatrix} = 0$

特解: $x = \begin{pmatrix} -15 \\ -10 \\ 0 \end{pmatrix}.$

通解: $X = C\begin{pmatrix} -15 \\ -10 \\ 0 \end{pmatrix}$

751. $\begin{cases} 2x_1 + 3x_2 + 5x_3 + 6x_4 = 0 \\ 3x_1 + 4x_2 + 6x_3 + 7x_4 = 0. \\ 3x_1 + x_2 + x_3 + 4x_4 = 0 \end{cases}$

$x_1 = \begin{vmatrix} 3 & 5 & 6 \\ 4 & 6 & 7 \\ 1 & 1 & 4 \end{vmatrix} = \begin{vmatrix} 0 & 2 & -6 \\ 0 & 2 & -9 \\ 1 & 1 & 4 \end{vmatrix} = -18 + 12 = -6.$

$$x_2 = -\begin{vmatrix} 2 & 5 & 6 \\ 3 & 6 & 7 \\ 3 & 1 & 4 \end{vmatrix} = -\begin{vmatrix} 2 & 5 & 1 \\ 3 & 6 & 1 \\ 3 & 1 & 3 \end{vmatrix} = -\begin{vmatrix} 1 & 5 & 1 \\ 2 & 6 & 1 \\ 0 & 1 & 3 \end{vmatrix} = -\begin{vmatrix} 1 & 5 & 1 \\ 1 & 1 & 0 \\ 0 & 1 & 3 \end{vmatrix} = -\begin{vmatrix} 0 & 4 & 1 \\ 1 & 1 & 0 \\ 0 & 1 & 3 \end{vmatrix} = 11.$$

$$x_3 = \begin{vmatrix} 2 & 3 & 6 \\ 3 & 4 & 7 \\ 3 & 1 & 4 \end{vmatrix} = \begin{vmatrix} 2 & 3 & 6 \\ 1 & 1 & 1 \\ 3 & 1 & 4 \end{vmatrix} = \begin{vmatrix} -1 & 3 & 3 \\ 0 & 1 & 0 \\ 2 & 1 & 3 \end{vmatrix} = -9.$$

$$x_4 = -\begin{vmatrix} 2 & 3 & 5 \\ 3 & 4 & 6 \\ 3 & 1 & 1 \end{vmatrix} = -\begin{vmatrix} 2 & 3 & 5 \\ 1 & 1 & 1 \\ 3 & 1 & 1 \end{vmatrix} = -\begin{vmatrix} 2 & 3 & 5 \\ 1 & 1 & 1 \\ 2 & 0 & 0 \end{vmatrix} = -2(-2) = 4.$$

特解：

$$x = \begin{pmatrix} -6 \\ 11 \\ -9 \\ 4 \end{pmatrix}$$

通解：

$$X = C\begin{pmatrix} -6 \\ 11 \\ -9 \\ 4 \end{pmatrix}$$

752. $\begin{cases} 8x_1 - 5x_2 - 6x_3 + 3x_4 = 0 \\ 4x_1 - x_2 - 3x_3 + 2x_4 = 0 \\ 12x_1 - 7x_2 - 9x_3 + 5x_4 = 0. \end{cases}$

解
$$x_1 = \begin{vmatrix} -5 & -6 & 3 \\ -1 & -3 & 2 \\ -7 & -9 & 5 \end{vmatrix} = \begin{vmatrix} 5 & 6 & 3 \\ 1 & 3 & 2 \\ 7 & 9 & 5 \end{vmatrix} = \begin{vmatrix} 3 & 0 & -1 \\ 1 & 3 & 2 \\ 4 & 0 & -1 \end{vmatrix} = 3\begin{vmatrix} 3 & -1 \\ 4 & -1 \end{vmatrix} = 3.$$

$$x_2 = -\begin{vmatrix} 8 & -6 & 3 \\ 4 & -3 & 2 \\ 12 & -9 & 5 \end{vmatrix} = -12\begin{vmatrix} 2 & -2 & 3 \\ 1 & -1 & 2 \\ 3 & -3 & 5 \end{vmatrix} = 0.$$

$$x_3 = \begin{vmatrix} 8 & -5 & 3 \\ 4 & -1 & 2 \\ 12 & -7 & 5 \end{vmatrix} = 4\begin{vmatrix} 2 & -5 & 1 \\ 1 & -1 & 1 \\ 3 & -7 & 2 \end{vmatrix} = 4\begin{vmatrix} 1 & -5 & 1 \\ 0 & -1 & 1 \\ 1 & -7 & 2 \end{vmatrix} = 4\begin{vmatrix} 1 & -5 & 1 \\ 0 & -1 & 1 \\ 0 & -2 & 1 \end{vmatrix} = 4$$

$$x_4 = -\begin{vmatrix} 8 & -5 & -6 \\ 4 & -1 & -3 \\ 12 & -7 & -9 \end{vmatrix} = -4 \times 3\begin{vmatrix} 2 & 5 & 2 \\ 1 & 1 & 1 \\ 3 & 7 & 3 \end{vmatrix} = 0$$

特解：
$$x = \begin{pmatrix} 3 \\ 0 \\ 4 \\ 0 \end{pmatrix}$$

通解：
$$X = C \begin{pmatrix} 3 \\ 0 \\ 4 \\ 0 \end{pmatrix}$$

753. 证明：如果线性方程组方程个数比未知量个数大 1，为使这方程组是相容的，必要的条件是（但不是充分的）：由未知量的所有系数以及常数项所组成的行列式等于 0. 证明：如果系数矩阵的秩等于未知量的个数，这一条件也是充分的.

证 线性方程组相容的必要条件是未知量系数矩阵的秩等于增加矩阵的秩. 假如未知量的所有系数以及常数项所组成的行列式不等于 0，则增广阵的秩一定大于系数矩阵的秩，方程组不相容. 从而证明了线性方程组相容的必要条件成立.

如果系数矩阵的秩等于未知量的个数，根据 Cramer 法，则方程组有唯一一组解. 这时，这一条件也是充分的.

754. 令给定线性方程组
$$\sum_{j=1}^{n} a_{ij} x_j = b_i \quad (i = 1, 2, \cdots, S)$$
以及它的两个解 $\alpha_1, \alpha_2, \cdots, \alpha_n$ 和 $\beta_1, \beta_2, \cdots, \beta_n$，还有数 λ. 求一个线性方程组，使得它的未知量的系数与上组相同，但有一个解如下：

(a) 所给定的两个解的和
$$\alpha_1 + \beta_1, \alpha_2 + \beta_2, \cdots, \alpha_n + \beta_n$$
或者

(b) 所给的第一个解乘以数 λ 的积
$$\lambda \alpha_1, \lambda \alpha_2, \cdots, \lambda \alpha_n$$

解 $\alpha_1, \alpha_2, \cdots, \alpha_n$ 是方程组的解. 即 $\sum_{j=1}^{n} a_{ij} \alpha_j = b_i$.

$\beta_1, \beta_2, \cdots, \beta_n$ 是方程组的解. 即 $\sum_{j=1}^{n} a_{ij} \beta_j = b_i$.

所以 $\sum_{j=1}^{n} a_{ij} (\alpha_j + \beta_j) = 2 b_i$,

$\sum_{j=1}^{n} a_{ij} (\lambda \alpha_i) = \lambda b_i$.

因此，$\sum_{j=1}^{n} a_{ij} x_j = 2 b_i$; $\sum_{j=1}^{n} a_{ij} x_j = \lambda b_j$ 就是所求线性方程组.

755. 证明:使得两个解的和或者一个解乘以数 $\lambda \neq 1$ 的积仍是同一线性方程组的一个解.

证
$$\sum a_{ij}\alpha_j = b_i, \quad \sum a_{ij}\beta_j = b_j$$
$$\sum a_{ij}(\alpha_j + \beta_j) = 2b_j$$

为了 $2b_i = b_i$,
$b_i = 0, \quad i = 1, 2, \cdots, s.$

必要性得证.

如果
$$\begin{cases} \sum a_{ij}x_j = 0 \\ \sum a_{ij}\alpha_j = 0 \\ \sum a_{ij}\lambda\alpha_j = 0 \\ \sum a_{ij}\beta_j = 0 \\ \sum a_{ij}(\alpha_j + \beta_j) = 0 \end{cases}$$

充分性也得证.

756. 给定的非齐次线性方程组的任何一些解之给定线性组合,在怎样的条件下,也是该方程组的解?

证 设 $\sum \alpha_j, \beta_j, \gamma_j$ 是方程组 $\sum \alpha_{ij}x_j = b_i$ 的解
$$p_1 + p_2 + p_3 = 1$$
则
$$\sum a_{ij}(p_1\alpha_j + p_2\beta_j + p_3\gamma_j) = b_i$$
所以 $p_1\alpha_j + p_2\beta_j + p_3\gamma_j$ 是非齐次线性方程组 $\sum a_{ij}\alpha_j = b_i$ 的解.
即给定的线性组合的系数之和等于 1.

757. 如果常数项列以及除第 1 个未知量外的所有未知量的系数列两两之间仅差数值因子,问:相容线性方程组任何解中的未知量可以取怎样的值?

解 任何解中的第 1 个未知量取值零. 如果除第一个未知量和(例如)第 2 个未知量外的所有未知量的系数等于零,则第 2 个未知量取确定的值,此值可以由包含第 2 个未知量非零系数的方程中抛掉所有具有其他未知量的项求出;在这种情形,从第 3 个开始的所有的未知量可以取任何值,但是如果至少遇到 3 个未知量(例如 x_1, x_2 和 x_3)具有非零系数,则所有未知量,除第 1 个外,可以取任何值,并且它们的值在每一个解中用一个关系式联系着,这个关系式是从组的包含第 2 个未知量非零系数的任何方程中抛掉具有第 1 个未知量的项而得到的.

第 1 个未知量的所有系数等于零或者从第 2 个开始所有未知量的所有系数等于零,在习题的条件下是不可能的.

758. 在怎样的条件下,在相容线性方程组的任何解中,未知量 x_k 有同一个值?

解 由未知量系数组成的矩阵的秩,当划去第 k 列时减小 1,换句话说,第 k 列不是这个矩阵其余各列的线性组合,这是充分必要条件.

759. 在相容线性方程组的任一解中,第 k 个未知量等于零的充分必要条件是什么?

解 增广矩阵(由未知量的系数和常数项组成)的秩当划去第 k 列时应当减少 1.

760. 在怎样的条件下,方程组

$$\begin{cases} y + az + bt = 0 \\ -x + cz + dt = 0 \\ ax + cy - et = 0 \\ bx + dy + ez = 0 \end{cases}$$

的通解中可取 z 和 t 作为自由未知量?

解 $\begin{cases} x = cz + dt \\ y = -az - bt \end{cases} \Rightarrow \begin{cases} ax = acz + adt \\ cy = -acz - bct \end{cases} \Rightarrow ax + cy = (ad - bc)t = et$

$\begin{cases} bx = bcz + bdt \\ dy = -adz - bdt \end{cases} \Rightarrow bx + dy = (bc - ad)z = -ez$

以上两式必须 $ad - bc = e$.

当 $ad - bc = e$ 时,方程组的通解中可取 z 和 t 作为自由未知量.

761. 为使 n 个未知量 s 个线性方程的组是相容的且包含 r 个独立方程,其余的方程可由这 r 个方程推出,应当满足多少个彼此独立的条件?

解 一个条件是:r 阶行列式 D 不等于 0,$(s-r)(n-\gamma+1)$ 个条件是 D 的 $\gamma+1$ 阶各加边行列式等于 0.

后面各条件是独立的,因为每一个条件包含一个不含于其他条件中的元素,它处于所加边的行和列的相交处且有因子 $D \neq 0$.

762. 在怎样的条件下,方程组

$$\begin{cases} x = by + cz + du + ev \\ y = cz + du + ev + ax \\ z = du + ev + ax + by \\ u = ev + ax + by + cz \\ v = ax + by + cz + du \end{cases}$$

有非零解?

解

$$\begin{cases} -x + by + cz + du + ev = 0 \\ ax - y + cz + du + ev = 0 \\ ax + by - z + du + ev = 0 \\ ax + by + cz - u + ev = 0 \\ ax + by + cz + du - v = 0 \end{cases}$$

有非零解,必须

$$\begin{vmatrix} -1 & b & c & d & e \\ a & -1 & c & d & e \\ a & b & -1 & d & e \\ a & b & c & -1 & e \\ a & b & c & d & -1 \end{vmatrix} = 0$$

$$\text{左边} = \begin{vmatrix} a-1-a & b & c & d & e \\ a & b-1-b & c & d & e \\ a & b & c-1-c & d & e \\ a & b & c & d-1-d & e \\ a & b & c & d & e-1-e \end{vmatrix}$$

这是标准的按照二进制表为 2^5 个行列式之和的题目了, 又一次复习巩固这种方法是编习题集者的原意, 掌握与创造性地发展它就能解决一些较难的题目, 可以达到一个新的认识的高度.

$$\text{左} = \begin{vmatrix} a & b & c & d & e \\ a & b & c & d & e \\ a & b & c & d & e \\ a & b & c & d & e \\ a & b & c & d & e \end{vmatrix} + \begin{vmatrix} a & b & c & d & 0 \\ a & b & c & d & 0 \\ a & b & c & d & 0 \\ a & b & c & d & 0 \\ a & b & c & d & -1-e \end{vmatrix} + \begin{vmatrix} a & b & c & 0 & e \\ a & b & c & 0 & e \\ a & b & c & 0 & e \\ a & b & c & -1-d & e \\ a & b & c & 0 & e \end{vmatrix} +$$

$$\begin{vmatrix} a & b & c & 0 & 0 \\ a & b & c & 0 & 0 \\ a & b & c & 0 & 0 \\ a & b & c & -1-d & 0 \\ a & b & c & 0 & -1-e \end{vmatrix} + \begin{vmatrix} a & b & 0 & d & e \\ a & b & 0 & d & e \\ a & b & -1-c & d & e \\ a & b & 0 & d & e \\ a & b & 0 & d & e \end{vmatrix} + \begin{vmatrix} a & b & 0 & d & 0 \\ a & b & 0 & d & 0 \\ a & b & -1-c & d & 0 \\ a & b & 0 & d & 0 \\ a & b & 0 & d & -1-e \end{vmatrix} +$$

$$\begin{vmatrix} a & b & 0 & 0 & e \\ a & b & 0 & 0 & e \\ a & b & -1-c & 0 & e \\ a & b & 0 & -1-d & e \\ a & b & 0 & 0 & e \end{vmatrix} + \begin{vmatrix} a & b & 0 & 0 & 0 \\ a & b & 0 & 0 & 0 \\ a & b & -1-c & 0 & 0 \\ a & b & 0 & -1-d & 0 \\ a & b & 0 & 0 & -1-e \end{vmatrix} +$$

$$\begin{vmatrix} a & 0 & c & d & e \\ a & -1-b & c & d & e \\ a & 0 & c & d & e \\ a & 0 & c & d & e \\ a & 0 & c & d & e \end{vmatrix} + \begin{vmatrix} a & 0 & c & d & 0 \\ a & -1-b & c & d & 0 \\ a & 0 & c & d & 0 \\ a & 0 & c & d & 0 \\ a & 0 & c & d & -1-e \end{vmatrix} +$$

$$\begin{vmatrix} 0 & 1 & 0 & 1 & 1 \\ a & 0 & c & 0 & 0 \\ a & -1-b & c & 0 & 0 \\ a & 0 & c & 0 & 0 \\ a & 0 & c & -1-d & 0 \\ a & 0 & 0 & 0 & -1-e \end{vmatrix} + \begin{vmatrix} 0 & 1 & 1 & 1 & 1 \\ a & 0 & 0 & 0 & 0 \\ a & -1-b & 0 & 0 & 0 \\ a & 0 & -1-c & 0 & 0 \\ a & 0 & 0 & -1-d & 0 \\ a & 0 & 0 & 0 & -1-e \end{vmatrix} + 01100 +$$

$01101 + 01110 + 10000 + 10001 + 10010 + 10011 + 10100 + 10101 + 10110 + 10111 + 11000 + 11001 + 11010 + 11011 + 11100 + 11101 + 11110 + 11111$

凡是有两个 0 的行列式为 0,仅剩下

$$\begin{vmatrix} 0 & 1 & 1 & 1 & 1 \\ a & & & & \\ a & -1-b & & & \\ a & & -1-c & & \\ a & & & -1-d & \\ a & & & & -1-e \end{vmatrix} + \begin{vmatrix} 1 & 0 & 1 & 1 & 1 \\ -1-a & b & & & \\ & b & & & \\ & b & -1-c & & \\ & b & & -1-d & \\ & b & & & -1-e \end{vmatrix} +$$

$$\begin{vmatrix} 1 & 1 & 0 & 1 & 1 \\ -a-1 & & c & & \\ & -1-b & c & & \\ & & c & & \\ & & c & -1-d & \\ & & c & & -1-e \end{vmatrix} + \begin{vmatrix} 1 & 1 & 1 & 0 & 1 \\ -1-a & & & d & \\ & -1-b & & d & \\ & & -1-c & d & \\ & & & d & \\ & & & d & -1-e \end{vmatrix} +$$

$$\begin{vmatrix} 1 & 1 & 1 & 1 & 0 \\ -1-a & & & & e \\ & -1-b & & & e \\ & & -1-c & & e \\ & & & -1-d & e \\ & & & & e \end{vmatrix} + \begin{vmatrix} 1 & 1 & 1 & 1 & 1 \\ -1-a & & & & \\ & -1-b & & & \\ & & -1-c & & \\ & & & -1-d & \\ & & & & -1-e \end{vmatrix} =$$

$a(b+1)(c+1)(d+1)(e+1) + b(a+1)(c+1)(d+1)(e+1) + c(a+1)(b+1)(d+1)(e+1) + d(a+1) \cdot (b+1)(c+1)(e+1) + e(a+1)(b+1)(c+1)(d+1) = (a+1)(b+1)(c+1)(d+1)(e+1)$

两边同除以 $(a+1)(b+1)(c+1)(d+1)(e+1)$ 得

$$\frac{a}{a+1} + \frac{b}{b+1} + \frac{c}{c+1} + \frac{d}{d+1} + \frac{e}{e+1} = 1$$

或者至少有数 a,b,c,d,e 中的两个等于 -1,或者它们中的任何不等于 -1,但此时

$$\frac{a}{a+1} + \frac{b}{b+1} + \frac{c}{c+1} + \frac{d}{d+1} + \frac{e}{e+1} = 1$$

763. 在怎样的条件下,实系数的线性方程组

$$\begin{cases} \lambda x + ay + bz + ct = 0 \\ -ax + \lambda y + hz - gt = 0 \\ -bx - hy + \lambda z + ft = 0 \\ -cx + gy - fz + \lambda t = 0 \end{cases}$$

有非平凡解?

解

$$0 = \begin{vmatrix} \lambda & a & b & c \\ -a & \lambda & h & -g \\ -b & -h & \lambda & f \\ -c & g & -f & \lambda \end{vmatrix}$$

$$= \lambda \begin{vmatrix} \lambda & h & -g \\ -h & \lambda & f \\ g & -f & \lambda \end{vmatrix} - a \begin{vmatrix} -a & h & -g \\ -b & \lambda & f \\ -c & -f & \lambda \end{vmatrix} + b \begin{vmatrix} -a & \lambda & -g \\ -b & -h & f \\ -c & g & \lambda \end{vmatrix} - c \begin{vmatrix} -a & \lambda & h \\ -b & -h & \lambda \\ -c & g & -f \end{vmatrix}$$

$$\lambda \begin{vmatrix} \lambda & h & -g \\ -h & \lambda & f \\ g & -f & \lambda \end{vmatrix} = \lambda(\lambda^3 + fgh - fgh + g^2\lambda + f^2\lambda + h^2\lambda) -$$

$$a(-a\lambda^2 - bfg - cfh - cg\lambda + bh\lambda - af^2) +$$

$$b(ah\lambda - cf\lambda + bg^2 + chg + agf + b\lambda^2) -$$

$$c(-ahf - bhg - c\lambda^2 - ch^2 + ag\lambda - bf\lambda)$$

$$= \lambda^4 + (f^2 + g^2 + h^2 + a^2 + b^2 + c^2)\lambda^2 + a^2f^2 + b^2g^2 + c^2h^2 + 2abfg + 2acfh + 2bchg$$

$$= \lambda^4 + (f^2 + g^2 + h^2 + a^2 + b^2 + c^2)\lambda^2 + (af + bg + ch)^2$$

必须 $\lambda = 0$,且 $af + bg + h = 0$.

利用线性方程的理论,解下列问题(只考虑笛卡尔直角坐标系):

764. 求使三点 $(x_1, y_1), (x_2, y_2), (x_3, y_3)$ 位于一直线上的充分必要条件.

解 设直线方程为

$$Ax + By + C = 0$$

那么

$$\begin{cases} Ax_1 + By_1 + C = 0 \\ Ax_2 + By_2 + C = 0 \\ Ax_3 + By_3 + C = 0 \end{cases}$$

有 A、B、C 非零解的必要充分条件是

$$\begin{vmatrix} x_1 & y_1 & 1 \\ x_2 & y_2 & 1 \\ x_3 & y_3 & 1 \end{vmatrix} = 0$$

765. 写出通过两点 (x_1,y_1), (x_2,y_2) 的直线方程.

解 利用上题结果, (x_1,y_1), (x_2,y_2) 再加上动点 (x,y).

$$\begin{vmatrix} x & y & 1 \\ x_1 & y_2 & 1 \\ x_2 & y_3 & 1 \end{vmatrix} = 0$$

$$\begin{vmatrix} y_1 & 1 \\ y_2 & 1 \end{vmatrix} x - y \begin{vmatrix} x_1 & 1 \\ x_2 & 1 \end{vmatrix} + \begin{vmatrix} x_1 & y_1 \\ x_2 & y_2 \end{vmatrix} = 0$$

$$(y_1 - y_2)x - y(x_1 - x_2) + (x_1 y_2 - x_2 y_1) = 0$$

766. 求出三条直线

$$\begin{cases} a_1 x + b_1 y + c_1 = 0 \\ a_2 x + b_2 y + c_2 = 0 \\ a_3 x + b_3 y + c_3 = 0 \end{cases}$$

共点的充分必要条件.

解 (x,y) 有非零解或 $(x,y,1)$ 有非零解的充分必要条件是

$$\begin{vmatrix} a_1 & b_1 & c_1 \\ a_2 & b_2 & c_2 \\ a_3 & b_3 & c_3 \end{vmatrix} = 0$$

如果在三条平行直线的情形,则认为无穷远点是它们的公共点. 如果不允许无穷远点,则

矩阵 $\begin{pmatrix} a_1 & b_1 \\ a_2 & b_2 \\ a_3 & b_3 \end{pmatrix}$ 和 $\begin{pmatrix} a_1 & b_1 & c_1 \\ a_2 & b_2 & c_2 \\ a_3 & b_3 & c_3 \end{pmatrix}$ 的秩相等是充分必要条件.

767. 求出使一平面上的 n 个点 (x_1,y_1), (x_2,y_2), $\cdots$, (x_n,y_n) 位于一直线上的充分必要条件.

解

$$\begin{cases} Ax_1 + By_1 + C = 0 \\ Ax_1 + By_2 + C = 0 \\ \cdots \\ Ax_n + By_n + C = 0 \end{cases}$$

$$A = \begin{pmatrix} x_1 & y_1 & 1 \\ x_2 & y_2 & 1 \\ \vdots & \vdots & \vdots \\ x_n & y_n & 1 \end{pmatrix}$$

$r(A) = 2$ 或 1. 即 $r(A) < 3$.

768. 求一平面内的 n 条直线

$$\begin{cases} a_1x + b_1y + c_1 = 0 \\ a_2x + b_2y + c_2 = 0 \\ \cdots \\ a_nx + b_ny + c_n = 0 \end{cases}$$

共点的充分必要条件.

解 设

$$A = \begin{pmatrix} a_1 & b_1 & c_1 \\ a_2 & b_2 & c_2 \\ \vdots & \vdots & \vdots \\ a_n & b_n & c_n \end{pmatrix}$$

允许伪点时 $\qquad r(A) < 3$

不允许伪点时

$$r(A) = r\begin{pmatrix} a_1 & b_1 \\ a_2 & b_2 \\ \vdots & \vdots \\ a_n & b_n \end{pmatrix}$$

769. 求一平面内不在一直线上的四点 $(x_1, y_1), (x_2, y_2), (x_3, y_3), (x_4, y_4)$ 位于一圆周上的充分必要条件.

解 设 (x_0, y_0) 是圆心,R 为半径.

$$\begin{cases} (x_1-x_0)^2 + (y_1-y_0)^2 = R^2 \\ (x_2-x_0)^2 + (y_2-y_0)^2 = R^2 \\ (x_3-x_0)^2 + (y_3-y_0)^2 = R^2 \\ (x_4-x_0)^2 + (y_4-y_0)^2 = R^2 \end{cases} \Rightarrow \begin{cases} x_1^2 + y_1^2 - 2x_1x_0 - 2y_1y_0 + x_0^2 + y_0^2 - R^2 = 0 \\ x_2^2 + y_2^2 - 2x_2x_0 - 2y_2y_0 + x_0^2 + y_0^2 - R^2 = 0 \\ x_3^2 + y_3^2 - 2x_3x_0 - 2y_3y_0 + x_0^2 + y_0^2 - R^2 = 0 \\ x_4^2 + y_4^2 - 2x_4x_0 - 2y_4y_0 + x_0^2 + y_0^2 - R^2 = 0 \end{cases}$$

我们可以把 1、$-2x_0$、$-2y_0$、$x_0^2 + y_0^2 - R^2$ 分别看成变量 X_1, X_2, X_3, X_4,即

$$\begin{cases} (x_1^2 + y_1^2)X_1 + x_1X_2 + y_1X_3 + X_4 = 0 \\ (x_2^2 + y_2^2)X_1 + x_2X_2 + y_2X_3 + X_4 = 0 \\ (x_3^2 + y_3^2)X_1 + x_3X_2 + y_3X_3 + X_4 = 0 \\ (x_4^2 + y_4^2)X_1 + x_4X_2 + y_4X_3 + X_4 = 0 \end{cases}$$

有非零解必须

$$\begin{vmatrix} x_1^2 + y_1^2 & x_1 & y_1 & 1 \\ x_2^2 + y_2^2 & x_2 & y_2 & 1 \\ x_3^2 + y_3^2 & x_3 & y_3 & 1 \\ x_4^2 + y_4^2 & x_4 & y_4 & 1 \end{vmatrix} = 0$$

770. 写出通过不在一直线上的三点 $(x_1,y_1),(x_2,y_2),(x_3,y_3)$ 的圆周的方程.

解 根据上题,一平面内不在一直线上的四点 $(x,y),(x_1,y_1),(x_2,y_2),(x_3,y_3)$ 位于一圆周的充分必要条件是

$$\begin{vmatrix} x^2+y^2 & x & y & 1 \\ x_1^2+y_1^2 & x_1 & y_1 & 1 \\ x_2^2+y_2^2 & x_2 & y_2 & 1 \\ x_3^2+y_3^2 & x_3 & y_3 & 1 \end{vmatrix}=0$$

771. 写出通过三点 $(1,2),(1,-2),(0,-1)$ 的圆周的方程,并求其圆心和半径.

解 设圆心为 (x_0,y_0),半径为 R. $(1,2),(1,-2),(0,-1)$ 分别在圆周上

$$\begin{cases} (1-x_0)^2+(2-y_0)^2=R^2 & (1) \\ (1-x_0)^2+(-2-y_0)^2=R^2 & (2) \\ (0-x_0)^2+(-1-y_0)^2=R^2 \end{cases}$$

$(1)-(2)$

$$(2-y_0)^2-(-2-y_0)^2=0$$
$$-2y_0 \cdot 4=0$$
$$y_0=0$$
$$(1-x_0)^2+4=R^2 \qquad (3)$$
$$x_0^2+1=R^2 \qquad (4)$$

$(3)-(4)$

$$1-2x_0+3=0$$
$$x_0=2$$
$$R=\sqrt{5}$$

所求圆心为 $(2,0)$,半径为 $\sqrt{5}$.

772. 证明:通过具有有理坐标的三点的圆周,其圆心也有有理坐标.

证 设有理坐标的三点为 $\left(\dfrac{q_{11}}{p_{11}},\dfrac{q_{12}}{p_{12}}\right),\left(\dfrac{q_{21}}{p_{21}},\dfrac{q_{22}}{p_{22}}\right),\left(\dfrac{q_{31}}{p_{31}},\dfrac{q_{32}}{p_{32}}\right)$.

它们在圆周上

$$\left(\dfrac{q_{11}}{p_{11}}-x_0\right)^2+\left(\dfrac{q_{12}}{p_{12}}-y_0\right)^2=\left(\dfrac{q_{21}}{p_{21}}-x_0\right)^2+\left(\dfrac{q_{22}}{p_{22}}-y_0\right)^2=\left(\dfrac{q_{31}}{p_{31}}-x_0\right)^2+\left(\dfrac{q_{32}}{p_{32}}-y_0\right)^2$$

$$\dfrac{q_{11}^2}{p_{11}^2}-2\dfrac{q_{11}}{p_{11}}x_0+\dfrac{q_{12}^2}{p_{12}^2}-2\dfrac{q_{12}}{p_{12}}y_0=\dfrac{q_{21}^2}{p_{21}^2}-2\dfrac{q_{21}}{p_{21}}x_0+\dfrac{q_{22}^2}{p_{22}^2}-2\dfrac{q_{22}}{p_{22}}y_0=\dfrac{q_{31}^2}{p_{31}^2}-2\dfrac{q_{31}}{p_{31}}x_0+\dfrac{q_{32}^2}{p_{32}^2}-2\dfrac{q_{32}}{p_{32}}y_0$$

$$2\left(\frac{q_{21}}{p_{21}}-\frac{q_{11}}{p_{11}}\right)x_0+2\left(\frac{q_{22}}{p_{22}}-\frac{q_{12}}{p_{21}}\right)y_0=\frac{q_{21}^2}{p_{21}^2}+\frac{q_{22}^2}{p_{22}^2}-\frac{q_{11}^2}{p_{11}^2}-\frac{q_{12}^2}{p_{12}^2}$$

$$2\left(\frac{q_{31}}{p_{31}}-\frac{q_{11}}{p_{11}}\right)x_0+2\left(\frac{q_{32}}{p_{32}}-\frac{q_{12}}{p_{21}}\right)y_0=\frac{q_{31}^2}{p_{31}^2}+\frac{q_{32}^2}{p_{32}^2}-\frac{q_{11}^2}{p_{11}^2}-\frac{q_{12}^2}{p_{12}^2}$$

因为三点不在一条直线上,所以 $D\neq 0$,根据 Cramer 法则计算出 x_0,y_0. 因为有理数经过加减乘除四则运算得到的仍然是有理数,从而得到了 x_0,y_0,仍然是有理数. 证完.

773. 写出通过五点 $(x_1,y_1),(x_2,y_2),(x_3,y_3),(x_4,y_4),(x_5,y_5)$ 的次曲线的方程.

解 关于笛卡儿直角坐标的二次方程定义为二阶曲线,二阶曲线的一般方程有形式

$$a_{11}x^2+2a_{12}xy+a_{22}y^2+2a_{13}x+2a_{23}y+a_{33}=0$$

五点 $(x_1,y_1),(x_2,y_2),(x_3,y_3),(x_4,y_4),(x_5,y_5)$ 在二次曲线上,即

$$\begin{cases}a_{11}x_1^2+2a_{12}x_1y_1+a_{22}y_1^2+2a_{13}x_1+2a_{23}y_1+a_{33}=0\\a_{11}x_2^2+2a_{12}x_2y_2+a_{22}y_2^2+2a_{13}x_2+2a_{23}y_2+a_{33}=0\\a_{11}x_3^2+2a_{12}x_3y_3+a_{22}y_3^2+2a_{13}x_3+2a_{23}y_3+a_{33}=0\\a_{11}x_4^2+2a_{12}x_4y_4+a_{22}y_4^2+2a_{13}x_4+2a_{23}y_4+a_{33}=0\\a_{11}x_5^2+2a_{12}x_5y_5+a_{22}y_5^2+2a_{13}x_5+2a_{23}y_5+a_{33}=0\end{cases}$$

动点 (x,y) 在二次曲线上.

$$a_{11}x^2+2a_{12}xy+a_{22}y^2+2a_{13}x+2a_{23}y+a_{33}=0$$

因为有 $a_{11},a_{12},a_{22},a_{13},a_{23},a_{33}$ 的非零解,所以必须

$$\begin{vmatrix}x_1^2 & x_1y_1 & y_1^2 & x_1 & y_1 & 1\\x_2^2 & x_2y_2 & y_2^2 & x_2 & y_2 & 1\\x_3^2 & x_3y_3 & y_3^2 & x_3 & y_3 & 1\\x_4^2 & x_4y_4 & y_4^2 & x_4 & y_4 & 1\\x_5^2 & x_5y_5 & y_5^2 & x_5 & y_5 & 1\\x^2 & xy & y^2 & x & y & 1\end{vmatrix}=0$$

774. 求通过五点 $(3,0),(-3,0),\left(5,6\frac{2}{3}\right),\left(5,-6\frac{2}{3}\right),\left(-5,-6\frac{2}{3}\right)$ 的二次曲线的方程并确定其类型.

解

$$\begin{vmatrix} 9 & 0 & 0 & 3 & 0 & 1 \\ 9 & 0 & 0 & -3 & 0 & 1 \\ 25 & \dfrac{100}{3} & \dfrac{20^2}{9} & 5 & \dfrac{20}{3} & 1 \\ 25 & -\dfrac{100}{3} & \dfrac{20^2}{9} & 5 & -\dfrac{20}{3} & 1 \\ 25 & \dfrac{100}{3} & \dfrac{20^2}{9} & -5 & -\dfrac{20}{3} & 1 \\ x^2 & xy & y^2 & x & y & 1 \end{vmatrix} = 0, \quad \begin{vmatrix} 9 & 0 & 0 & 3 & 0 & 1 \\ 0 & 0 & 0 & -6 & 0 & 0 \\ 16 & \dfrac{100}{3} & \dfrac{20^2}{9} & 2 & \dfrac{20}{3} & 0 \\ 16 & -\dfrac{100}{3} & \dfrac{20^2}{9} & 2 & -\dfrac{20}{3} & 0 \\ 16 & \dfrac{100}{3} & \dfrac{20^2}{9} & -8 & -\dfrac{20}{3} & 0 \\ x^2-y & xy & y^2 & x-3 & y & 0 \end{vmatrix} = 0$$

$$\begin{vmatrix} 16 & \dfrac{100}{3} & \dfrac{20^2}{9} & \dfrac{20}{3} \\ 16 & -\dfrac{100}{3} & \dfrac{20^2}{9} & -\dfrac{20}{3} \\ 16 & -\dfrac{100}{3} & \dfrac{20^2}{9} & -\dfrac{20}{3} \\ x^2-9 & xy & y^2 & y \end{vmatrix} = 0, \quad \begin{vmatrix} 0 & 0 & 0 & \dfrac{40}{3} \\ 16 & -\dfrac{100}{3} & \dfrac{20^2}{9} & -\dfrac{20}{3} \\ 16 & \dfrac{100}{3} & \dfrac{20^2}{9} & -\dfrac{20}{3} \\ x^2-9 & xy & y^2 & y \end{vmatrix} = 0$$

$$\begin{vmatrix} 16 & -\dfrac{100}{3} & \dfrac{20^2}{9} \\ 16 & \dfrac{100}{3} & \dfrac{20^2}{9} \\ x^2-9 & xy & y^2 \end{vmatrix} = 0, \quad \begin{vmatrix} 0 & -\dfrac{200}{3} & 0 \\ 16 & \dfrac{100}{3} & \dfrac{20^2}{9} \\ x^2-9 & xy & y^2 \end{vmatrix} = 0$$

$$16y^2 - \dfrac{20^2}{9}(x^2-9) = 0$$

$$9y^2 - 5^2(x^2-9) = 0$$

$$9y^2 - 5^2 x^2 + 15^2 = 0$$

$$5^2 x^2 - 9y^2 = 15^2$$

$$\dfrac{x^2}{\dfrac{15^2}{5^2}} - \dfrac{y^2}{\dfrac{15^2}{3^2}} = 1$$

即

$$\dfrac{x^2}{9} - \dfrac{y^2}{25} = 1$$

是双曲线.

775. 写出通过五点:
$$(0,1), (\pm 2, 0), (\pm 1, -1)$$
的二次曲线的方程并确定其位置和大小范围.

解

$$\begin{vmatrix} 0 & 0 & 1 & 0 & 1 & 1 \\ 4 & 0 & 0 & 2 & 0 & 1 \\ 4 & 0 & 0 & -2 & 0 & 1 \\ 1 & -1 & 1 & 1 & -1 & 1 \\ 1 & 1 & 1 & -1 & -1 & 1 \\ x^2 & xy & y^2 & x & y & 1 \end{vmatrix} = 0, \quad \begin{vmatrix} 0 & 0 & 0 & 0 & 0 & 1 \\ 4 & 0 & -1 & 2 & -1 & 1 \\ 4 & 0 & -1 & -2 & -1 & 1 \\ 1 & -1 & 0 & 1 & -2 & 1 \\ 1 & 1 & 0 & -1 & -2 & 1 \\ x^2 & xy & y^2-1 & x & y-1 & 1 \end{vmatrix} = 0$$

$$\begin{vmatrix} 4 & 0 & -1 & 2 & -1 \\ 4 & 0 & -1 & -2 & -1 \\ 1 & -1 & 0 & 1 & -2 \\ 1 & 1 & 0 & -1 & -2 \\ x^2 & xy & y^2-1 & x & y-1 \end{vmatrix} = 0, \quad \begin{vmatrix} 4 & 0 & -1 & 2 & -1 \\ 4 & 0 & -1 & -2 & -1 \\ 2 & 0 & 0 & 0 & -4 \\ 1 & 1 & 0 & -1 & -2 \\ x^2 & xy & y^2-1 & x & y-1 \end{vmatrix} = 0$$

$$\begin{vmatrix} 4 & 0 & -1 & +2 & 7 \\ 4 & 0 & -1 & -2 & 7 \\ 2 & 0 & 0 & 0 & 0 \\ 1 & 1 & 0 & -1 & 0 \\ x^2 & xy & y^2-1 & x & 2x^2+y-1 \end{vmatrix} = 0, \quad \begin{vmatrix} 0 & -1 & 2 & 7 \\ 0 & -1 & -2 & 7 \\ 1 & 0 & -1 & 0 \\ xy & y^2-1 & x & 2x^2+y-1 \end{vmatrix} = 0$$

$$\begin{vmatrix} 0 & -1 & 2 & 7 \\ 0 & -1 & -2 & 7 \\ 1 & 0 & -1 & 0 \\ xy & y^2-1 & x+xy & 2x^2+y-1 \end{vmatrix} = 0$$

$$\begin{vmatrix} -1 & 2 & 7 \\ -1 & -2 & 7 \\ y^2-1 & x+xy & 2x^2+y-1 \end{vmatrix} = 0, \quad \begin{vmatrix} 0 & 4 & 0 \\ -1 & -2 & 7 \\ y^2-1 & x+xy & 2x^2+y-1 \end{vmatrix} = 0$$

$$2x^2 + y - 1 + 7(y^2 - 1) = 0$$

$$2x^2 + 7y^2 + y = 8$$

$$2x^2 + 7\left(y^2 + \frac{y}{7}\right) = 8$$

$$2x^2 + 7\left(y^2 + \frac{1}{14}\right)^2 = 8 + 7 \times \frac{1}{14^2}$$

$$2x^2 + 7\left(y + \frac{1}{14}\right)^2 = 8 + \frac{1}{2 \times 14} = \frac{16 \times 14 + 1}{2 \times 14} = \frac{15^2}{7 \times 4}$$

$$\frac{x^2}{\dfrac{15^2}{7 \times 14 \times 2}} + \frac{\left(y + \dfrac{1}{14}\right)^2}{\dfrac{15^2}{7^2 \times 14}} = 1$$

$$\frac{x^2}{\frac{15^2}{28^2}\times 14}+\frac{\left(y+\frac{1}{14}\right)^2}{\left(\frac{15}{14}\right)^2}=1$$

$2x^2+7y^2+y-8=0$,这是椭圆,中心点 $\left(0,-\frac{1}{14}\right)$,半轴长为 $\frac{15}{28}\sqrt{14}$ 和 $\frac{15}{14}$,并且长轴平行于横轴,短轴位于纵轴上.

776. 求四点 $(x_1,y_1,z_1),(x_2,y_2,z_2),(x_3,y_3,z_3),(x_4,y_4,z_4)$ 位于一平面内的充分必要条件.

解 笛卡儿直角坐标系的平面方程为 $Ax+By+Cz+D=0$.
$(x_1,y_1,z_1),(x_2,y_2,z_2),(x_3,y_3,z_3),(x_4,y_4,z_4)$ 位于一平面内,就是

$$\begin{cases} Ax_1+By_1+Cz_1+D=0 \\ Ax_2+By_2+Cz_2+D=0 \\ Ax_3+By_3+Cz_3+D=0 \\ Ax_4+By_4+Cz_4+D=0 \end{cases}$$

存在非零解的充分必要条件是

$$\begin{vmatrix} x_1 & y_1 & z_1 & 1 \\ x_2 & y_2 & z_2 & 1 \\ x_3 & y_3 & z_3 & 1 \\ x_4 & y_4 & z_4 & 1 \end{vmatrix}=0$$

777. 写出通过三点
$$(1,1,1),(2,3,-1),(3,-1,-1)$$
的平面的方程.

解 通过 $(1,1,1),(2,3,-1),(3,-1,-1)$ 三点和动点 (x,y,z),位于一平面的充分必要条件是

$$\begin{vmatrix} 1 & 1 & 1 & 1 \\ 2 & 3 & -1 & 1 \\ 3 & -1 & -1 & 1 \\ x & y & z & 1 \end{vmatrix}=0$$

$$-x\begin{vmatrix} 1 & 1 & 1 \\ 3 & -1 & 1 \\ -1 & -1 & 1 \end{vmatrix}+y\begin{vmatrix} 1 & 1 & 1 \\ 2 & -1 & 1 \\ 3 & -1 & 1 \end{vmatrix}-z\begin{vmatrix} 1 & 1 & 1 \\ 2 & 3 & 1 \\ 3 & -1 & 1 \end{vmatrix}+\begin{vmatrix} 1 & 1 & 1 \\ 2 & 3 & -1 \\ 3 & -1 & -1 \end{vmatrix}=0$$

$$-x\begin{vmatrix} 1 & 1 & 1 \\ 3 & -1 & 1 \\ 0 & 0 & 2 \end{vmatrix}+y\begin{vmatrix} 1 & 1 & 2 \\ 2 & -1 & 0 \\ 3 & -1 & 0 \end{vmatrix}-z\begin{vmatrix} 1 & 0 & 0 \\ 2 & 1 & -1 \\ 3 & -4 & -2 \end{vmatrix}+\begin{vmatrix} 1 & 0 & 0 \\ 2 & 1 & -3 \\ 3 & -4 & -4 \end{vmatrix}=0$$

$$8x+2y+bz-16=0$$
$$4x+y+3z-8=0$$

778. 求四个平面：
$$\begin{cases} a_1x + b_1y + c_1z + d_1 = 0 \\ a_2x + b_2y + c_2z + d_2 = 0 \\ a_3x + b_3y + c_3z + d_3 = 0 \\ a_4x + b_4y + c_4z + d_4 = 0 \end{cases}$$
共点的充分必要条件.

解 四平面有公共解 $x, y, z, 1$ 的充分必要条件是
$$\begin{vmatrix} a_1 & b_1 & c_1 & d_1 \\ a_2 & b_2 & c_2 & d_2 \\ a_3 & b_3 & c_3 & d_3 \\ a_4 & b_4 & c_4 & d_4 \end{vmatrix} = 0$$

779. 求 n 个平面
$$a_ix + b_iy + c_iz + d_i = 0 \quad (i = 1, 2, \cdots, n)$$
通过一直线但不合并为一个平面的充分必要条件.

解 通过一直线，就是 n 个方程的解有且只有一个自由未知量.
因为有解
$$r(\mathring{\boldsymbol{A}}) = r(\boldsymbol{A})$$
如果
$$r(\boldsymbol{A}) = 3$$
那么 (x, y, z) 只有唯一的解.

$r(\boldsymbol{A}) = 1$，表示所有平面相重叠.
$$\boldsymbol{A} = \begin{pmatrix} a_1 & b_1 & c_1 \\ a_2 & b_2 & c_2 \\ \vdots & \vdots & \vdots \\ a_n & b_n & c_n \end{pmatrix}$$

$r(\boldsymbol{A}) = 2$ 并且 $r(\mathring{\boldsymbol{A}}) = 2$.

780. 写出通过不位于一个平面内的四点 $(x_1, y_1, z_1), (x_2, y_2, z_2), (x_3, y_3, z_3), (x_4, y_4, z_4)$ 的球面的方程.

解 球面方程为
$$(x - x_0)^2 + (y - y_0)^2 + (z - z_0)^2 = R^2$$
$$(x_1 - x_0)^2 + (y_1 - y_0)^2 + (z_1 - z_0)^2 = R^2$$
$$x_1^2 + y_1^2 + z_1^2 - 2x_1x_0 - 2y_1y_0 - 2z_1z_0 + x_0^2 + y_0^2 + z_0^2 - R^2 = 0$$
$$x_2^2 + y_2^2 + z_2^2 - 2x_2x_0 - 2y_2y_0 - 2z_2z_0 + x_0^2 + y_0^2 + z_0^2 - R^2 = 0$$
$$x_3^2 + y_3^2 + z_3^2 - 2x_3x_0 - 2y_3y_0 - 2z_3z_0 + x_0^2 + y_0^2 + z_0^2 - R^2 = 0$$

$$x_4^2 + y_4^2 + z_4^2 - 2x_4x_0 - 2y_4y_0 - 2z_4z_0 + x_0^2 + y_0^2 + z_0^2 - R^2 = 0$$
$$x^2 + y^2 + z^2 - 2xx_0 - 2yy_0 - 2zz_0 + x_0^2 + y_0^2 + z_0^2 - R^2 = 0$$

上述五方程关于未知量 x_0, y_0, z_0 和 $x_0^2 + y_0^2 + z_0^2 - R^2$ 的非零解.

$$\begin{vmatrix} x_1^2 + y_1^2 + z_1^2 & x_1 & y_1 & z_1 & 1 \\ x_2^2 + y_2^2 + z_2^2 & x_2 & y_2 & z_2 & 1 \\ x_3^2 + y_3^2 + z_3^2 & x_3 & y_3 & z_3 & 1 \\ x_4^2 + y_4^2 + z_4^2 & x_4 & y_4 & z_4 & 1 \\ x^2 + y^2 + z^2 & x & y & z & 1 \end{vmatrix} = 0$$

781. 写出通过点 $(1,1,1), (1,1,-1), (1,-1,1), (-1,0,0)$ 的球面的方程并求其球心和半径.

解 设球心为 (x_0, y_0, z_0), 半径为 R.

$$\begin{cases} (1-x_0)^2 + (1-y_0)^2 + (1-z_0)^2 = R^2 \\ (1-x_0)^2 + (1-y_0)^2 + (-1-z_0)^2 = R^2 \\ (1-x_0)^2 + (-1-y_0)^2 + (1-z_0)^2 = R^2 \\ (-1-x_0)^2 + y_0^2 + z_0^2 = R^2 \end{cases} \Rightarrow \begin{cases} (1-z_0)^2 - (-1-z_0)^2 = 0, z_0 = 0 \\ (1-y_0)^2 - (-1-y_0)^2 = 0, y_0 = 0 \end{cases}$$

得
$$(1-x_0)^2 + 2 = (1+x_0)^2$$
$$1 - 2x_0 + 2 = 1 + 2x_0$$
$$2 = 4x_0$$
$$x_0 = \frac{1}{2}$$

球面中心 $\left(\dfrac{1}{2}, 0, 0\right), R = \dfrac{3}{2}$

$$\left(x - \frac{1}{2}\right)^2 + y^2 + z^2 = \frac{9}{4}$$

782. 怎样的线性方程组, 给出平面上共点的三条不同直线?

解 在 XOY 平面上
$$\begin{cases} a_1x + b_1y + c_1 = 0 \\ a_2x + b_2y + c_2 = 0 \\ a_3x + b_3y + c_3 = 0 \end{cases}$$

是三条不同的直线, 因为它们共点, 即解 $(x, y, 1)$ 存在, 必须

$$\begin{vmatrix} a_1 & b_1 & c_1 \\ a_2 & b_2 & c_2 \\ a_3 & b_3 & c_3 \end{vmatrix} = 0$$

且
$$r\begin{pmatrix} a_1 & b_1 & c_1 \\ a_2 & b_2 & c_2 \\ a_3 & b_3 & c_3 \end{pmatrix} = r\begin{pmatrix} a_1 & b_1 \\ a_2 & b_2 \end{pmatrix} = r\begin{pmatrix} a_2 & b_2 \\ a_3 & b_3 \end{pmatrix} = r\begin{pmatrix} a_1 & b_1 \\ a_3 & b_3 \end{pmatrix} = 2$$

783. 怎样的线性方程组,给出平面上组成三角形的其余直线?

解 三直线为
$$\begin{cases} a_1 x + b_1 y + c_1 = 0 \\ a_2 x + b_2 y + c_2 = 0 \\ a_3 x + b_3 y + c_3 = 0 \end{cases}$$

每两条直线的交点,即
$$r\begin{pmatrix} a_1 & b_1 \\ a_2 & b_2 \end{pmatrix} = 2, r\begin{pmatrix} a_1 & b_1 & c_1 \\ a_2 & b_2 & c_2 \end{pmatrix} = 2$$

$$r\begin{pmatrix} a_1 & b_1 \\ a_3 & b_3 \end{pmatrix} = 2, r\begin{pmatrix} a_1 & b_1 & c_1 \\ a_3 & b_3 & c_3 \end{pmatrix} = 2$$

$$r\begin{pmatrix} a_2 & b_2 \\ a_3 & b_3 \end{pmatrix} = 2, r\begin{pmatrix} a_2 & b_2 & c_2 \\ a_3 & b_3 & c_3 \end{pmatrix} = 2$$

但是
$$r\begin{pmatrix} a_1 & b_1 & c_1 \\ a_2 & b_2 & c_2 \\ a_3 & b_3 & c_3 \end{pmatrix} = 3$$

$$r\begin{pmatrix} a_1 & b_1 \\ a_2 & b_2 \end{pmatrix} = r\begin{pmatrix} a_1 & b_1 \\ a_3 & b_3 \end{pmatrix} = r\begin{pmatrix} a_2 & b_2 \\ a_3 & b_3 \end{pmatrix} = 2$$

784. 怎样的线性方程组,给出空间中三个没有公共点但两两相交的平面?

解

空间三平面
$$\begin{cases} a_1 x + b_1 y + c_1 z + d_1 = 0 \\ a_2 x + b_2 y + c_2 z + d_2 = 0 \\ a_3 x + b_3 y + c_3 z + d_3 = 0 \end{cases}$$

没有公共点说明
$$r(\boldsymbol{A}) \neq r(\overset{\circ}{\boldsymbol{A}})$$

$$r\begin{pmatrix} a_1 & b_1 & c_1 \\ a_2 & b_2 & c_2 \end{pmatrix} = 2$$

$$r\begin{pmatrix} a_1 & b_1 & c_1 \\ a_3 & b_3 & c_3 \end{pmatrix} = 2$$

第二章　线性方程组

$$r\begin{pmatrix} a_2 & b_2 & c_2 \\ a_3 & b_3 & c_3 \end{pmatrix} = 2$$

$$r\begin{pmatrix} a_1 & b_1 & c_1 \\ a_2 & b_2 & c_2 \\ a_3 & b_3 & c_3 d_3 \end{pmatrix} = 3$$

785. 怎样的线性方程组,给出空间中组成四面体的四个平面?

解　二平面相互位置:在仿射坐标系下,平面 $\pi_i : A_i x + B_i y + C_i z + D_i = 0 (i = 1, 2)$ 平行,重合与相交的条件如下:

平行:
$$r\begin{pmatrix} A_1 & B_1 & C_1 \\ A_2 & B_2 & C_2 \end{pmatrix} = 1$$

$$r\begin{pmatrix} A_1 & B_1 & C_1 & D_1 \\ A_2 & B_2 & C_2 & D_2 \end{pmatrix} = 2$$

重合:
$$r\begin{pmatrix} A_1 & B_1 & C_1 & D_1 \\ A_2 & B_2 & C_2 & D_2 \end{pmatrix} = 1$$

相交:
$$r\begin{pmatrix} A_1 & B_1 & C_1 \\ A_2 & B_2 & C_2 \end{pmatrix} = 2$$

$$\begin{cases} A_1 x + B_1 y + C_1 z + D_1 = 0 \\ A_2 x + B_2 y + C_2 z + D_2 = 0 \\ A_3 x + B_3 y + C_3 z + D_3 = 0 \\ A_4 x + B_4 y + C_4 z + D_4 = 0 \end{cases}$$

两两相交,即
$$r\begin{pmatrix} A_i & B_i & C_i \\ A_j & B_j & C_j \end{pmatrix} = 2$$

$$1 \leqslant j < i \leqslant 4$$

$$r\begin{pmatrix} A_i & B_i & C_i \\ A_j & B_j & C_j \\ A_k & B_k & C_k \end{pmatrix} = 3, \quad r\begin{pmatrix} A_1 & B_1 & C_1 & D_1 \\ A_2 & B_2 & C_2 & D_2 \\ A_3 & B_3 & C_3 & D_3 \\ A_4 & B_4 & C_4 & D_4 \end{pmatrix} = 4$$

说明每三个平面相交有一个公共交点. 增广矩阵秩为4,说明$\Delta \neq 0$,只有0解. 但是常数项处的未知数取值必须是1. 说明四平面无公共解.

原非齐次线性方程组是矛盾方程,无公共解.

786. 给以下事实以几何解释:在3个未知量4个方程的线性方程组中,每3个方程未知量的系数所组成的所有矩阵的秩以及增广矩阵的秩都等于3.

解 4个平面通过一点,并且其中任何3个都不通过一条直线.

787. 研究在解2个和3个未知量的线性方程组时所遇到的所有可能情形,并在每种情形下给该方程组以几何解释.

解 如果不考查伪(无穷远)直线和伪平面,则形式如
$$Ox + Oy = a \quad \text{和} \quad Ox + Oy + Oz = a$$
的方程,其中 a 不等于零,没有几何意义. 但是当 $a=0$ 时,它们被平面内或空间内的任何点的坐标所满足. 除去这种形式的方程,并用 r 表示由未知量系数构成的矩阵的秩,而用 r_1 表示增广矩阵的秩,对于两个未知量的组有:

(1) $r=2, r_1=3$. 方程组没有解. 各直线不通过一点,并且至少有两条直线不同且相交.

(2) $r=r_1=2$. 方程组有唯一解. 各直线通过一点,并且至少有两条直线是不同的.

(3) $r=1, r_1=2$. 方程组没有解. 各直线平行或者重合,并且至少有两条直线不同.

(4) $r=r_1=1$. 解依赖于一个参数,所有的直线重合.

对于三个未知量的组有:

(1) $r=3, r_1=4$. 方程组没有解. 各平面不通过一点,并且其中至少3个平面互不相同且通过一点.

(2) $r=r_1=3$. 方程组有唯一解. 平面通过一点,并且其中至少3个不通过一条直线.

(3) $r=2, r_1=3$. 方程组没有解. 各平面不通过一点,并且至少有3个平面互不相同,任何3个互不相同的平面或者没有公共点,或者通过一条直线.

(4) $r=r_1=2$. 解依赖于一个参数. 所有的平面通过一条直线,并且其中至少两个互不相同.

(5) $r=1, r_1=2$. 方程组没有解. 各平面平行或者重合,并且其中至少两个互不相同.

(6) $r=r_1=1$. 解依赖于两个参数. 所有的平面重合.